彩图 1　棉花

彩图 2　亚麻

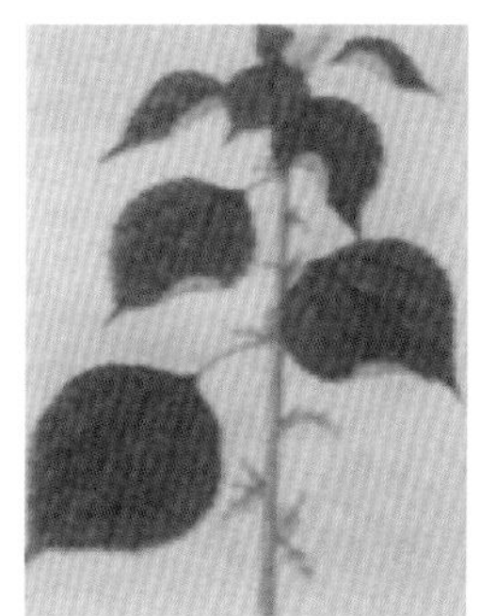

彩图 3　苎麻

彩图 4　亚麻面料

彩图 5　苎麻面料

彩图 6　羊毛织物

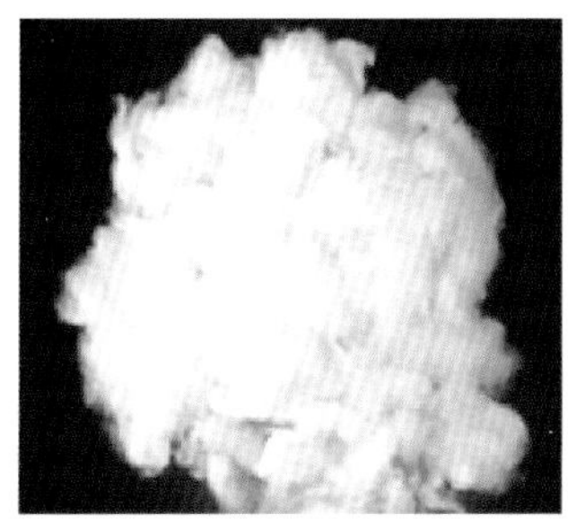

彩图 7　山羊绒

彩图 8　兔毛

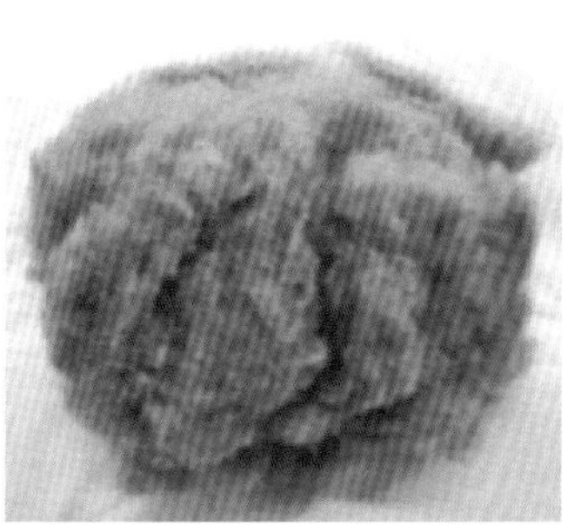

彩图 9　驼绒

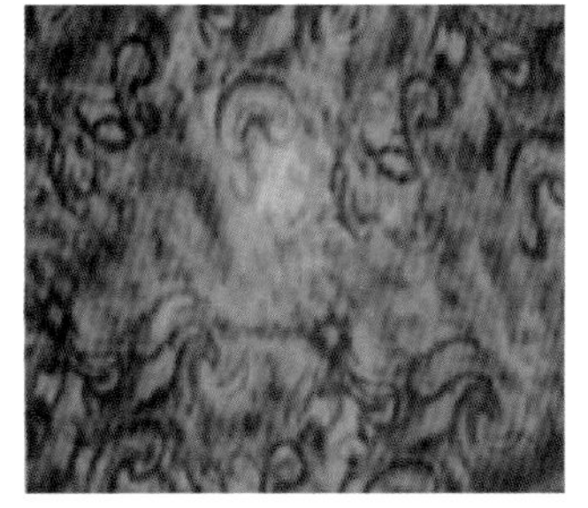

彩图 10　桑蚕丝织物

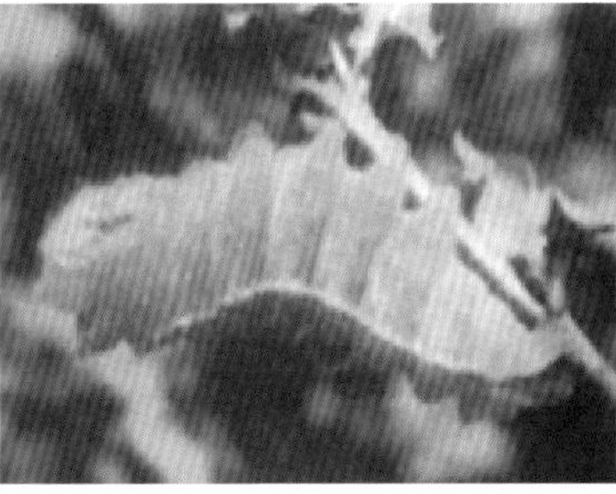

彩图 11　柞蚕

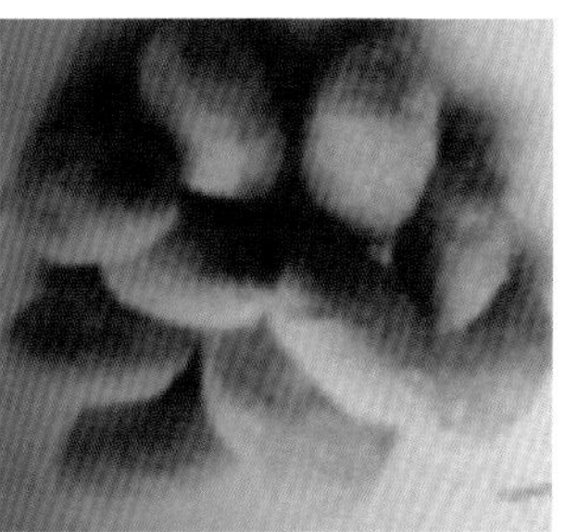

彩图 12　柞蚕茧

彩图 13　粘胶纤维

彩图 14　醋酯纤维面料

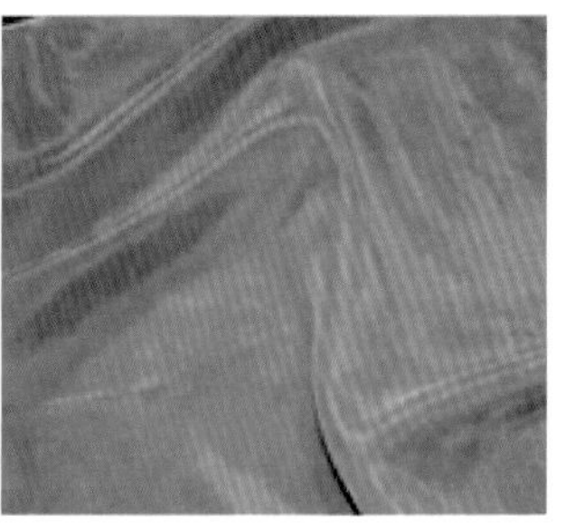
彩图 15　铜氨纤维面料

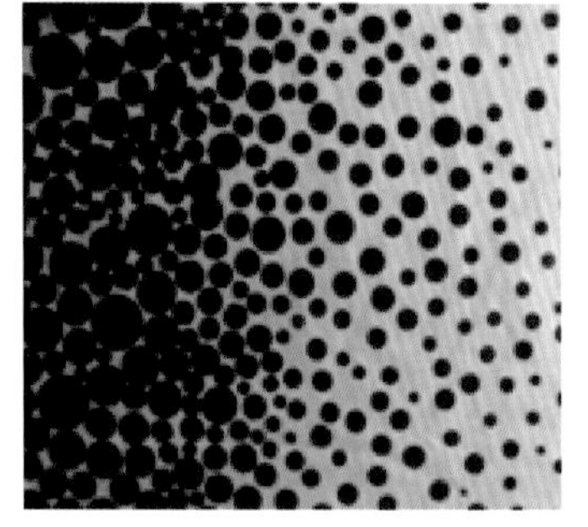
彩图 16　涤纶面料

彩图 17　腈纶面料

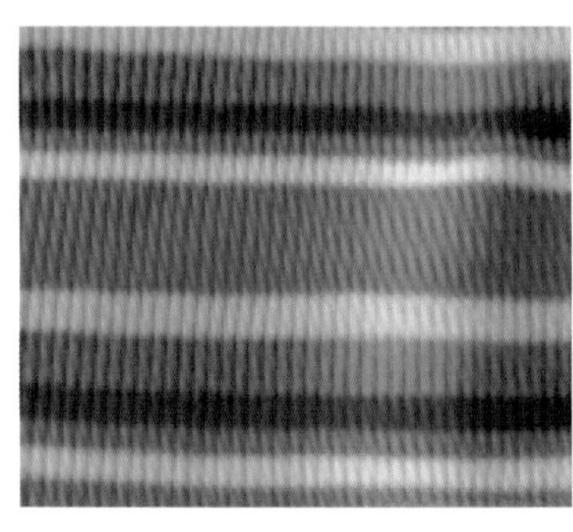
彩图 18　含氨纶纤维的织物

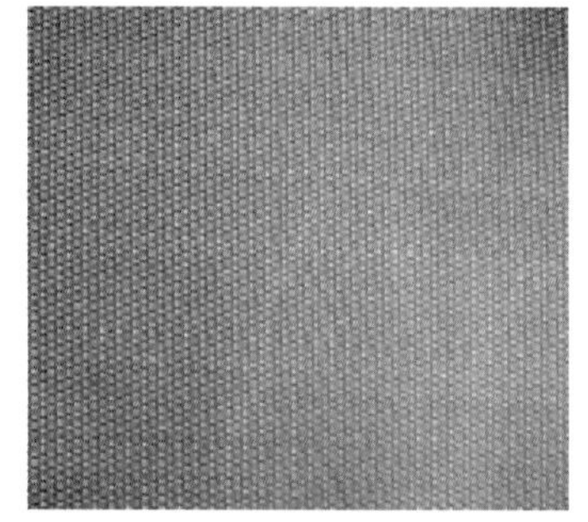
彩图 19　丙纶织物

彩图 20　维纶织物

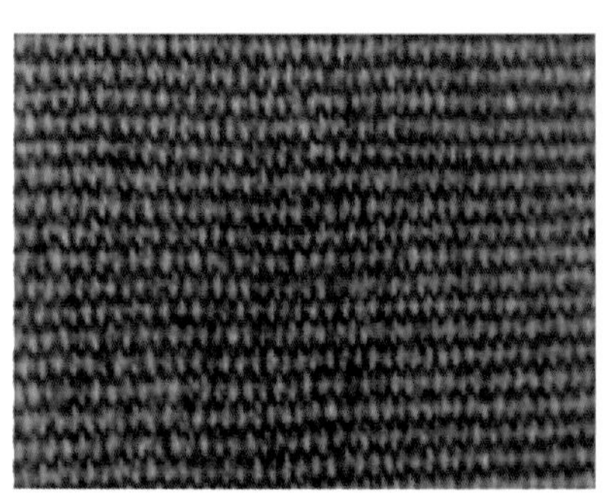
彩图 21　平纹织物

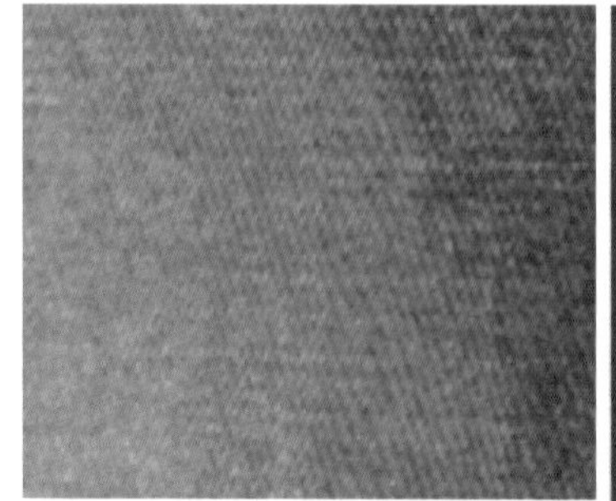
彩图 22　斜纹织物

彩图 23　缎纹织物

彩图 24　纬编针织物

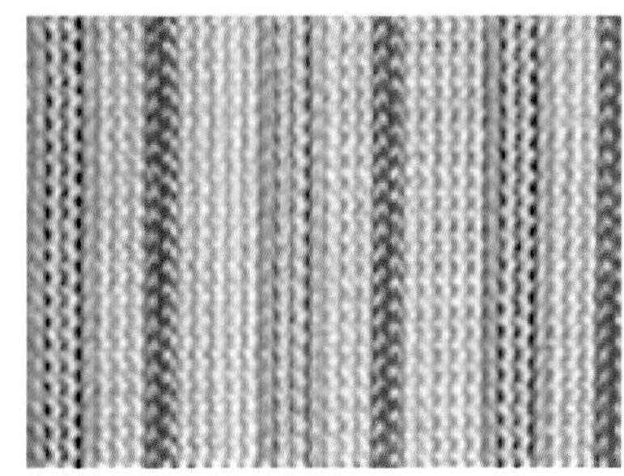
彩图 25　经编针织物

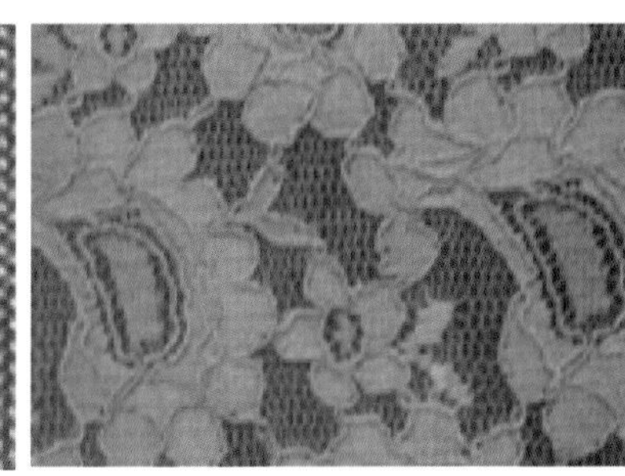
彩图 26　蕾丝

彩图 27　不锈钢纤维非织料

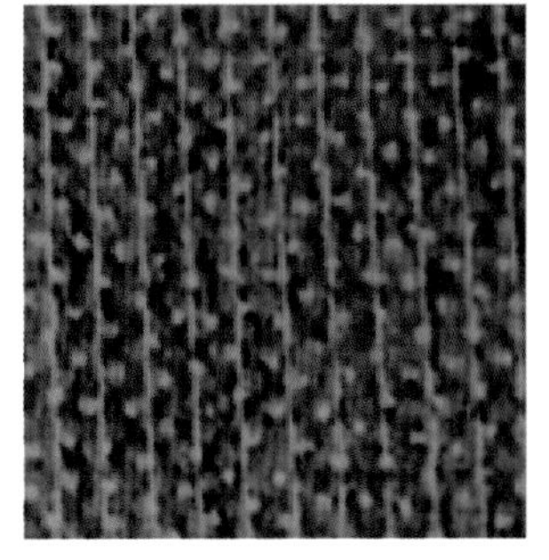
彩图 28　非织料纺粘合衬

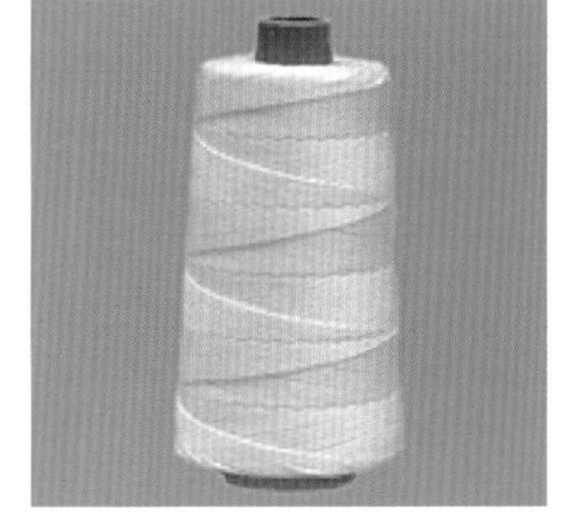
彩图 29　棉缝纫线

彩图 30　麻缝纫线

彩图 31　丝缝纫线

彩图 32　涤纶缝纫线

彩图 33　锦纶缝纫线

彩图 34　涤棉线

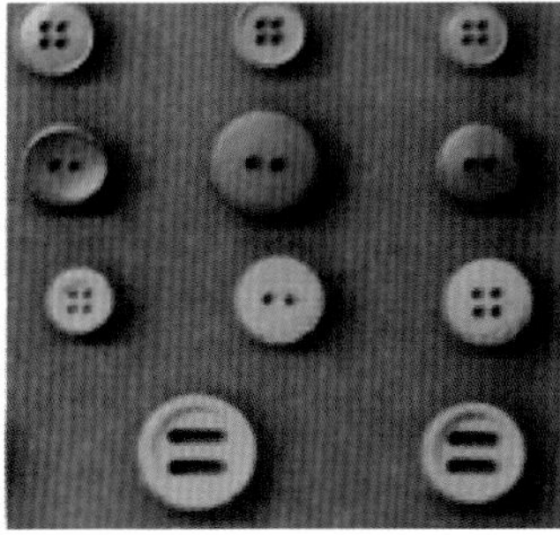
彩图 35　尼龙纽

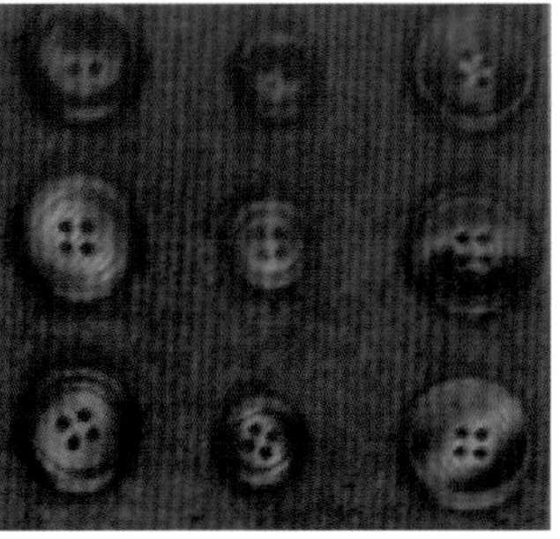
彩图 36　树脂纽

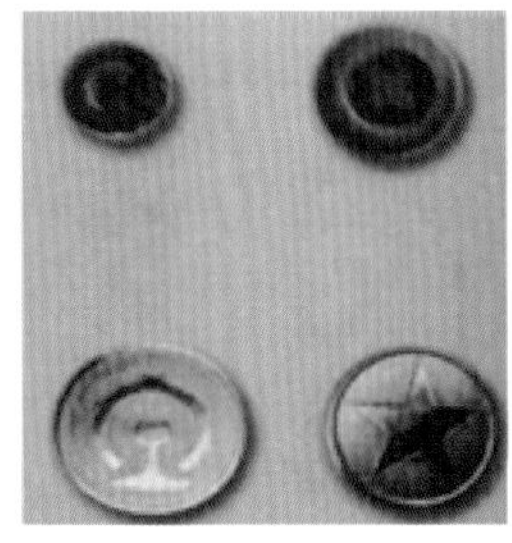

彩图 37　金属组

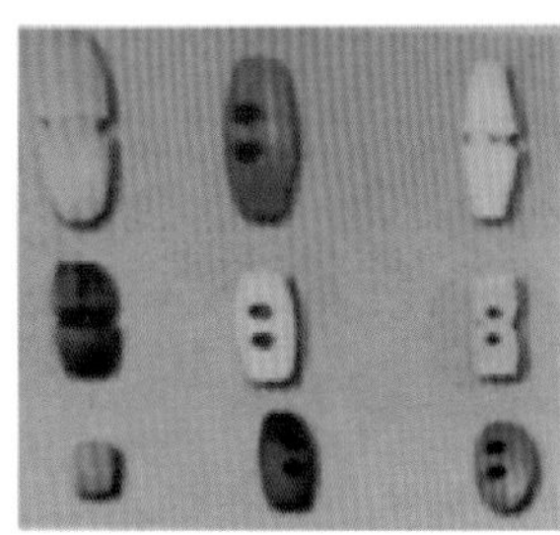

彩图 38　竹木组

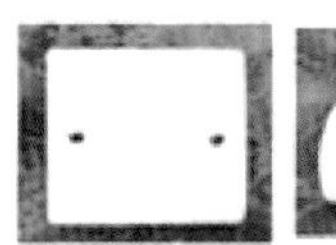
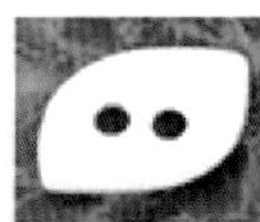
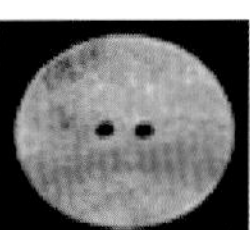
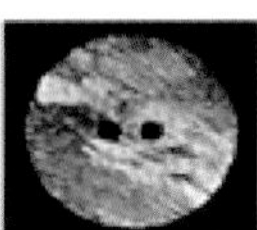

彩图 39　贝壳组

彩图 40　布包组

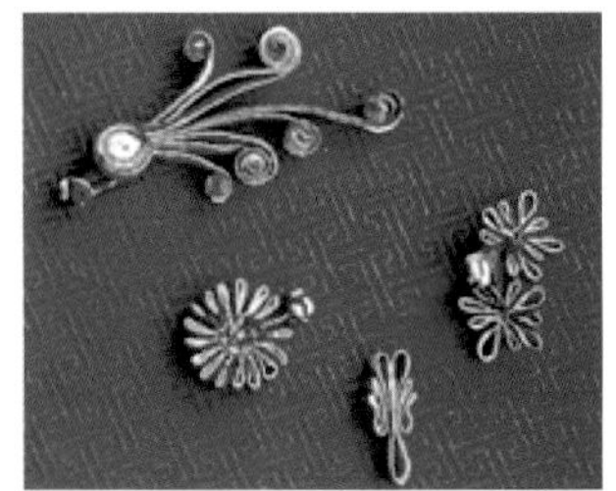

彩图 41　盘扣

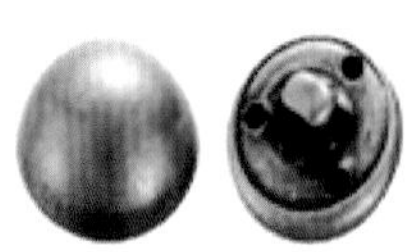
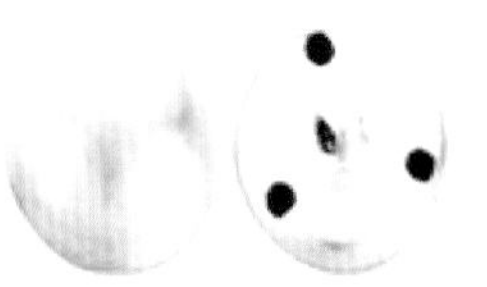

彩图 42　脚组

彩图 43　手缝揿组

彩图 44　模压皮牌

彩图 45　模压金属牌

彩图 46　注塑标

彩图 47　粘纸贴标

ZHIYE JINENG PEIXUN JIANDING JIAOCAI • FUZHUANG GONGYISHI

职业技能培训鉴定教材

服装工艺师

初级

编审委员会

主　任　周世康

副主任　吴　铭　张庆红　王　晖

委　员　冯　麟　陶　钧　严燕连　袁赛南

本书编审人员

主　编　袁赛南　严燕连

副主编　冯　麟　陶　钧

审　稿　周世康

中国劳动社会保障出版社

图书在版编目(CIP)数据

服装工艺师：初级/人力资源和社会保障部教材办公室组织编写. —北京：中国劳动社会保障出版社，2015

职业技能培训鉴定教材

ISBN 978-7-5167-1671-7

Ⅰ.①服… Ⅱ.①人… Ⅲ.①服装工艺-职业技能-鉴定-教材 Ⅳ.①TS941.6

中国版本图书馆 CIP 数据核字(2015)第 072179 号

中国劳动社会保障出版社出版发行

（北京市惠新东街 1 号　邮政编码：100029）

*

北京北苑印刷有限责任公司印刷装订　新华书店经销

787 毫米×1092 毫米　16 开本　15 印张　2 彩插页　342 千字

2015 年 5 月第 1 版　　2015 年 5 月第 1 次印刷

定价：33.00 元

读者服务部电话：(010) 64929211/64921644/84643933

发行部电话：(010) 64961894

出版社网址：http://www.class.com.cn

内容简介

本教材由人力资源和社会保障部教材办公室组织编写。教材以《国家职业标准·服装设计定制工》和《深圳市职业技能鉴定考核大纲·服装缝纫工》为依据，紧紧围绕“以企业需求为导向，以职业能力为核心”的编写理念，力求突出职业技能培训特色，满足职业技能培训与鉴定考核的需要。

在本书编写中，作者凭借在服装生产工艺方面多年的教学、科研以及对服装企业生产工艺指导培训的经验，围绕服装企业批量生产流程的实际运作特点，通过大量图片，运用简洁的语言和生动的案例阐述服装工艺生产技术要点，易学易懂，可操作性强，帮助读者快速掌握服装生产工艺技术要领，迅速适应成衣工业生产中工艺技术相关岗位的要求。全书分为9个模块单元，主要内容包括：职业道德与安全生产、服装面料与辅料、服装生产设备、服装工艺基础、服装生产管理基础、服装再造工艺、服装品质检验、服装结构基础、服装缝制工艺等。每一单元后安排了单元测试题及答案，书末提供了理论知识和操作技能考核模拟试卷样例，供读者巩固、检验学习效果时参考使用。

本教材可作为初级服装设计定制工（服装缝纫工、服装工艺师）职业技能培训与鉴定考核用书，也可供从事服装生产的相关人员参加在职培训、岗位培训使用。

前 言

科技日新月异，我国产业结构调整与企业技术升级不断加快，新职业和新岗位也不断涌现，能不能拥有一批掌握精湛技艺的高技能人才和一支训练有素、具有较高素质的职工队伍，已成为决定企业、行业乃至地区是否具有核心竞争力和自主创新能力的重要因素。一些地区、行业、企业根据工作现场、工作过程中职业活动对劳动者职业能力的需求，纷纷提升人才培养规格与培养标准，从过去单一社会化鉴定模式向自主培训鉴定、企业业绩评价、职业能力考核等多元评价模式转变，从过去以培养传统技术技能型人才为主向培养技术技能型、知识技能型和复合技能型人才转变，职业培训与鉴定考核领域进一步拓展。为了适应新形势，更好地满足各地培训、鉴定部门及各行业、企业开展培训鉴定工作的需要，我们根据地方、行业和企业实际，组织编写了一批具有地方、行业特色，满足企业需求，面向新职业、新岗位的职业技能培训鉴定教材。

新编写的教材具有以下主要特点：

在编写原则上，突出以职业能力为核心。教材编写贯穿"以企业需求为导向，以职业能力为核心"的理念，结合企业实际，反映岗位需求，突出新知识、新技术、新工艺、新方法，注重职业能力培养。凡是职业岗位工作中要求掌握的知识和技能，均作详细介绍。

在使用功能上，注重服务于培训和鉴定。根据职业发展的实际情况和培训需求，教材力求体现职业培训的规律，反映地方、行业和企业职业技能鉴定考核的基本要求，满足培训对象参加各级各类鉴定考试的需要。

在编写模式上，采用分级模块化编写。纵向上，教材按照职业资格等级单独成册，各等级合理衔接、步步提升，为技能人才培养搭建科学的阶梯型培训架构。横向上，教材按照职业功能分模块展开，安排足量、适用的内容，贴近生产实际，贴近培训对象需要，贴近市场需求。

在内容安排上，增强教材的可读性。为便于培训、鉴定部门在有限的时间内把最重要的知识和技能传授给培训对象，同时也便于培训对象迅速抓住重点，提高学习效率，在教材中精心设置了"培训目标"等栏目，以提示应该达到的目标，需要掌握的重点、难点、鉴定点和有关的扩展知识。另外，每个学习单元后安排了单元测试题，每个级别的教材都提供了理论知识和操作技能考核模拟试卷样例，方便培训对象及时巩固、检验学习效果，并对本职业鉴定考核形式有初步的了解。

本书在编写过程中得到香港理工学院欧伟文教授、吴登成高级讲师及吴汉文高级讲师的鼎力支持，同时还获得西纺广东服装学院和惠州学院服装系校友们的热情帮助，在此一并致以诚挚的谢意。

编写教材有相当的难度，是一项探索性工作。由于时间仓促，不足乏处在所难免，恳切希望各使用单位和个人对教材提出宝贵意见，以便修订时加以完善。

人力资源和社会保障部教材办公室

目录

第1单元

职业道德与安全生产

第一节　职业道德

→ 掌握职业道德的含义
→ 掌握职业道德的基本内容
→ 了解培养职业道德的方法

一、职业道德的含义

道德是调节人与人、人与社会之间关系的行为规范总和，是通过各种教育和社会舆论使人们具有区分善恶、荣耻、正邪等能力，以指导或控制自身行为的一种标准。

职业道德是从业人员在履行本职工作中所遵循的行为准则和行为规范的总和，一般以公约、守则等形式公布，是符合该职业所要求的道德准则。

二、职业道德的基本内容

随着现代社会分工发展和专业化程度的提升，市场竞争日趋激烈，社会对从业人员职业观念、职业态度、职业技能、职业纪律和职业作风等要求越来越高，各行各业都大力倡导良好的职业道德，鼓励人们在工作中做一个优秀的建设者。

职业道德的基本内容包括：爱岗敬业、诚实守信、办事公道、服务群众、奉献社会。

1. 爱岗敬业

爱岗敬业要求从业人员热爱自己的本职工作，对工作专心、认真、负责任，尽心尽力做好本职工作。爱岗敬业是对人们工作态度的一种普遍要求，是社会主义职业道德所倡导的首要规范。爱岗与敬业相辅相成，相互支持。人们只有具备了最基本的爱岗敬业精神，无业者才能有业，有业者才能乐业，乐业者才能实现自己的人生价值。

2. 诚实守信

诚实要求从业人员能够忠实于事物的本来面貌，不隐瞒、不歪曲事实，不说谎、不欺诈。守信指讲信用，守诺言，忠实于自己承担的义务和承诺。诚实守信要求从业者做老实人，说老实话，办老实事，言行合一，不弄虚作假，不泄露秘密。诚实守信是为人处世的基本准则，是职场人员在社会生活中安身立命的根本，也是企业文化的基石。企业若不能诚实守信，经营则难以持久。

3. 办事公道

办事公道要求从业人员在工作中站在公平公正的立场上，用同一原则、同一标准办理事务，客观处理问题，公平竞争，买卖公道，不以劣充优，不谋取私利，不偏袒私心，照章办事。

4. 服务群众

服务群众是为人民服务思想在职业道德中的具体体现。从业者作为社会的一员，在为社会广大群众服务的同时，也接受社会提供的各种服务，即“我为人人，人人为我”。而职业道德要求从业者必须首先做到“我为人人”，恪尽职守，向社会提供应有的优质服务。

5. 奉献社会

奉献社会是为人民服务思想和集体主义精神的高级表现。每个从业者，不论分工如何、能力大小，都能够在本职岗位上通过不同的形式为国家、为人民做贡献。只要具有崇高的奉献精神，从业者就会有高度的责任心和事业心，会忠于职守，争创一流，在平凡岗位上做出不平凡的业绩。

三、培养良好的职业道德

作为一名从业人员，应注意培养自己良好的职业道德，为实现自我价值和企业发展奠定基础。要养成良好的职业道德素养，从业者应努力将职业道德中的他律转化为道德自律，并真正落实到职业活动中去。

要培养职业道德，从业者可以从以下方面着手：

1. 正确认识职业道德的价值。
2. 树立正确的职业理想。
3. 培养对职业的真挚感情。
4. 培养职业的兴趣爱好和锻炼持久的意志力。
5. 形成良好的职业行为和习惯。

第二节　安全生产

→ 熟悉安全与安全生产方针的含义
→ 了解事故的定义与类型
→ 掌握查找事故原因的方法
→ 熟悉重大危险源的类型
→ 掌握安全防范管理的有效措施

一、安全生产

安全是人类生存和发展的最基本需求，是生命和健康的基本保障。一切生产活动都源于生命的存在，如果人们失去了生命，就失去了一切，所以安全就是生命。

对于每一个企业而言，安全就是效益，事故就是浪费。只追求效益而忽视安全，甚至酿成安全事故，终将得不偿失。

1. 安全生产方针

方针是一项活动的方向指引。我国安全生产方针是“安全第一，预防为主，综合治理”，这充分说明了安全在人们生产活动中的地位。

（1）安全第一

1）生命安全第一：即生命第一重要。

2）危险识别第一：要保护生命，首先要知道危险在哪里。

3）安全条件第一：要消除场所危险，就要改善安全设施。

4）教育培训第一：要消除不安全行为，就要加强安全教育培训。

5）安全投入第一：要确保安全，就要保证安全保障投入充足。

6）安全标准第一：生命第一重要，所以安全是第一评价标准。

（2）预防为主

预防为主的管理，主要体现在“六先”，即：安全意识在先；安全投入在先；安全责任在先；建章立制在先；隐患预防在先；监督执法在先。预防管理有两个关键：

1）关键一：避免事故的发生，消除事故隐患。

2）关键二：防止事故的扩大，落实应急预案。

（3）综合治理。在人员多、场所多、设备多的情况下，安全管理应从以下三个方面入手：

1）人员管理。规范行为，建立健全安全生产规章制度。在生产经营活动中，操作者要做到“三不伤害”：不伤害自己；不伤害他人；不被他人伤害。

2）现场管理。分担责任，建立安全生产责任制；建立安全法规并强调落实；定期巡查生产现场，监督整改存在安全隐患的地方。

3）设备管理。定期检修维护，确保设备安全保障有力，安全投入充足。

如果人员有不安全行为，现场有不安全因素，设备为不安全状态，则说明管理不力。经验说明，很多惨痛事故发生的最终原因大多是管理不力所致，所以通过综合治理保障安全生产非常重要。

2. 安全防护设施

安全防护设施指在工作区间安装必要的设施，以达到安全防护的目的。通常要做到“四有四必有”：有洞必有盖；有台必有栏；有轮必有罩；有轴必有套。

二、安全事故

1. 安全事故的定义

安全事故是指生产经营单位在生产经营活动中突然发生的，伤害人身安全和健康，或者损坏设备设施造成经济损失的，导致原生产经营活动暂时中止或永远终止的意外事件。

2. 安全事故的分类

（1）按照事故发生的行业和领域，分为：工矿商贸企业生产安全事故、火灾事故、道路交通事故、农机事故和水上交通事故。

（2）按照事故原因，分为：触电事故、火灾事故、物体打击事故、车辆伤害事故、机械伤害事故、起重伤害事故、灼烫事故、高处坠落事故、坍塌事故、冒顶片帮事故、淹溺事故、透水事故、中毒和窒息事故、放炮事故、火药爆炸事故、瓦斯爆炸事故、锅炉爆炸事故、容器爆炸事故、其他爆炸事故、其他伤害事故 20 种。

3. 引发安全事故的基本要素

安全事故原因的查找是安全管理的重点。通过大量安全事故剖析，安全事故的发生都取决于人、设备、环境与管理四个基本要素。

(1) 人员的不安全行为：占安全事故原因的40%。主要有：违章操作，忽视或违反正确的安全操作规程；注意力不集中；疲劳等。

(2) 设备的不安全状态：占安全事故原因的40%。主要有：设备和装置的结构缺陷，质量隐患，零部件磨损和老化；安全防护装置失灵；设备没有定期检修维保等。

(3) 现场环境的不安全条件：占安全事故原因的10%。主要有：工作环境面积偏小或工作场所存在其他缺陷；危险物与有害物的存在；劳动保护用具缺乏或有缺陷；物品堆放和整理不当；工作环境，如照明、温度、声音、颜色和通风等条件不适宜等。

(4) 管理缺陷：占安全事故原因的10%。主要有：产品的设计、选材、布置安装、维护检修等有技术缺陷，或工艺流程及操作程序有问题；对操作者缺乏必要的培训教育；劳动组织不合理；缺乏现场检查指导；没有制定安全操作规程或规程不健全；隐患整改不及时，事故防范措施不落实等。

4. 重大危险源

重大危险源是指长期或临时地生产、加工、搬运、使用或贮存危险物质，且危险物质的数量等于或超过临界量的单元。重大危险源分为以下几大类：

(1) 易燃、易爆、有毒物质等危险化学品及其贮罐区。

(2) 易燃、易爆、有毒物质等危险化学品及其库区。

(3) 具有火灾、爆炸、中毒危险的生产场所。

(4) 企业危险建筑物。

(5) 压力管道。

(6) 锅炉。

(7) 压力容器。

三、安全防范管理

每个生产经营单位的安全负责人，在进行安全防范管理时，都应坚持两大观念：一是安全一定有办法，二是事故一定有原因。常见事故的原因及防范方法如下。

1. 触电危害防范

(1) 触电类型。触电是指人体触及带电体后，电流对人体造成的伤害。它分为电击和电伤两种类型。电击是指电流通过人体，破坏人体内部组织，影响呼吸系统、心脏及神经系统的正常功能，甚至危及生命。电伤是指电流的热效应、化学效应、机械效应及电流本身作用造成的人体伤害，常见的有灼伤、电烙伤和皮肤金属化等非致命性伤害。在触电事故中，电击和电伤常会同时发生。

(2) 事故原因

1) 缺乏用电常识，触及带电的导线。

2）没有遵守操作规程，人体直接与带电体部分接触。

3）用电设备管理不当，造成绝缘损坏，发生漏电，人体碰触漏电设备外壳而触电。

4）高压线路落地，造成跨步电压对人体的伤害。

5）检修中，安全组织措施和安全技术措施不完善，因接线错误发生触电。

6）其他偶然因素，如人体受雷击等。

（3）触电防范安全措施

1）停电作业。在线路上作业或检修设备时，应在停电后进行，并采取切断电源、验电、接装地线等安全技术措施。

2）设警示牌。对设备进行维修时，一定要切断电源，并在明显处放置“禁止合闸，有人工作”等警示牌。

2. 电器火灾防范

（1）造成电器火灾的原因。照明设备、手持电动工具以及通常采用单相电源供电的小型电器，引起火灾的原因通常是电气设备选用不当或由于线路年久失修，绝缘老化造成短路，或由于用电量增加、线路超负荷运行，维修不善导致接头松动，或电器积尘、受潮、热源接近电器、电器接近易燃物、通风散热失效等。

（2）安全用电防护措施

1）电器线路要规范整齐，严禁私拉乱接。

2）电器线路必须套管。

3）铜丝不能代替熔丝，设备必须安装漏电保护器。

4）金属外壳的用电设备必须按规范接零接地。

5）电器装置附近不得堆放易燃易爆和腐蚀性物品。

6）电气设备应安装在不燃材料上，灯具不得紧贴可燃物或用可燃物遮挡。仓库内不准使用 60 W 以上的白炽灯及碘钨灯、水银灯等照明。使用危险化学品的车间（如喷漆车间）和放置危险化学品仓库必须使用防爆灯。

7）自备柴油发电机应独立设置。配电室应注意五防（防火、防水、防漏、防雪、防小动物）。

8）移动电器、临时用电要安装漏电保护装置，排风扇使用前要进行检查。

9）合理选用电器装置。例如，在干燥少尘的环境中，可采用开启式和封闭式电器；在潮湿和多尘的环境中，应采用封闭式电器；在易燃易爆的危险环境中，必须采用防爆式电器。

（3）电器消防防范措施

1）发现电子装置、电气设备、电缆等冒烟起火，要尽快切断电源。

2）使用砂土、二氧化碳或四氯化碳等不导电灭火介质，忌用泡沫和水进行灭火。

3）灭火时不可将身体或灭火工具触及导线和电气设备。

3. 机械伤害防范

机械伤害主要指机械设备运动（静止）部件、工具、加工件直接与人体接触引起的夹击、碰撞、剪切、卷入、绞、碾、割、刺等形式的伤害。

机械伤害防护措施包括：

（1）按要求穿戴好劳动防护用品，并将所有头发塞进帽子内。

（2）应该停机进行的工作，不准开机操作；在没有确认机器完全停稳前，不准打开防护罩或用手触动危险部位。

（3）停机进行清扫、加油、检查和维修保养等作业时，必须挂停机牌或使用绝缘插，电气检修时必须挂“有人工作，禁止合闸”标识牌，谁挂谁摘。

（4）开动机器前必须先检查，确认无人在机器上工作时，才能启动。两人同在一台机器上工作时，必须先发出开机信号，确认无危险的情况下方可启动设备。

（5）允许不停机进行的工作，工作时要严防手、衣服、工具、抹布、头发等接触机器高速转动的危险部位。

（6）交接班时应检查设备的安全防护装置，存在隐患应及时检修，再进行交接。

单元测试题

一、填空题（请将正确的答案填在横线空白处）

1. 职业道德是从业人员在履行本职工作中所遵循的________准则和行为规范的总和。

2. 道德是通过各种教育和社会舆论使人们具有区分善恶、荣耻、正邪等能力，以________自身行为的一种标准。

3. 爱岗敬业是社会主义职业道德所倡导的________。

4. 诚实守信是________的基本准则，是职场人员在社会生活中安身立命的根本，也是企业________的基石。

5. 服务群众是为人民服务思想在________中的具体体现。

6. 奉献社会是________和集体主义精神的高级表现。

7. 形成良好的职业行为和习惯是培养________的好方法。

二、单项选择题（下列每题的选项中，只有 1 个是正确的，请将正确答案的代号填在横线空白处）

1. ________是职业道德的基础，是社会主义职业道德所倡导的首要规范。

A. 服务群众　　B. 爱岗敬业　　C. 诚实守信　　D. 办事公道

2. 对于每一个企业而言，安全就是________，事故就是________。

A. 效益、浪费　　B. 生命、浪费

C. 效益、命令　　D. 效率、绊脚石

E. 效率、浪费

3. 通过大量事故剖析，事故的发生都取决于（　　）四个基本要素。

A. 人、设备、方法与管理　　B. 人、设备、方法与环境

C. 设备、环境、产品与制度　　D. 人、环境、方法与管理

三、简答题

1. 简述职业道德的基本内容。

2. 简述安全生产方针的含义。

单元 1

3. 事故原因的查找应从哪几个方面入手？

四、论述题

1. 作为刚入职的员工，应如何培养良好的职业道德？

2. 试述安全用电防护与机械伤害防范的措施？

单元测试题答案

一、填空题

1. 行为　2. 指导或控制　3. 首要规范　4. 为人处世　文化　5. 职业道德　6. 为人民服务思想　7. 职业道德

二、选择题

1. B　2. A　3. B

三、简答题

答案略。

四、论述题

答案略。

第2单元

服装面料与辅料

第一节 面料的分类与性能

→ 掌握面料纤维成分的分类与性能

→ 掌握面料织造工艺的分类与特性

一、面料的纤维成分

构成面料的纤维成分主要分为天然纤维、合成纤维和混纺纤维三大类，合成纤维又分为再生纤维素纤维和化学纤维。其中天然纤维包括棉、麻、毛、丝等，再生纤维素纤维有粘胶纤维、铜氨纤维等，化学纤维包括涤纶、腈纶、氨纶等，混纺纤维是指天然纤维与合成纤维混纺而成的纤维，例如涤棉、腈毛等。

1. 天然纤维

（1）棉。棉纤维是棉花（见彩图 1）成熟去籽后获得的纤维，分为长绒棉、细绒棉、粗绒棉、草棉四种，其中细绒棉和长绒棉是最常见的品种。细绒棉纤维适应性强、品质好。长绒棉又称海岛棉，是一种富有丝光、强力较高的细长棉纤维，比细绒棉更柔软、更滑爽，能纺高支数棉，是织造高档纯棉织物和服装的原料。常见的长绒棉有埃及长绒棉和新疆长绒棉等。世界上种植的棉花 95%以上都是细绒棉。

1）棉纤维形态结构。将棉纤维放在显微镜下观察，如图 2—1 所示，可见纵向形态为扁平带状，表面呈天然扭曲状。横截面为腰圆状，内有空腔，空腔的大小反映棉纤维品质的高低，空腔小表示棉纤维较成熟、品质好，可织制高档面料。

2）棉纤维性能及用途。棉纤维柔软舒适，肌肤触感良好；吸湿性佳，湿强高，便于洗涤；耐碱、不耐酸，透气性、耐热性好，保暖性强；抗虫蛀、抗静电性能强，染色效果良好，应用非常广泛。但是棉纤维耐磨性较弱、不耐穿，抗皱性差，断裂伸长率较

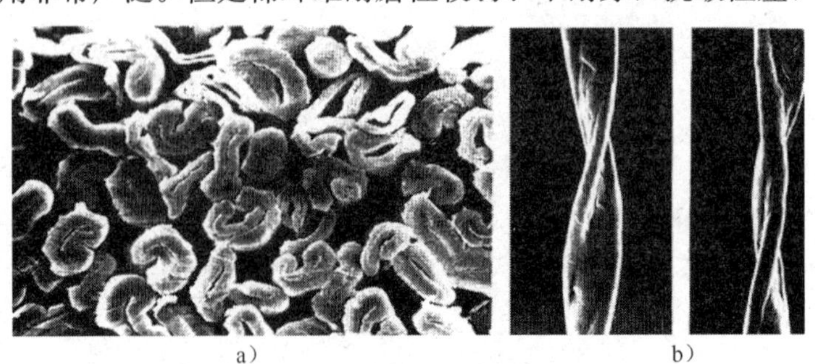

图 2—1 棉纤维形态结构图

a）横切面 b）纵切面

低，洗涤后不易干燥、易缩水。

天然彩棉是利用杂交、基因转导等现代生物工程技术培育出的天然彩色棉花，是不含化学染料成分的绿色环保产品，有“第二肌肤”之称，广泛用于各种贴身内衣。

（2）麻。麻纤维属草本植物，是从麻茎的韧皮中获取的纤维。麻纤维种类较多，有苎麻、黄麻、青麻、大麻（汉麻）、亚麻、罗布麻和槿麻等，其中亚麻和苎麻较常用于制成服装面料，如彩图 2、彩图 3 所示。

1）麻纤维形态结构。在显微镜下观察不同的麻纤维，其形态结构各有不同。亚麻纤维横向形态呈多角形，如图 2—2a 所示，有狭小的中腔。纵向形态表面有横节和竖纹，如图 2—2b 所示。

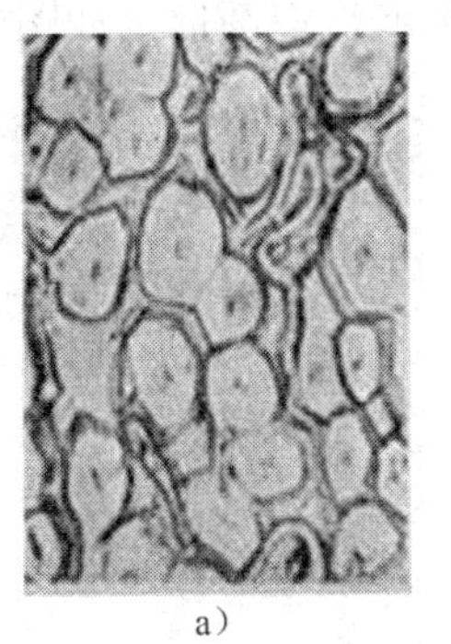
a）

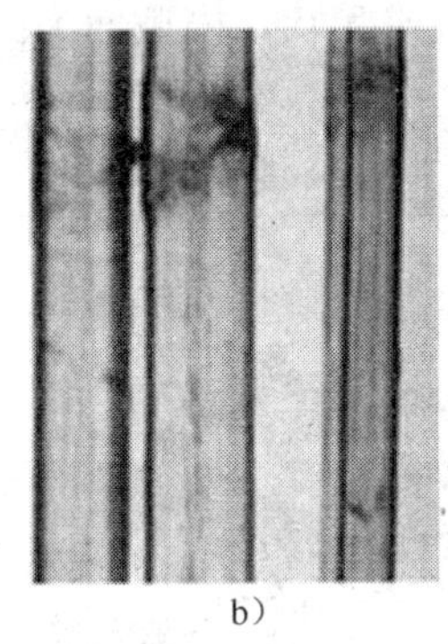
b）

图 2—2　亚麻形态结构图
a）横切面　b）纵切面

苎麻纤维横向形态呈圆形，如图 2—3a 所示，有狭小的中腔，截面上呈现大小不等的裂缝纹。纵向形态同亚麻纤维，如图 2—3b 所示。

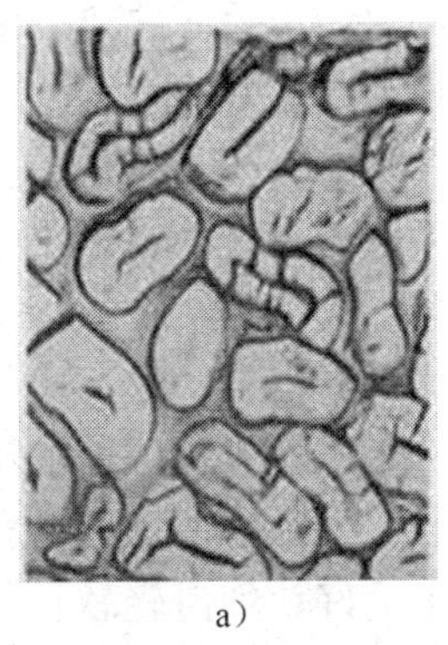
a）

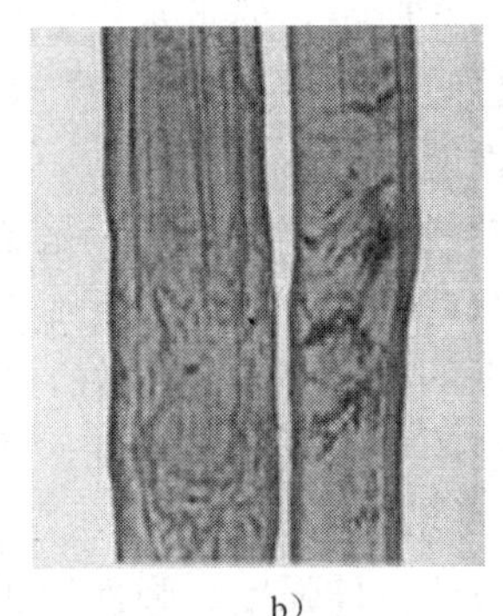
b）

图 2—3　苎麻形态结构图
a）横切面　b）纵切面

2）麻纤维性能及用途。麻纤维凉爽透气，接触皮肤有刺痒感。亚麻是人类最早发现并使用的天然纤维。亚麻织物表面光洁，面料紧实，吸湿散热快，透气滑爽，粗犷挺括，绝缘性好，耐酸碱性和抗腐蚀性能佳，如彩图 4 所示。

苎麻织物结构松散，经纬线之间缝隙大，表面粗糙，如彩图 5 所示。在所有天然纤维中，苎麻纤维的吸湿力最好，且放湿速率快，强度最大，但其伸长能力最小，弹性最差，故较硬挺板结，极易产生折痕，因此不适合制作长裤、衬衣及西服等正装服。

苎麻和亚麻多用作服装面料，其余麻类多制成麻布、麻袋、地毯基布、捆扎绳等产业用纺织品。

（3）毛。毛纤维主要有羊毛、山羊绒（开司米）、骆驼毛、牦牛毛、马海毛等。

1）羊毛。出自绵羊身上的毛叫羊毛，行业上也叫绵羊毛。澳大利亚、新西兰、阿根廷、南非和我国都是世界上的主要产毛国。新疆、内蒙古、青海等是我国羊毛的主要产区。澳大利亚美利奴羊是世界上品质最优良、产毛量最高的品种。

①羊毛形态结构。羊毛的外观形态为根部粗、梢部细，呈天然卷曲状。羊毛表面有鳞片，鳞片大多呈环状或瓦状，横截面为圆形或近似圆形，如图 2—4 所示。

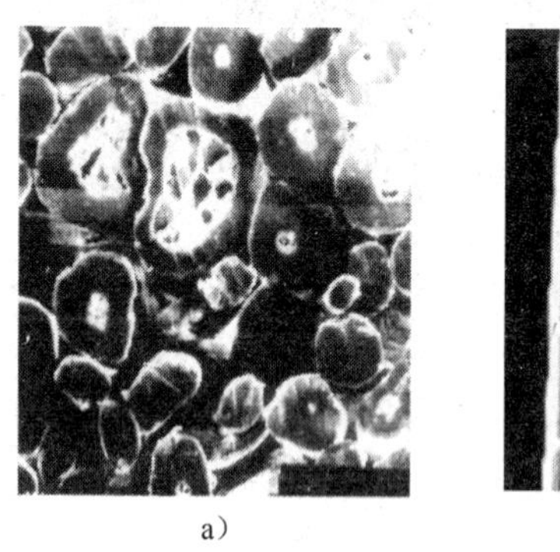

a）

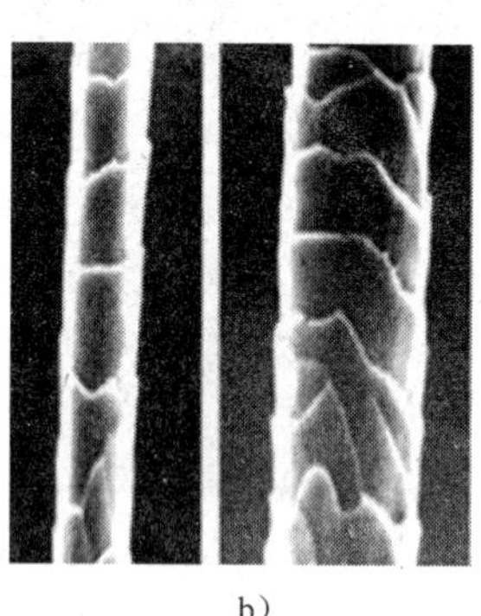

b）

图 2—4　羊毛形态结构图

a）横切面　b）纵切面

②羊毛性能及用途。羊毛光泽柔和自然，弹性好，表面卷曲，因此羊毛面料不易起皱，有身骨，如彩图 6 所示，但下水后会收缩，粗纺羊毛织物进行缩绒处理后，可使绒面紧密丰厚，提高保暖效果。“可机洗”羊毛是通过破坏或填平鳞片的特殊加工处理，使羊毛不再有缩绒性能。

羊毛隔热保暖性能优于其他纤维，是冬季极好的保暖面料。由于不易传导热量，采用高捻度、高支纱织造的轻薄型精纺毛织物称为“凉爽羊毛”，是夏季高档服装用料。所有天然纤维中羊毛的吸湿透气性最好，但强力比棉纤维低，不耐晒、不耐高温，耐酸、不耐碱，因此纯羊毛服装适宜干洗，并应选用中性或偏酸性的洗涤剂。

2）山羊绒。山羊绒又称开司米羊绒，是山羊紧贴表皮生长的浓密细软的绒毛，如彩图 7 所示。山羊绒的拉伸强度、弹性均比绵羊毛好，细滑轻软，保暖、吸湿性居纤维之首，对酸碱热的反应比羊毛敏感，纤维的损伤也较显著，对含氯的氧化剂尤为敏感。山羊绒产量较低，是高档贵重的服装材料，有“软黄金”之称。

3）马海毛。马海毛即安哥拉羊毛，产于土耳其安哥拉地区。马海毛纤维粗长卷曲，表面光滑，光泽感强，纤维强度及回弹性较高，不易收缩、毡缩，易于洗涤，如图 2—5 所示。马海毛强度高，耐磨性及排尘防污性强，对一些化学药剂比一般羊毛敏感，有较好的亲染性，吸湿性强。马海毛常与羊毛等纤维混纺，织制成大衣、羊毛衫、围巾、帽子等高档服饰，如图 2—6 所示。

图 2—5　马海毛纤维结构

图 2—6　马海毛羊毛衫

4）兔毛。兔毛纤维产自安哥拉兔和家兔的毛发，如彩图 8 所示，其中安哥拉兔毛细长、毛质优良，家兔品质较次。兔毛由绒毛和粗毛组成，轻软保暖，吸湿性好，但是强力低，染色度比羊毛浅。由于兔毛鳞片少而光滑，抱合力差，织成的面料易掉毛或变长，故需与羊毛或其他纤维混纺制成羊毛衫。

5）骆驼毛。骆驼毛大多取自双峰骆驼。单峰骆驼毛粗短，无纺纱价值。骆驼毛分粗驼毛及细驼绒。驼毛表皮鳞片少且边缘光滑，强度大，光泽好，御寒保暖性佳，缩绒性差，常用于衬垫、工业用品或填充料。驼绒为骆驼表皮内层保暖的细短纤维，如彩图 9 所示，纤细轻柔，暖和舒适，适宜织制高档粗纺面料和针织面料。

6）牦牛毛。牦牛毛由绒毛和粗毛组成，如图 2—7 所示，光泽柔和，纤细柔软，手感滑糯，弹性和保暖性好。粗毛有毛髓，纤维外形平直光滑，刚韧有光泽，毡缩性差，常与羊毛等纤维混纺制成针织面料和大衣呢。用牦牛粗毛制成的黑炭衬是高档服装常用的辅料。

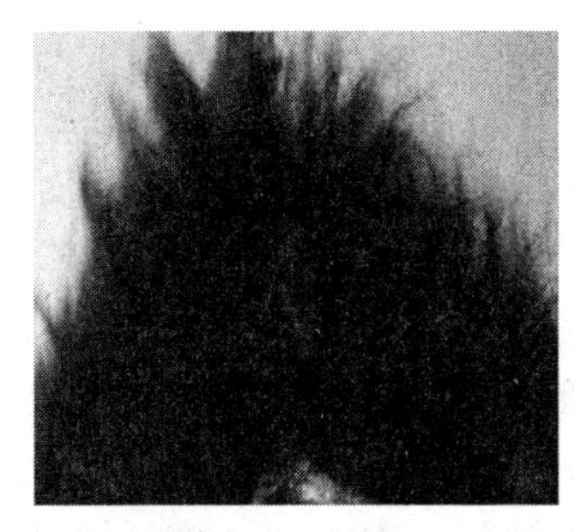

图 2—7　牦牛毛

（4）丝。丝纤维是指由蚕、蜘蛛等昆虫分泌出来的天然蛋白纤维，属于长丝纤维。蚕丝是自然界唯一可供纺织用的天然长丝，分为家蚕丝和野蚕丝两大类。野蚕丝有柞蚕丝、蓖麻蚕丝、木薯蚕丝、天蚕丝等；家蚕丝即桑蚕丝，纤维纤细，弹性和保暖性佳，是质量最好的蚕丝。

1）桑蚕丝

①桑蚕丝形态结构。桑蚕丝纤维横截面近似三角形，纵向平直光滑，由两根单丝并合而成，如树干状，粗细不匀，有许多异状结节、小疵点，中心是不溶于水的丝素，外围是丝胶，能在热水中膨润溶解，如图 2—8 所示。

②桑蚕丝性能及用途。桑蚕丝质轻，有弹性，外表光滑，无卷曲，有光泽。蚕丝摩擦时会产生独有的“丝鸣”声。桑蚕茧缫丝后的产品为生丝，生丝脱胶后称为熟丝。生丝强力高于羊毛，延伸性优于棉和麻纤维，耐用性一般，吸湿性好，吸湿后强力下降且易伸长，但耐旋光性较差，在日光下暴晒容易出现发黄、脆化、强度下降等问题。

桑蚕丝织物薄如蚕翼、轻如纱，最适合制成贴身内衣、高档礼服等服装，如彩图 10 所示。

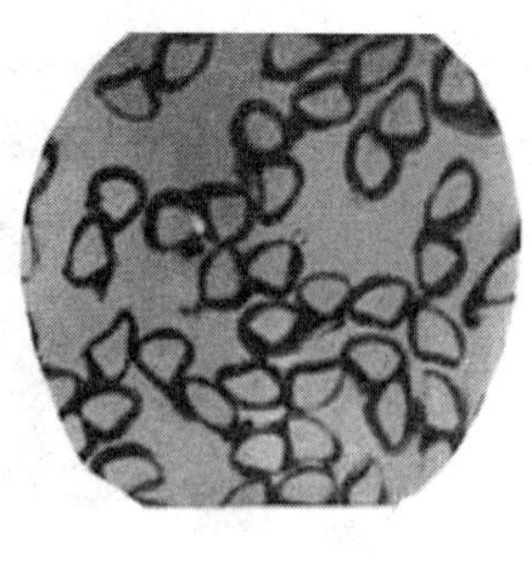
a）

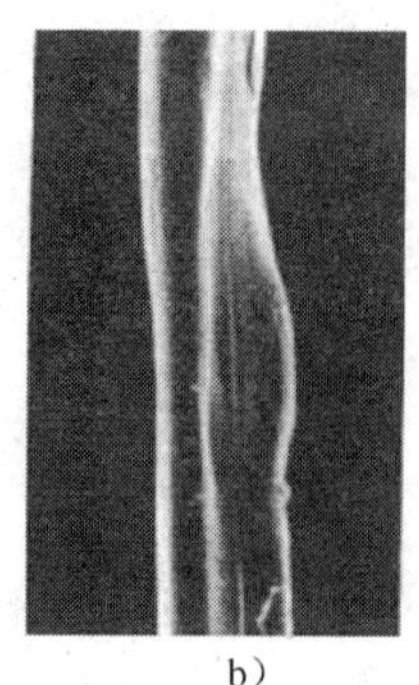
b）

图 2—8　桑蚕丝形态结构图
a）横切面　b）纵切面

2）柞蚕丝

①柞蚕丝形态结构。柞蚕丝是柞蚕吐的丝，如彩图 11 所示，其横截面近似桑蚕丝，但更扁平，纵向表面有条纹，内部有许多毛细孔。柞蚕茧为黄褐色，如彩图 2—12 所示，故柞蚕丝具有天然的淡黄色，且难以染色。

②柞蚕丝性能及用途。柞蚕丝比桑蚕丝粗，弹性、吸湿透气性好，湿强大，光泽不如桑蚕丝亮，手感不如桑蚕丝光滑，但是柞蚕丝的坚牢度、吸湿性、耐热性、耐光性、耐酸性、耐碱性、耐化学药品等性能比桑蚕丝好，对强酸、强碱和盐类的抵抗力比桑蚕丝强。

柞蚕丝吸湿后再干燥会收缩，常温下稍有卷曲。此外，柞蚕丝服装遇水时，纤维吸水膨胀，呈扁平突起状，改变光的反射形成水渍，只有在服装重新湿水后才会消失。

柞蚕丝蓬松挺括，内部有许多孔隙，保暖性仅次于羊毛，是制作蚕丝被、蚕丝毯等家纺产品的首选原料，也可与棉、麻、天丝等纤维混纺成冬季面料，或用于冬季服装的填充料。

蚕丝是弱酸性物质，用有机酸处理，可以增加丝织物的光泽，改善手感，但织物的强伸度会稍有下降。洗涤丝质服装时，加少量白醋可使丝织物更柔软滑润，更有光泽感。

2. 再生纤维素纤维

（1）粘胶纤维。粘胶纤维是从木材和植物叶杆、棉短绒等天然纤维原料中提取的纤维素，或以棉短绒为原料，加工成纺丝原液，再经湿法纺丝制成的人造再生纤维素纤维，如彩图 13 所示。

1）粘胶纤维形态结构。粘胶纤维的横截面呈锯齿形的皮芯结构，纵向平直，有沟槽，如图 2—9 所示。

2）粘胶纤维性能及用途。粘胶纤维的基本化学成分与棉纤维相同，因此，它的性能和棉纤维接近，具有棉般柔软的手感和丝般的光泽，吸湿性、透气性是所有化学纤维中最好的。粘胶纤维的含湿率最符合人体肌肤的生理要求，因此所制成服装穿着凉爽舒适。粘胶纤维不易产生静电，染色性能好，吸湿性强，比棉易上色，色彩纯正艳丽，色谱也最齐全。但是粘胶纤维湿牢度和弹性较差，织物易折皱且不易恢复，耐酸性、耐碱性不如棉纤维。

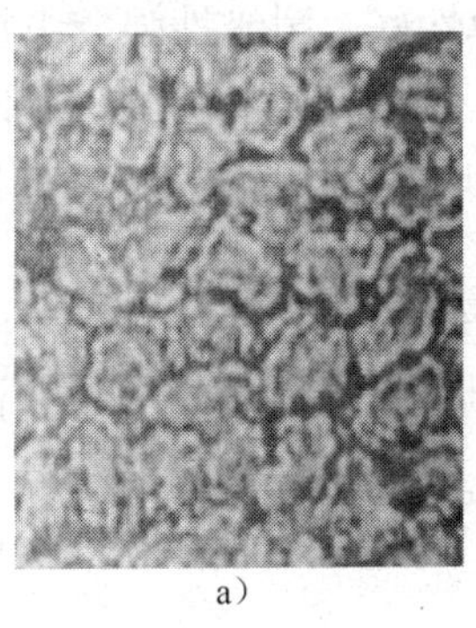
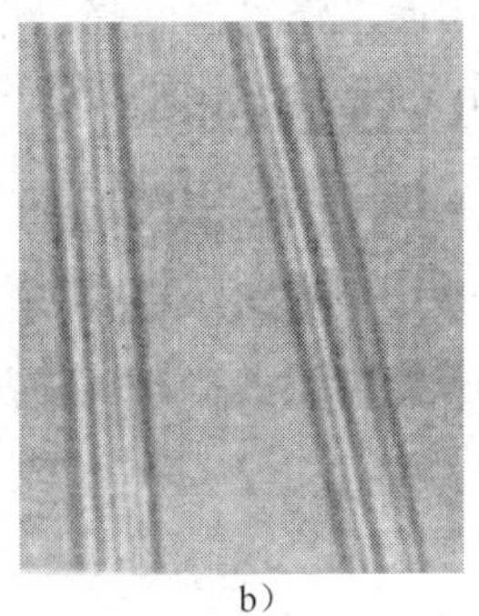

a）　　b）

图 2—9　粘胶纤维形态结构图

a）横切面　b）纵切面

粘胶纤维与合成纤维混纺的织物比纯合成纤维织物在吸湿性和舒适性方面都有明显改善，广泛用于裙装、衬衫及外衣里料等。

（2）醋酯纤维。醋酯纤维是由含纤维素的天然材料经化学加工而成的一种再生纤维素纤维。醋酯纤维酷似天然真丝，光泽柔和，色泽鲜艳，悬垂性和手感良好，并有防霉防蛀性能，但染色性能较差。通常会制成短纤维，可用作人造毛，也可用于裙装、女衬衫、内衣、领带和里料等，如彩图 14 所示。醋酯长丝的技术含量与附加值较高，织物质地轻薄，有良好的手感和透气性，是织制高级华贵衣料的纤维材料。

（3）铜氨纤维。铜氨纤维是由纤维素溶解于铜氨溶液中纺丝而成的一种再生纤维素纤维，其手感柔软，光泽柔和，极具悬垂感，染色亲和力、湿强、耐磨性均优于粘胶纤维，上染率高，服用性能优良，有真丝效果而又比丝纤维环保，如彩图 15 所示，常用作高档仿真丝料、针织料及高档里料。

3. 化学纤维

（1）涤纶。涤纶又称为聚酯纤维、特利纶等。

1）涤纶形态结构。涤纶的纵向截面平滑光洁，均匀无条痕，横截面为圆形，如图 2—10 所示。为改善纤维的吸湿性、染色性和表观性能，也可将横截面加工成三角形、Y 形、中空形或五叶形等形状。

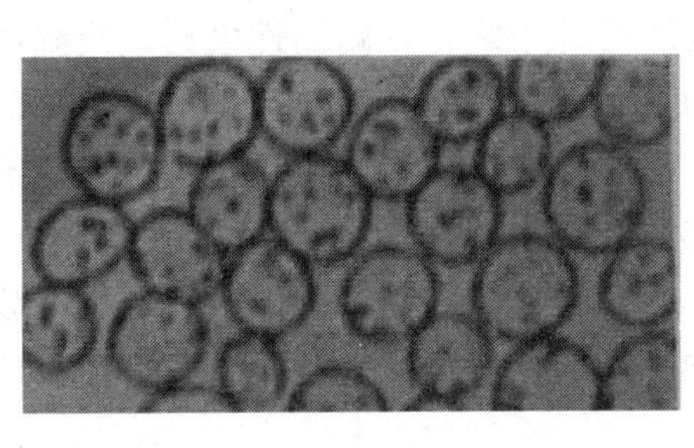
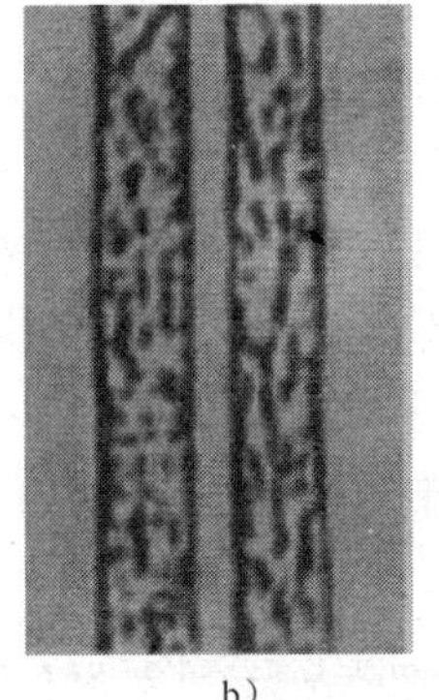

a）　　b）

图 2—10　涤纶纤维形态结构图

a）横切面　b）纵切面

2）涤纶性能及用途。涤纶强度高，回弹性好，耐皱性强，织物不易折皱，尺寸稳定性好。涤纶是合纤织物中耐热性最好的面料，具有热塑性，可制作百褶裙，褶裥持久。涤纶坚牢耐用、耐虫蛀霉变、易洗快干、抗皱免烫，洗可穿性良好。但是涤纶织物的抗熔性较差，遇火星易被熔融成孔洞。

涤纶用途很广，可制成仿毛、仿棉、仿丝、仿麻织物，如彩图16所示，适用于男女衬衫、外衣、童装、室内装饰织物、地毯和床上用品等，也可用涤纶做絮棉，但因透气吸湿性较差，不宜做内衣。

（2）腈纶。腈纶为聚丙烯腈纤维，由于其外观呈卷曲蓬松的白色，手感柔软酷似羊毛，因此又被称为“合成羊毛”。

1）腈纶形态结构。腈纶的纵向形态呈平滑柱状，有少许沟槽，横截面呈哑铃形、圆形或其他形状。

2）腈纶性能及用途。腈纶结构紧密，吸湿性低，易起毛起球，易产生静电，耐热性好，不发霉，不怕虫蛀，有较好的化学稳定性，耐酸、耐弱碱、耐氧化剂和有机溶剂。但腈纶耐磨性差，尺寸稳定性差，染色性差，可采用阳离子染料改良染色效果。

腈纶织物蓬松、卷曲而柔软，弹性较好，如彩图17所示，在常见纺织纤维中，腈纶的耐旋光性和耐气候性最好，因此最适宜做室外用织物。腈纶具有热弹性，可制成各种膨体纱，但经多次拉伸后易变形，因此腈纶针织服装的袖口、领口等处易变形。腈纶生产以短纤维为主，可以纯纺，或与羊毛等其他纤维混纺制成针织童装或女装、仿裘皮服装、起绒织物、毛毯等，特别适合做窗帘布。

（3）氨纶。氨纶是聚氨基甲酸酯纤维的简称，改良后的氨纶称“莱卡”，是一种低强度、高弹性、易恢复原状的弹性纤维。氨纶染色性能较好，耐光、耐磨、耐汗、耐海水、耐各种干洗剂和大多数防晒油；但吸湿性、耐热性较差，因此氨纶服装水洗和熨烫的温度不宜过高，宜用90～110℃快速熨烫。

氨纶丝可与其他纤维纺成包芯纱，用于编制各种内衣、游泳衣、紧身衣、牛仔裤、运动服、带类等弹性部位，如彩图18所示。氨纶制成的服装轻巧舒适，能适应身体运动伸展的需要，并能减轻服装对身体的束缚感。

（4）锦纶。锦纶是聚酰胺纤维，俗称尼龙，如图2—11所示，是世界上出现的第一种化学纤维，常用的有锦纶6、锦纶66。其中锦纶66的手感、舒适性均优于锦纶6。

锦纶坚牢耐磨，强力和耐磨性居所有纤维之首，耐用性极佳，吸湿性是化学纤维中最好的。锦纶染色性能好，有较大的热塑性，且不易被沾污，抗化学药剂能力强，不易霉变虫蛀，弹性好，通风透气性差，易产生静电，易产生皱折，抗皱性不如涤纶，耐热耐旋光性都较差，熨烫温度应控制在130℃以下。

锦纶长丝可以制作袜子、内衣、运动衫、滑雪衫、登山服、冬季服装、降落伞和风雨衣等，短纤维与棉、毛及粘胶纤维混纺后，还可用于制作尼龙搭扣、地毯、蕾丝、装饰布等，如图2—12所示。

（5）丙纶。丙纶是聚丙烯纤维，又称为赫库纶、霍斯塔伦。丙纶纵向光滑平直，横截面为圆形或其他形状。丙纶强度高，弹性优良，耐磨性好，吸湿性差，易起静电起球，易洗快干，如彩图19所示。丙纶织物耐旋光性、耐热性较差，易老化，不耐高温

图 2—11　锦纶纤维结构图

图 2—12　锦纶织物

熨烫，需垫湿布或蒸汽熨烫，熨温为 90～100℃。

丙纶质地轻盈，是化学纤维中密度最轻的品种，比水还轻，适合做水上运动服、毛衫、运动衫、袜子、比赛服、内衣等，还可制作渔网、缆绳、填絮料、室内外地毯、过滤产品和包装产品等。

(6) 维纶。维纶也叫维尼纶，性能接近棉花，有“合成棉花”之称，在所有化学纤维中吸湿性最大。维纶的强度比棉花、羊毛高。耐腐蚀性、抗化学性、保暖性、耐旋光性、耐酸碱性均较好，且不易霉蛀。耐热水性不佳，弹性与染色性较差。熨烫温度为 120～140℃，熨烫时不能垫湿布或喷水，否则易产生水渍或皱褶。

维纶织物在日常生活中应用较少，多与其他纤维混纺，制成外衣、棉毛衫裤、运动衫等针织物，如彩图 20 所示，还可用于帆布、渔网、外科手术缝线、自行车轮胎帘子线、过滤材料等。

二、面料的织造工艺

纺织面料按照不同的织造工艺，可分为梭织面料、针织面料与无纺布三大类。

1. 梭织面料

梭织面料又称机织物，基本组织有平纹、斜纹、缎纹，梭织面料就是由这三种基本组织及其交相变化的组织构成。

(1) 平纹组织。平纹组织是经纬纱以一上一下浮沉交织成的组织结构，表面平坦，正反面外观相同，是所有面料中结构最简单、使用最广泛的一种组织。平纹组织面料质地坚牢、耐磨挺括、手感硬挺，表面光泽差。常见面料有府绸、帆布、雪纺、乔其纱、牛津布等，如彩图 21 所示。

(2) 斜纹组织。斜纹组织是经纬纱以二上一下或二下一上的交错形式织成 S 形左斜或 Z 形右斜的斜沟形纹路，手感柔软，如彩图 22 所示。斜纹组织比平纹组织厚密，面料光泽有所提高，弹性较好，抗皱能力较好，耐用性佳。但经纬交织比平纹少，无平纹织物坚牢。常见面料有牛仔布、卡其布、哔叽、美丽绸、羽纱、粗花呢、华达呢等。

(3) 缎纹组织。缎纹组织是一个完整循环组织中最少有 5 根经纬纱，浮纱最多可达 12 条的织物。经纬浮线比平纹、斜纹长且多，交织点最少，易被刮花或起毛，坚牢度、耐磨性差，强力差，易钩丝。缎纹织物是经纱无捻或弱捻的提花织物，正反面差别明显，绸面光滑有光泽，质地柔软华丽，悬垂性好，反面光泽差，纹路模糊。常见缎纹织物有色丁、织锦缎、花缎、条格麻纱、直贡、横贡、素软缎、金雕缎、库缎等，适宜制成晚礼服、舞台服，如彩图 23 所示。

2. 针织面料

针织面料是纱线或长丝形成线圈后相互串套而成的织物，基本组织分为纬编、经编两大类。

（1）纬编。纬编是将纱线由纬向喂入，弯曲成圈并相互串套，如彩图 24 所示。纬编针织物的透气性、柔软性、吸湿性、弹性和延伸性、抗皱性和悬垂性、抗撕裂性等性能都非常优秀，但是其脱散性、尺寸稳定性较差。常见的纬编织物有汗布、罗纹（双面针织）布、双罗纹/互锁料、棉毛布、珠地布、瓦楞布、绒布、天鹅绒、摇粒绒、针织牛仔布、提花布等。

（2）经编。经编的线圈串套方向正好与纬编相反，如彩图 25 所示，是一组或几组平行排列的纱线，按布面的经向喂入，弯曲成圈并相互串套形成经编针织物。经编针织面料挺括，散脱性小，尺寸稳定，不会卷边，透气性好，但是横向延伸性、弹性和柔软性不如纬编针织物。常见的经编织物有经编素织物、网眼布、蕾丝等，如彩图 26 所示。

此外，变化组织的针织面料还包括双反面（正反编）针织料、毛圈针织料、丝绒针织料、长毛绒针织料、反光涂层针织料等。

由于针织面料的线圈结构特征，单位长度内储纱量较多，因此它有很好的弹性与延伸性，且质地柔软，吸湿透气性佳，舒适贴体，无拘束感，保形性好，易洗涤，适用于各种休闲 T 恤衫、校服、运动服、健身服、童装的制作。

3. 无纺布

无纺布包括非织料和皮革两大类。

（1）非织料。非织料是用粘合剂将天然纤维或合成纤维排列成纤维层后，通过机械钩缠、缝合或化学、热熔等方法直接结合而成的织物，如彩图 27、彩图 28 所示。非织料无须经过纺纱、织造过程，生产流程短，产量高，成本低，产品性能优良，具有防潮、透气、柔韧、质轻、不助燃、容易分解、无毒无刺激性、色彩丰富、价格低廉、可循环再用等特点。

非织料是新型的环保材料，经济实惠，用途广泛，适用于服装衬布，手术衣、口罩、帽、床单等一次性医用布，美容、桑拿、酒店用一次性台布，以及购物袋等。

（2）皮革。皮革分为真皮和假皮。真皮包括动物皮和动物毛皮两大类，其中动物毛皮又称为裘皮。假皮主要有人造革和合成革。人造革是在纤维织物上涂抹化工材料（如 PVC）后，再加上柔软增塑剂复合制成。其价格低廉，但皮面容易发硬变脆。合成革是在无纺底布上用树脂（PU）涂饰而成的仿皮料，加工时无须增塑剂，所以皮面不会变硬变脆，其价格介于真皮与人造革之间。合成革色彩丰富，牢固、易打理、富于光泽，光泽和手感更接近真皮，且花纹繁多，应用十分广泛，常见的有仿羊皮、压花仿皮料等。

第二节 常见辅料的种类与用途

→ 掌握缝纫线的分类、品质要求与选配方法
→ 熟悉里料的作用、分类与选配原则
→ 掌握纽扣的分类、选用与钉扣方法
→ 掌握拉链的结构、分类与选用
→ 掌握钩扣的分类与钉扣方法
→ 了解魔术贴的分类与用途

一、缝纫线

缝纫线是服装生产加工过程中非常重要的辅料，既有缝合功能，又有装饰性能。缝纫线的选用直接影响服装的缝纫效率、缝纫效果、产品质量及生产成本。

1. 缝纫线的分类

缝纫线按其材质可分为天然纤维缝纫线、化学纤维缝纫线和混纺缝纫线。

（1）天然纤维缝纫线。天然纤维缝纫线主要分为棉缝纫线、麻缝纫线和丝缝纫线。

1）棉缝纫线（见彩图 29）。棉缝纫线的强度与尺寸稳定性较好，耐热性优良，适用于高速缝纫与耐久性的压烫，但其弹性和耐磨性较差。常见棉线有棉手工线、棉丝光线、棉蜡光线。棉手工线是棉纤维纺纱后加入少量润滑油而成，拉伸强度差、纱支粗，适用于手缝工序。棉丝光线外观丰满、有光泽，强度比手工线大，适用于中高档棉制品的机缝线。棉蜡光线表面光滑硬挺，捻度稳定，耐磨性强，适用于硬挺面料、皮革及需要高温整烫的衣物缝纫。

单元 2

2）麻缝纫线（见彩图 30）。麻缝纫线是指用麻纤维制成的缝纫线，主要用于麻织物的缝制。常用原料有亚麻、苎麻与黄麻。苎麻线外观较粗糙，强度大，延伸性低，经蜡光处理后可提高其缝纫性，用于皮鞋、皮革制品或军用武器罩衣等。黄麻线纱支粗，湿强高，常用于有明线装饰的牛仔服装、沙发嵌线、包扎用线、麻袋等。

3）丝缝纫线（见彩图 31）。丝缝纫线是采用天然蚕丝制成的缝纫线，色彩艳丽，光泽晶莹，手感柔软滑顺，强度和弹性都优于棉线，耐热性也较好，但是在一定温度下易霉变，不耐日晒，耐酸不耐碱。用丝线缝合的线迹丰满挺括，不易皱缩，通常用于真丝服装、羊毛衫、皮革等高档服装的缝制。粗丝线用于羊毛、呢绒服装的缝制，以及锁眼、钉扣和需要压明线的部位；细丝线常用于缝制绸缎面料。由于丝缝纫线存在缩率不稳定、价格高、易磨损、缠绕线筒时易脱落等缺点，目前已逐渐被涤纶长丝线所替代。

（2）化学纤维缝纫线。化学纤维缝纫线主要分为涤纶缝纫线和锦纶缝纫线。

1）涤纶缝纫线（见彩图 32）。涤纶缝纫线是指用涤纶丝为原料制成的缝纫线，有丝质般光泽、柔软，可缝性强，染色性好，线迹挺括强力高，缩水率低，导电性差，耐磨、耐腐蚀性能优良，不霉变，不被虫蛀，色牢度好，耐日晒，实用性优于丝缝纫线。涤纶缝纫线有涤纶长丝、短纤维和涤纶低弹丝缝纫线等几种。其中涤纶长丝缝纫线适用于鞋、拉链、皮革制品、滑雪衫、手套等产品。涤纶短纤维缝纫线是使用非常广泛的缝纫线。涤纶低弹丝缝纫线常用于缝制弹性针织物、运动服、内衣、紧身衣、针织涤纶外衣、腈纶滑雪衫等。

2）锦纶缝纫线（见彩图 33）。锦纶缝纫线是指采用锦纶丝为原料制成的缝纫线，有锦纶弹力丝线、锦纶复丝线、锦纶透明线三种缝纫线。锦纶线有丝质光泽、手感滑爽、弹性较好、强度高、耐磨等优点，常用于伸缩性较大的弹性织物以及钉扣、锁扣眼等工序。锦纶复丝线常用于女式胸衣拷边、内衣裤、被褥、伞、提包、手套、化纤服装、羊毛衫、皮革制品、车篷、地毯、牙刷、渔网、化工用袋等。锦纶透明丝线适用于服装袖口和下摆处的明线装饰。

（3）混纺缝纫线。混纺缝纫线主要有涤棉线、麻丝线以及涤棉包芯线，其中涤棉线是目前规格最多、适用最广泛的缝纫线。涤棉线富有弹性，缩水率低，线质柔软，同时具有涤纶高强度、耐磨和棉耐热等特点，如彩图 34 所示，适用于薄型高档棉织物。涤棉包芯线是以涤纶长丝为芯线，以棉包覆纱芯纺制而成的一种新型缝纫线，该线强力高，柔软、有弹性，缩水率低，品质优良，可缝性好，能适应高速缝合，适用于缝制各种厚实的棉织物、化纤织物外套及衬衫硬领、鞋帽等服饰。

2. 缝纫线的品质要求

（1）柔韧性。缝纫线的质地应软硬适中。如果质地过硬或过软，都容易出现线迹跳线的现象。此外，缝纫线还应具有足够的抗拉强度，以防缝制中出现断线的现象。

（2）尺寸稳定性。缝纫线的吸湿性与伸长力需适中，并需有一定的弹性。其热收缩率应尽量小并需与制品匹配良好。如缝制皮革服装时，应使用弹性较大的高强涤纶长丝线或锦纶长丝线。

（3）表面特征。缝纫线的条干要均匀，表面要光洁、无纱疵，以降低缝纫线与缝纫针之间的摩擦，适应高速缝纫的需要。

（4）颜色和色牢度。缝纫线的色牢度、耐洗色牢度和耐摩擦色牢度均应符合标准。对于沙滩装还要测试其耐色光牢度，而且还应将此指标作为保证指标进行考核。

（5）耐腐蚀性。耐腐蚀性是衡量缝纫线能否承受各种化学材料侵蚀的一个重要指标。如涤纶线会受萘制樟脑丸的侵蚀，从而降低线缝的强度，所以应选用耐腐蚀性较好的线进行缝制。

3. 缝纫线的选配方法

（1）规格。缝纫线的规格包括纱线股数和细度。组成缝纫线的单纱根数即为缝纫线的股数，如双股、三股，多股等。细度是指缝纫线的粗细程度，有英制支数、公制支数、丹尼尔、特［克斯］等表示方法。英制/公制支数越大，缝纫线越细；丹尼尔和特的数值越大，缝纫线越粗。选配缝纫线时应根据织物品种、厚薄及花色的不同，选择规格相匹配的缝纫线。

（2）断裂强度。缝纫线的断裂强度以单线强度指标表示，单位为 cN/50 cm。为使缝纫线的使用寿命、可靠性和安全性高于衣物本身，面线的单线强度不应低于 490 cN/50 cm，底线的单线强度不低于 295 cN/50 cm。一般长丝线的强度比短纤维大，而长丝线中锦纶强度最大；短纤维线中维纶强度最大，锦纶耐磨性能最佳。

(3) 捻向和捻度。纱线加捻的方向有 Z 捻和 S 捻两种。纱线单位长度内的捻回数称为捻度。在纺纱过程中，短纤维经过加捻形成具有一定强度、弹性、柔软手感、均匀和光泽的纱线。

如果缝纫线的捻度太小，会出现断线的现象；如果捻度过大，缝纫线在缝纫过程中易搅结而无法形成线圈，造成线迹不良、跳线或断线等问题。所以应选用捻向适宜和捻度适中的缝纫线。

(4) 颜色和色牢度。传统的缝纫线配色，通常是“配深不配浅”，即缝纫线的颜色宜比面料稍深一点。有时也可根据服装风格以及时尚的需求，在不同颜色的面料上进行拼接和缉明线装饰，如牛仔服等。

此外，缝纫线的色牢度，如耐洗色牢度、耐摩擦色牢度、耐光照色牢度、耐汗渍色牢度等，都应与面料的测试指标相近。

(5) 耐腐蚀性。耐腐蚀性是衡量缝纫线能否承受各种化学材料腐蚀的一个重要指标，包括耐酸性、耐碱性、耐老化性等。纤维耐酸性由强到弱的顺序是：毛、丝、涤纶、维纶、锦纶、棉。选配缝纫线时应根据服装面料的纤维成分和服装最终用途而定。

(6) 弹性与吸湿性。弹性服装和需要延展活动的部位通常需要选用有弹性的缝纫线。此外，各种缝纫线的纤维含量不同，吸湿性也不同。缝纫线的吸湿性会影响到缝纫线的强度和柔软性。吸湿性大的线如果阴雨天保存不当，会产生霉变现象，并使缝纫线的强度下降，所以应选用吸湿性适合的缝纫线。如果选用了吸湿性太大的缝纫线则要注意合理保管。

二、里料

里料又称为夹里布，是指部分或全部覆盖服装里层的辅料，一般应用于外套型服装、有填充料的服装、需要加强支撑面的服装和一些精致、高档的服装。

1. 里料的作用

(1) 装饰遮盖。里料可以遮盖毛边、衬布、袋布等，防止其外露，使服装整体更加美观。对于薄透面料的服装，里料作为填充料，可以防止肌肤透视出面料表层，起到遮盖作用。对于容易被拉长的面料，里料可以限制其伸长率，并减少服装表面的褶皱，获得较好的保形性。

(2) 保护面料。有里料的服装可以防止面料被汗渍腐蚀。呢绒和毛皮服装加里料，可以减少人体或内衣与面料的直接摩擦，防止面料因摩擦而起毛球，从而延长面料的使用寿命。对于面料比较粗糙的服装，光滑的里料可以在穿脱时起到顺滑作用，使服装穿脱方便，穿着舒适。

(3) 保暖和塑形。里料可增加服装的厚度，起到一定的保暖和防风作用。里料还可以使服装具有挺括感和整体感，特别是较轻薄柔软的面料，可以通过里料来达到坚实平整的效果。对于有较大镂空花纹的面料，底部配衬亮丽色彩的里料，能将面料的镂空图案衬托得更清晰。

2. 里料的分类

按照不同的分类依据，里料可分为以下几类：

（1）按织造组织分为：梭织里料和针织里料。其中梭织里料又分为平纹里料、斜纹里料、缎纹里料、提花里料等。

（2）按后整理分为：染色里料、压花里料、防水涂层里料、防静电里料等。

（3）按原材料纤维分为：天然里料、再生纤维素里料、化学纤维里料、混纺与交织里料。

（4）按服装工艺可分为：固定式里料和活络式里料。固定式里料是里料与面料缝合在一起，不能脱卸的组合方式。活络式里料是用纽扣或拉链等方式把面料和里料连在一起，根据需要随时可以脱开面层和里层的组合方式。活络式里料加工制作较麻烦，但拆洗方便，适用于不宜经常清洗的面料如裘皮等服装。

（5）按里料外观分为：全里料和半里料。全里料是整件服装都装上里料，半里料是只在经常摩擦的部位配上里料，一般用在夏季轻薄类的服装中。

3. 里料的选配原则

（1）面料的服用性能。面料的服用性能包括缩水率、温度、吸湿透气性、耐洗性等。里料的选配首先要与面料的服用性能相适应。

1）缩水率。里料与面料的缩水率应尽量相同，以免水洗后底摆、袖口等部位出现内卷或外翘、起皱或拉紧的现象，所以大批量生产前必须进行里料的缩水率测试。

2）温度。里料与面料的熨烫温度应尽可能一致。如果面料是天然纤维，也应搭配天然纤维材质的里料，以便控制熨烫的温度。此外，经常需要熨烫的服装应选择耐热性较好的里料。

3）吸湿透气性。里料应选用吸湿透气的织物，以减少穿着后静电的产生。高档服装的里料，应做防静电处理，以改善服装的舒适性。

4）耐洗性。里料的耐洗性能应与面料相一致。

（2）颜色。里料的颜色应尽量选用与面料同色系或相协调的颜色。一般女装里料的颜色应比面料颜色浅，浅色面料应配不透色的浅色里料，以防面料沾色，同时应注意里料的色差和色牢度与面料相当。

（3）质地与厚薄。选用里料时，要考虑与面料的质地、档次及厚薄度相一致，如中高档面料一般采用电力纺、斜纹绸等里料，中低档面料宜选用羽纱、尼龙绸等里料。秋冬面料、厚重和蓬松的服装要求防风、保暖，宜采用厚重和密度大的里料；而春秋装等中等厚度棉型面料多采用薄型里料。

（4）价格。选择里料时应以美观、经济、实用为原则，里料的价格一般不超过面料的价格。高档真丝、纯毛面料宜用真丝里料，低档的服装可用化纤等价格低的里料。

三、纽扣

纽扣是服装的系结物之一，具有连接服装开口、装饰和美化的功能。纽扣种类繁多，分类方法也各不相同。

1. 纽扣的分类

（1）根据纽扣的材质分类

1）合成材料纽扣。合成材料纽扣是采用高分子材料注塑而成，分为热塑性树脂纽和热固性树脂纽。常见的热塑性纽扣有尼龙纽（见彩图 35）、有机玻璃纽、醋酸纽、丙烯酸酯纽。

尼龙纽由聚酰胺塑料注塑加工而成，分本色和表面染色两种，色泽柔和，坚固而有弹性，机械强度高，耐化学性优良，价格便宜，主要用于运动装、童装和女装等产品。

树脂纽（见彩图 36）、密胺纽、尿素纽、环氧树脂纽属于热固性纽扣，是市场上数量最大、品种最多、最流行的一类纽扣，其造型丰富，色泽鲜艳，价格低廉，缺点是耐热性差，摩擦后光泽减弱，且易污染环境。

2）金属纽扣（见彩图 37）。金属纽扣由黄铜、镍、钢与铝等材料制成，有铜纽、锌合金纽、锡合金纽、铝合金纽等。金属纽扣比塑料纽扣稳重高贵，比天然纽扣庄重沉稳，但价格较高，加工较困难，常用于牛仔服、皮革服装及专门标志的职业服装。

3）天然材料纽扣。天然材料纽扣包括贝壳纽、真皮纽、椰子纽、木材纽、毛竹纽、骨头纽、牛角纽、猪蹄子纽、坚果纽、玻璃纽、珍珠纽、陶瓷纽、景泰蓝纽、编织纽、包布纽、石头纽等，其颜色、纹理、质感都充满自然气息。

木质纽及毛竹纽是用植物类茎秆加工而成，风格质朴，自然大方，无毒害作用，但这类纽吸水性强，再次干燥后可能变形、开裂或粗糙不堪，如彩图 38 所示。

贝壳纽是一种古老的纽扣，如彩图 39 所示。其质感高雅，光泽自然，品质高贵，有柔和的珍珠光泽，质地坚硬，传热速度快，有凉爽感和重量感，密度较大，耐有机溶剂的清洗而不易被腐蚀。

4）其他材料的纽扣。布包纽和缠结纽是用服装面料包覆制成，如彩图 40 所示。特点是与服装协调，多用于女装及便装。

盘扣是用服装的边角料或丝绒制作而成的传统中式服装纽扣，具有民族特色，如彩图 41 所示。

（2）根据纽扣的结构和应用分类

1）孔纽（见彩图 35 和彩图 36）。孔纽分为暗眼扣和明眼扣。明眼扣是两孔、三孔或四孔的扁平纽扣，具有不同的材料、颜色和形状，可以满足不同的服装需要。

2）脚纽（见彩图 42）。脚纽由纽顶和纽脚两部分构成，在扣子的背面有一凸出扣脚，脚上有孔，材料常以金属、塑料或用面料包覆。常用于厚重和起毛的服装，以保证服装扣合纽扣后的平整。

3）撳纽。撳纽又称按扣，分为手工缝合式（见彩图 2—43）和机钉式（见图 2—13）两种，手缝纽由纽珠、纽窝两个部件组成；机钉纽又称四合纽，由纽盖、纽珠、纽窝和纽脚四个部件组成。撳纽一般由金属或合成材料（聚酯等）制成，扣合固紧强度高，常用于工作服、童装、运动服、休闲服，不易锁扣的皮革服装以及需要光滑、平整而紧闭的扣合处。

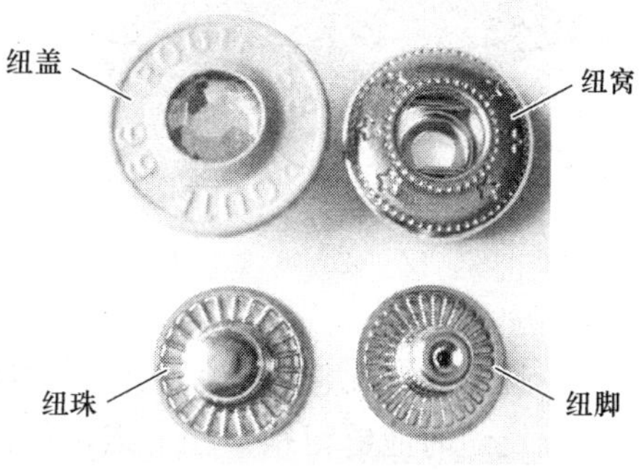

图 2—13　机钉撳纽

4）工艺纽扣。工艺纽扣可使用各类材料制成各种图案，如用绳、饰带或面料制带缠绕打结成扣子与扣眼的中式盘扣（见彩图 41）。这类纽扣风格独特，装饰性强，价格也比较高。

2. 纽扣的应用

（1）纽扣的型号。国际上有统一的纽扣系列型号，同一型号有固定的尺寸，便于在各国之间通用。纽扣型号与纽扣外径尺寸的关系如下：

纽扣型号＝纽扣外径（mm）÷0.635

例如：1 cm 直径的孔纽，其型号为：10 mm÷0.635＝15.7。

（2）纽扣的选用。通常在进行服装设计时，应根据服装的整体搭配效果，如服装颜色、种类、风格、季节性、厚薄性等，选择合适的纽扣，如纽扣的种类、材质、形状、尺寸、颜色、数量等。

纽扣的颜色可采用与服装对比色的设计。如在暗色、淡色的服装上运用多个高纯度的鲜艳纽扣，突出装饰效果。通过改变纽扣的常规形状和大小，常能给人带来新的视觉效果。纽扣的材质、轻重也应与面料的质地、厚薄、图案、肌理相匹配，如轻柔的面料应配质轻、扁平型的塑料孔纽。

不同季节服装选用纽扣有所不同，秋冬季厚重服装如毛呢大衣、羽绒服应选用金属脚纽或金属揿纽，显得既坚固又美观实用。不同职业服装纽扣的选用也有差异，如军装选用金属纽，突出军人硬朗的气质；钢铁工人服选用耐高温的聚酯纽，耐磨、抗腐蚀，遇高温不易被烫熔，与钢铁工人工作环境相适应。

纽扣的选用还应与服装档次、面料价格相适应。中低档服装可选用价廉物美、装饰性强的纽扣。高档服装可选用造型独特、材质精良、经久耐用、价格较高的工艺纽扣。

（3）钉纽方法

1）钉纽前，先在衣服上相应的钉纽位缝一个交叉线，以便让钉纽位更牢固，同时还可以防止钉纽线迹拉扯损伤服装，如图 2—14 所示。

2）两孔纽常用于普通罩衫，四孔纽则用于男式正装衬衫，可采用双线平行或十字交叉法钉牢。孔纽钉法如图 2—15 所示。

图 2—14　缲缝交叉底线

图 2—15　孔纽钉法

3）钉纽线应比普通缝纫线粗，同时还应尽量选用与服装同色或相近色的扣眼线。

4）钉纽时应缝得稍微松一点，以便与另一边有扣眼的服装扣合伏贴。若纽扣缝得太紧，纽扣难以扣上或扣合后衣服不平整。特别厚重的呢绒料、牛仔料服装，可以在纽扣背面绕上数圈脚线，以增加纽扣与面料间的空隙。

5）钉扣时注意不要缝到其他面料。

6）辅助备用扣通常选用直径小于 1 cm、厚度薄的纽扣，常钉于洗水标签上或服装里料上。直径比较大的纽扣常在服装主标签旁附上一个装备用扣的小纸包。

7）针织毛衫及薄纱类服装在钉纽时，需在纽扣下层衣料的反面加一块小布片或垫扣，如图 2—16 所示，与纽扣一起钉牢，这样可以防止纽扣脱落，同时能增加钉扣位置的承托力。

8）给牛仔服钉金属纽，可以先用锥子在需要钉纽扣的地方钻一个孔，然后把揿纽的纽脚穿过小孔，再把面扣压进钉子，最后反过来用铁锤等硬物敲紧即可，如图 2—17 所示。

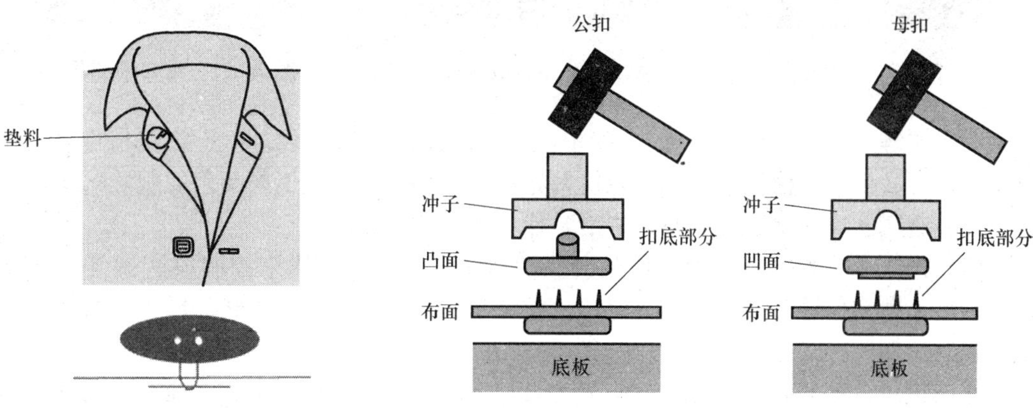

图 2—16 加垫料钉纽法

图 2—17 钉机钉扣

四、拉链

拉链是由两条可互相啮合的柔性牙链组成的带状连接件，可以重复拉合，是服装、鞋帽、睡袋、包夹、箱子等物品的辅料。

1. 拉链的结构

拉链由拉链牙、拉链布、边绳、拉链滑头、拉链吊牌、拉链头、拉链尾组成，如图 2—18 所示。

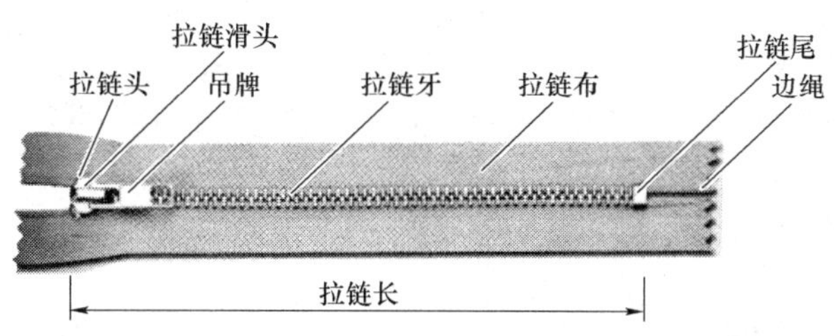

图 2—18 拉链结构图

（1）拉链牙。拉链牙是形成拉链闭合的部件，其材质决定拉链的形状和性能。拉链牙按构造形式可以分为以下两类：

1）锁链牙：锁链牙是由许多单个拉链牙被机器连续地夹在拉链布上形成锁链形的拉链牙。锁链牙常采用黄铜、铝、镍等金属材料制成，也有用聚酯等塑料制成，如图2—19和图2—20所示。

2）锁圈牙：锁圈牙是由一连串紧密的螺丝圈装在拉链布上构成。螺丝圈常采用尼龙制造，比金属轻柔，但不耐热，如图2—21所示。

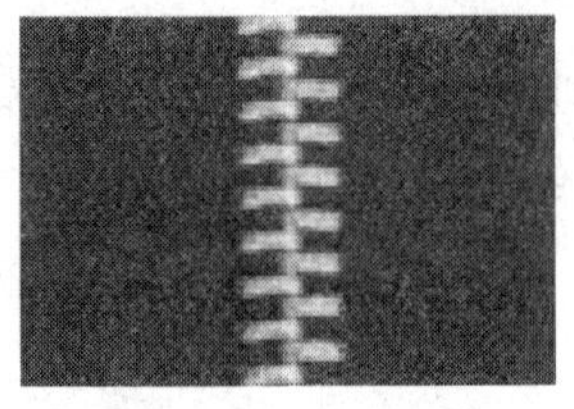

图2—19　金属锁链牙

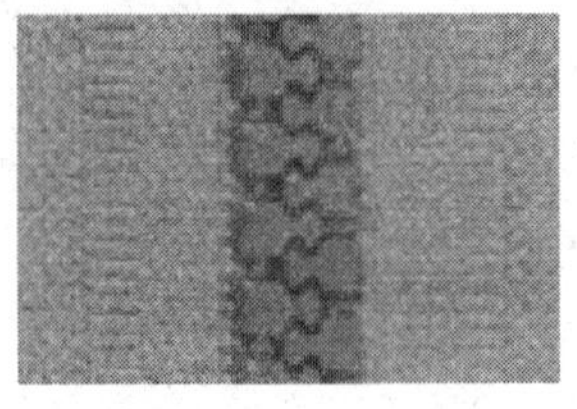

图2—20　注塑锁链牙

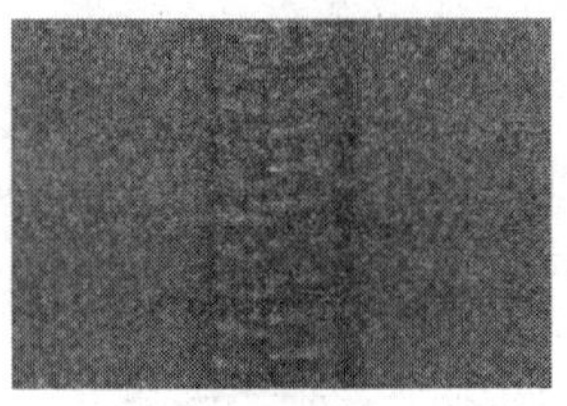

图2—21　尼龙锁圈牙

（2）拉链基布。拉链基布是用于固定拉链锁链或锁圈，并缝合于服装上的编织底带，由化纤、棉或涤棉织制而成。拉链基布有各种颜色，可供不同颜色的服装选用。

（3）边绳。边绳织于拉链布的边沿，作为链牙的依托。

（4）拉链滑头和拉链吊牌。拉链滑头滑行于链牙之间，用来控制拉链的开启与闭合。拉链吊牌在拉链滑头上，是方便拉动拉链滑头的手柄。吊牌形状多样，常有附带商品标志的功能。

根据锁封拉链的方式，拉链滑头分为自动锁滑头、针头锁滑头、弹簧锁滑头和无锁滑头，如图2—22所示。

根据外观，可分为普通拉链滑头和旋转滑头，如图2—23所示。

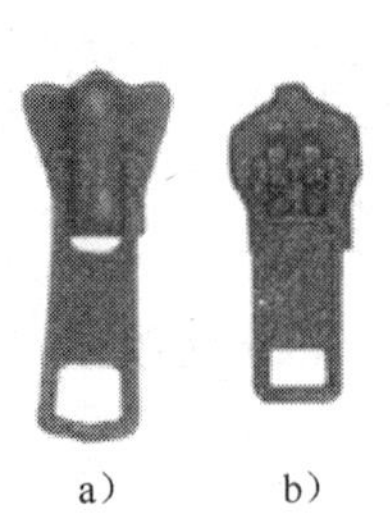

a）　b）　c）

图2—22　带锁的拉链滑头

a）自动锁滑头　b）针头锁滑头　c）弹簧锁滑头

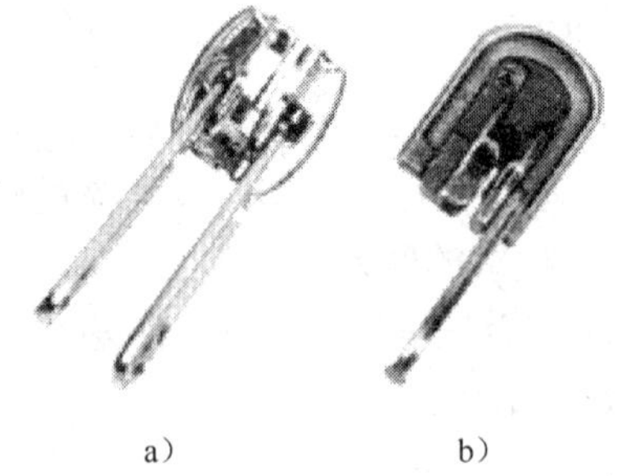

a）　b）

图2—23　旋转滑头

a）双柄旋转滑头　b）单柄旋转滑头

另有无锁拉链滑头，这种拉头上没安装任何锁封装置，可以随意拉合拉链，通常用在箱包上。

（5）拉链头和拉链尾

拉链头和拉链尾分别固定于拉链基布的头部和尾部，是防止拉链牙拉合时拉头滑出牙链带的止动件。拉链头和拉链尾之间的距离便是拉链的长度规格。

2. 拉链的种类

（1）按拉链牙材质分类。根据拉链牙的材质不同，拉链可分为金属拉链、注塑拉链、尼龙拉链三大类。

1）金属拉链（见图 2—19）。金属拉链是用铝、铜、镍、锑等金属压制成牙状后喷镀处理而成，其中铜拉链坚牢耐用、粗犷庄重，但拉链牙易脱落移位，多用于高档厚重的夹克衫、皮衣、牛仔服等。铝拉链主要用于中低档的夹克衫、牛仔服、休闲服、童装等。

2）注塑拉链（见图 2—20）。这种拉链的链牙由聚酯或聚酰胺注塑而成，质地坚韧、耐磨损、抗腐蚀、耐水洗、色彩丰富、应用范围广。注塑拉链主要用于面料较厚的轻质服装，如夹克衫、运动服、针织外衣、滑雪衫、羽绒服、童装、工作服、部队训练服等。

3）尼龙拉链（见图 2—21）。这种拉链牙是由尼龙原料制成的螺旋状线圈组成，其轻巧柔软，可弯曲，色彩鲜艳，生产成本低廉，主要用于各种薄型面料的服装及内衣。

（2）按结构形态分类

1）封尾拉链。封尾拉链是一端或两端封闭的拉链，拉链上带有一个或两个拉链滑头，分为单封尾拉链和双封尾拉链，如图 2—24 所示。单封尾拉链通常用于裤装、裙装和前衣片半胸筒的开口处，双封尾拉链多用于夹克衫的袋口、箱包以及裤脚等部位。

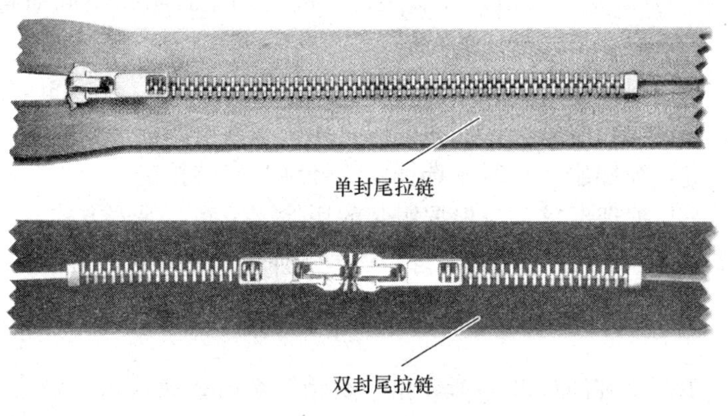

图 2—24 封尾拉链

2）开尾拉链（见图 2—25）。开尾拉链是指两侧拉链牙可以完全分开的拉链，其基本结构包括尾部的插针、针片和针盒。开尾拉链常用于夹克、外套、校服、运动服等前襟全开口或里层可卸的服装。

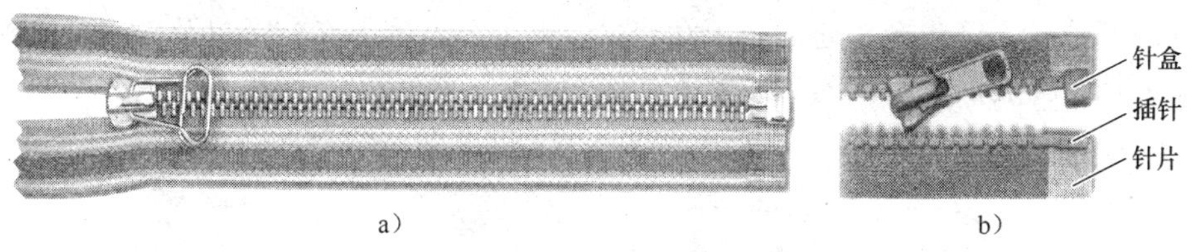

图 2—25 开尾拉链

a）闭合效果 b）拉开效果

3）隐形拉链（见图 2—26）。隐形拉链是用尼龙丝或聚酯丝组合成线圈牙状，且一端封闭的拉链。隐形拉链细巧柔软，轻滑耐磨，闭合紧密，缝在服装上后完全看不见拉链的痕迹，特别适合用于薄型面料的衬衫、旗袍、裙装、礼服等女装。

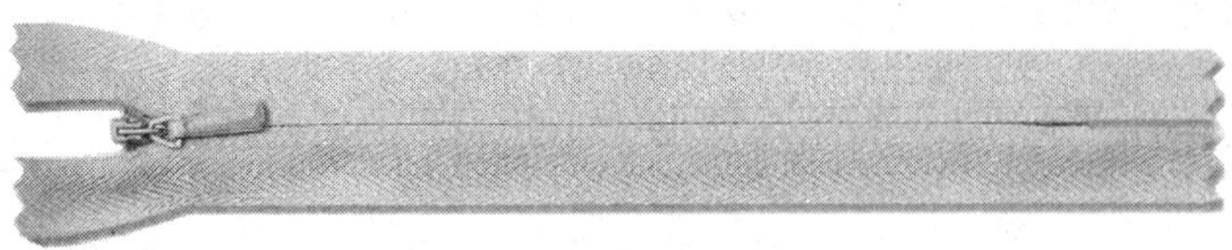

图 2—26　隐形拉链

3. 拉链的选用

拉链的选用要考虑服装设计要求、服装性能要求和服装用途与护理要求。

（1）服装设计要求。拉链的选择首先要符合服装设计的要求，同时还要考虑装饰性、经济实用性和与服装面料、款式之间的兼容性、和谐性。

1）根据服装承受强力的大小，考虑拉链承受强力性能，选择合适的拉链型号。

2）根据拉链牙的材质选用合适的拉链。拉链牙的材质决定了拉链的形状和基本状态，特别是柔软度和手感，会直接影响拉链与服装的兼容性以及美观程度。如果服装面料较厚，宜选用注塑拉链；轻巧的尼龙拉链则可满足薄型面料的要求。

3）根据服装的款式选择拉链。在服装设计的运用上，根据不同面料、结构、花色并结合服装的款式来取舍不同材质的拉链。

（2）服装性能要求。拉链的性能应与服装的性能相配伍。拉链布的缩水率、宽度、厚度、柔软度及颜色应与服装的性能相配伍，如防水透湿型的冲锋衣、登山服应选择具有防水功能的拉链，纯棉服装一般不选择涤纶纤维基布的拉链。

（3）服装用途与护理要求。应根据服装的用途、洗涤、保养方式，以及使用部位的不同来合理选择拉链。如粗犷厚重的牛仔裤一般选择耐水洗、耐磨的单边封尾金属拉链。

五、钩扣

钩扣是安装于服装开闭处的一种紧扣系结物，多由金属（铜、镍、不锈钢等材料）制成，分左右两部件，常用于不宜钉扣和开扣眼的服装部位。根据服装开口处的特点，有不同的钩扣可选择。

1. 钩棒扣

钩棒扣是由阔面钩和棒形扣组成，其底部有叉或孔，以便固定在衣服的特定位置。钩棒扣分手缝钩棒扣（见图 2—27）和机钉钩棒扣（见图 2—28），一般用于衣服穿着时受拉扯的部位。手缝钩棒扣通常用于女装裙、裤子、吊带内衣、腰封及内衣上。机缝钩棒扣主要用于男装西裤或休闲裤的腰头部位。

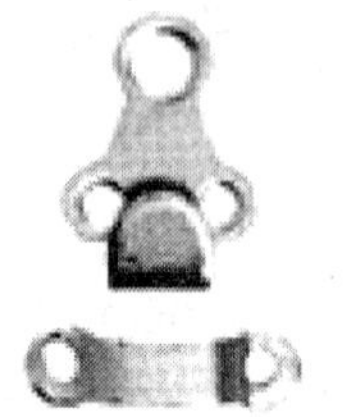

图 2—27　手缝钩棒扣

图 2—28　机钉钩棒扣

2. 钩眼扣

钩眼扣（见图 2—29）由一个钩子和一个眼扣组成，由细金属线折成弯曲状。钩眼扣分为传统钩眼扣、缠绳钩眼扣和钩眼扣带。钩眼扣常用于半身裙、西裤的腰部；缠绳钩眼扣多用于皮草或毛面料制成的服装中；钩眼扣带用于女性胸衣和调整型内衣、腰封的松紧带部位。

图 2—29 钩眼扣

3. 钩扣钉法

钉钩扣前，先用手针将棒子或纽窝部分钉牢在服装上，然后将钩子或纽珠扣合在已钉好的棒子或纽窝上，叠齐服装的搭门后在服装的另一边做钉缝记号，然后将钩子或纽珠钉在服装上。裙扣的手缝钉法如图 2—30 所示。

六、魔术贴

魔术贴又称为粘带扣、尼龙子母搭扣，分子母两面，如图 2—31 所示。魔术贴的一面是细小柔软的绒毛状纤维圈，另一面是带钩的蘑菇状硬钩，两者分合容易，穿脱方便，是服装上常用的一种连接辅料。魔术贴的材质主要是尼龙，宽度规格为 16～100 mm。

1. 魔术贴的分类

根据魔术贴固定在服装上的工艺方法，可分为车缝式魔术贴、烫合式魔术贴和粘合式魔术贴。

2. 魔术贴的应用范围

魔术贴一般应用于需要容易开合的服装开口部位，特别适合伤残人士、老年人和婴幼儿的服饰，如套头童装、婴儿纸尿裤等。此外，还可用于可拆卸的衣领、袖口，衣服的饰带、夹层里料和皮草等。另外，魔术贴还用于消防员的服装及野外作战服装等，具有易于拆除，便于清洗的优点。

图 2—30 裙扣手缝法

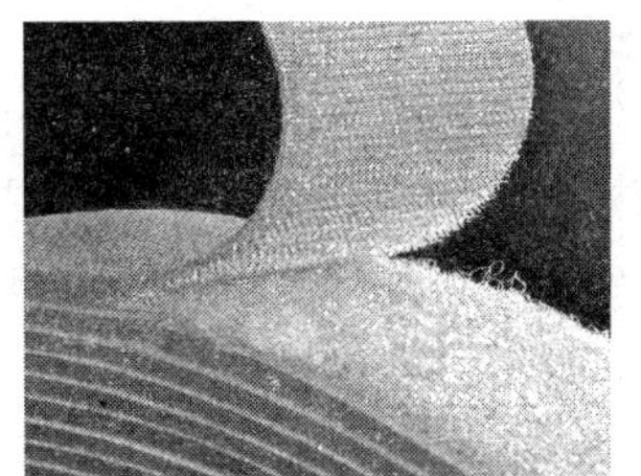

图 2—31 魔术贴

第三节 服装标志

→ 了解服装标志的含义与功能
→ 掌握服装标志的类型与护理符号的表示
→ 熟悉服装标志的制作方法与固定方法
→ 掌握使用标志的基本要求

一、服装标志概述

1. 服装标志的含义

服装标志是服装品牌的一种表达方式，是服装代言人、服装本身与消费者间的重要媒介。

2. 服装标志的功能

（1）具有标志性作用。标志能使消费者清晰分辨出不同来源地的产品和不同穿着的效果。

（2）树立品牌形象。特征明显和流传广泛的标志，能体现产品、公司以及服装穿着个人的形象特征，有很强的品牌效应。

（3）指导购物。服装标志可以向消费者正确传递原料成分、尺码、护理保养方法、产地来源、生产厂家及价格等信息，引导消费者快速选购服装。

（4）具有艺术装饰性。设计独特的标志能点缀服装，童装在设计中经常会使用产品或公司的主商标作为装饰图案印绣在服装上，有很强的艺术装饰功能。

（5）加强竞争力。服装标志能让消费者区别品牌和产品的质量，从而提升品牌的竞争力。

二、服装标志的类型

服装标志主要有：主商标、尺码标、护理标、成分标、吊牌及其他标志。

1. 主商标

主商标又称布标或织唛，是表明服装身份和区别于其他制造商的区别符标志，是企业的无形资产。

主商标由具有特定含义的文字、符号、图案组成，设计要求简洁明快、醒目、有特色，能产生强烈的感染力，如图 2—32 所示。

主商标多以织造、印绣等方式制成，钉于衣领后中部、侧缝、坎肩底层、腰头、袋口侧等，或印绣在前胸、后背、袋口外等部位，也可以直接将主商标印绣在衣片上作装饰用，或把商标印在吊牌、包装袋上。

2. 护理标

护理标主要是向消费者提供服装的正确洗涤和保养方法，同时还为生产单位提供可靠的后整理依据，如图 2—33 所示。

图 2—32　主商标

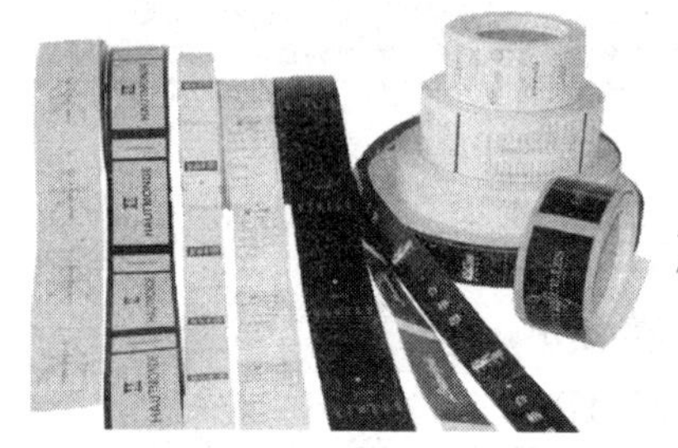

图 2—33　护理标

护理标包括水洗、氯漂、熨烫、干洗和干衣五部分内容，用五种符号表示，如图2—34所示。通常会将护理资料印制在聚酯布带上，然后固定在衣领后中部、侧缝、坎肩底层、腰头或袋口侧等部位。

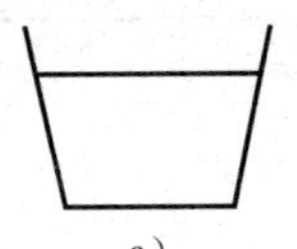

a）

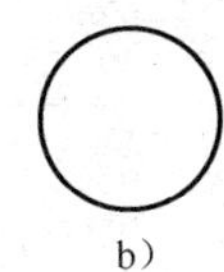

b）

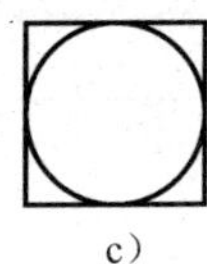

c）

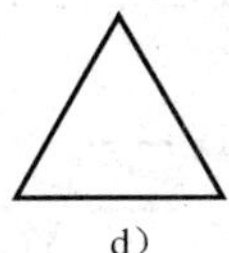

d）

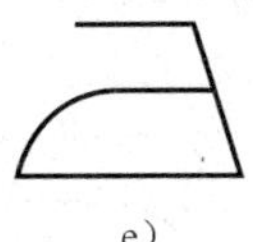

e）

图2—34　护理标五种常用符号

a）水洗　b）干洗　c）干衣　d）氯漂　e）熨烫

（1）水洗。水洗符号用洗涤槽图案，说明应如何将服装置于水容器中进行水洗（包括机洗和手洗）。水洗操作包括：浸渍、预洗、冲洗和脱水甩干。其常用符号及说明见表2—1。

表2—1　水洗常用符号及说明

图形符号	说明
30	最高水温：30℃ 机械运转：常规 甩干或拧干：常规
30	最高水温：30℃ 机械运转：缓和 甩干或拧干：小心
	手洗，不可机洗 用手轻轻揉搓、冲洗 最高水温：40℃ 洗涤时间：短
	不可水洗

（2）氯漂。氯漂符号一般用等边三角形图案，表示水洗前、水洗过程中或水洗后，应怎样使用氯漂白剂以提高洁白度及去除污渍。其常用符号及说明见表2—2。

表2—2　氯漂常用符号及说明

图形符号	说明
Cl	可以氯漂
Cl	不可氯漂

（3）熨烫。熨烫符号用熨斗图案，标示应如何使用适当的温度和方法熨烫。其常用图形符号及说明见表2—3。

表2—3　熨烫常用图形符号及说明

图形符号	说明
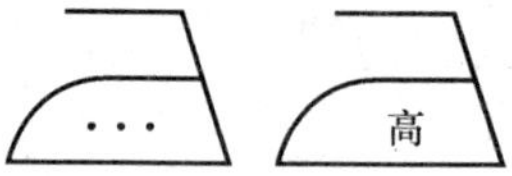 （熨斗内三点）（熨斗内“高”）	熨斗底板最高温度：200℃
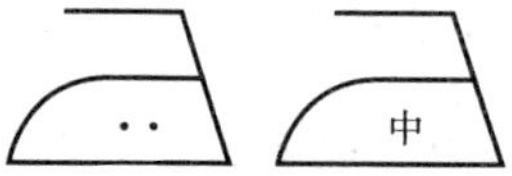 （熨斗内两点）（熨斗内“中”）	熨斗底板最高温度：150℃
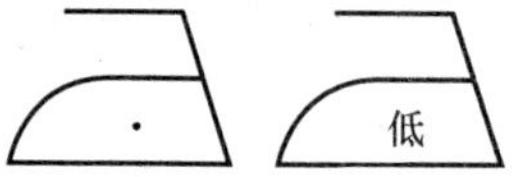 （熨斗内一点）（熨斗内“低”）	熨斗底板最高温度：110℃
 （熨斗下加垫布）	垫布熨烫
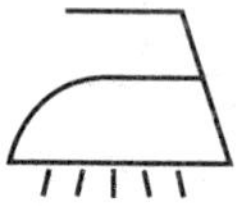 （熨斗下有蒸汽）	蒸汽熨烫
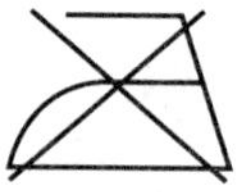 （熨斗打叉）	不可熨烫

（4）干洗。干洗符号通常用圆形图案，表示应怎样使用有机溶剂洗涤纺织品的过程，包括除污、冲洗、脱水和干燥。其常用图形符号及说明见表2—4。

表2—4　干洗常用图形符号及说明

图形符号	说明
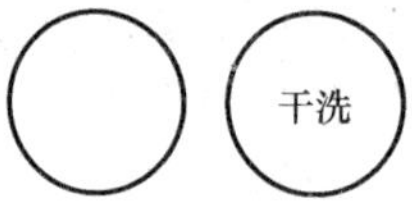 （圆形）（圆内“干洗”）	常规干洗
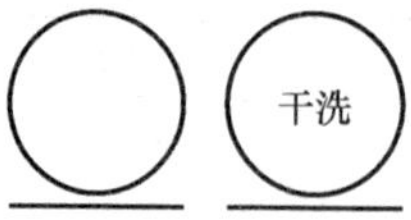 （圆形下加横线）（圆内“干洗”下加横线）	缓和干洗
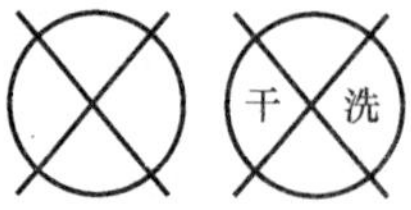 （圆形打叉）（圆内“干洗”打叉）	不可干洗

注：表中并列的图形符号系同义符号。

（5）干衣。干衣符号多用正方形图案，说明水洗后应如何去除服装上残留的水分。其常用图形符号及说明见表 2—5。

表 2—5　　干衣常用图形符号及说明

图形符号	说明
	转笼翻转干燥
	不可转笼翻转干燥
	不可拧干

护理标符号要清晰牢固地印制在服装标志上，护理标通常缝钉在衣服的侧缝，或者主商标的旁边。护理标标示的内容不能重复、矛盾。

3. 尺码标

尺码标是表示服装尺寸大小的标志。一般根据不同的体型或成衣尺寸设定一套最有代表性的尺码代号。消费者依据尺码代号可选购适合自己的成衣。

成衣尺码具有很强的地域性，各个国家或厂商都会根据品牌现有的消费群采用不同的成衣尺码商标制度。尺码代号的标示方法有很多：

（1）根据围度标示。如恤衫 14 码代表领围 14 英寸；外衣 42 码表示胸围 42 英寸；裤子 29 码表示腰围 29 英寸等。

（2）根据年龄或身高标示。如童装 5 号表示适合 5 岁小童穿着；童装 120 表示适合身高 120 cm 左右的小孩穿着。

我国服装号型中的“号”指人体身高（cm），是设计服装长度的依据；“型”指人体胸围或腰围（cm），是设计服装围度的依据；同时根据胸腰落差把人体划分成 Y、A、B、C 四种体形。我国尺码代号表示法如图 2—35 所示。

图 2—35　我国尺码标代号表示法

尺码标通常缝在领口后中部、侧缝或裤腰，常与护理标、吊牌、主商标一起出现。图 2—36 是尺码标装订在不同位置的示意图，其中图 2—36a 同时显示了四国不同的尺码代号。

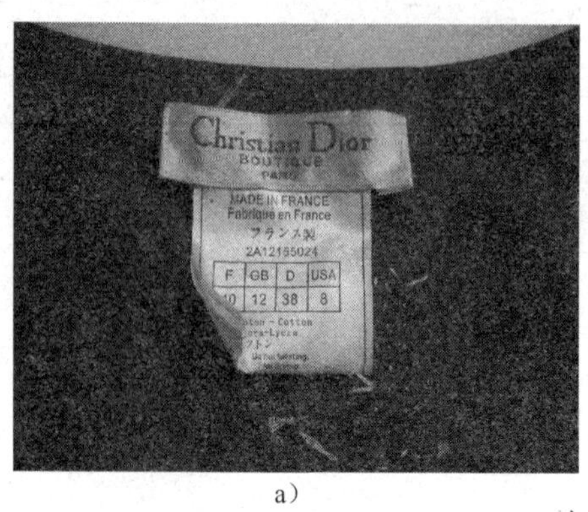

a）

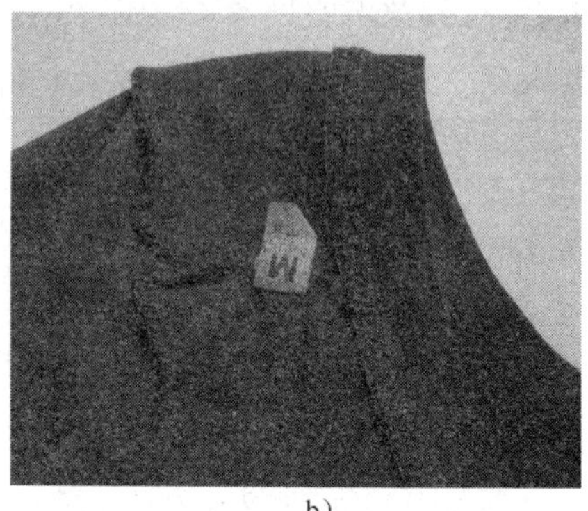

b）

图 2—36　尺码标

a）钉于后中部　b）钉于肩缝

4. **成分标**

成分标会根据衣料的检测报告，准确标示衣料纤维名称及其组成成分的含量，并按照纤维的百分比依次排列，如图 2—37 所示。有时，成分标也会与护理标出现在一张标牌上。

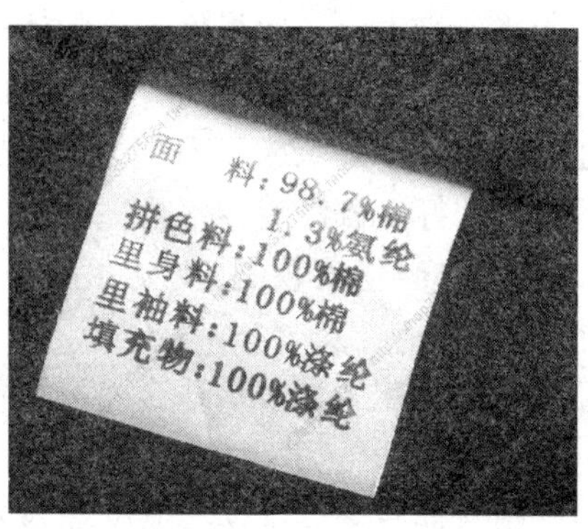

图 2—37　成分标

此外，还有纯羊毛标志（见图 2—38）、全棉标志（见图 2—39）、羊毛混纺标志（见图 2—40）等。

图 2—38　纯羊毛标志

图 2—39　全棉标志

图 2—40　羊毛混纺标志

5. 吊牌

吊牌主要用于描述品牌特点，正面包含商标、货号、产地、产品等级、价格、条码、颜色、尺码标等；反面印有品名、执行标准、等级、颜色、成分、尺码、护理标、公司、产地、电话等信息，如图 2—41 所示。吊牌造型设计式样丰富，多为纸类印刷制品，也有丝网印塑料制品。

图 2—41　吊牌及标注资料

6. 其他标志

（1）条码标。条码标是由粗细不一、间隔不等的线条组成的电脑条码，是“资料搜集自动系统”的零售业信息技术，能协助零售商更有效地运作，通常需配备阅读条码的扫描仪和电脑。

条码标包括产品条码与企业内部条码两种，直接用条形码打印机打印即可，如图 2—42 所示。产品条码由国家根据企业产品做统一规划。企业内部条码的编码规则可根据公司内部的管理系统制定，具体包括：产品大类（1）＋品牌编码（3）＋年度、季节（2）＋性别（1）＋花式（1）＋款号（5）＋颜色（2）＋尺码（2）。

图 2—42　条码标

当店员扫描标牌上的条码时，与货品有关的资料（如品名、尺码、颜色、产地、价格等）会显示在荧屏上，使售货程序更准确快捷，并可根据顾客所选购货品的尺码、款式和颜色，找出不同地区消费者对服装的不同需求及店铺当前的库存量等信息。

（2）环保标。环保标是第三方机构根据国家或国际环保标准而颁发的环保标签。随着人们环保意识的增强，消费者越来越重视环境保护和生态资源。出口配额取消后，进口国陆续出台了系列技术壁垒，其中包括与环保相关的标准，以控制有害化学品的含量，包括限制甲醛、杀虫剂、P.C.P重金属、芳香胺类（如联苯胺、萘胺、卤素载体）等化学品的使用。

常见的环保标有欧洲绿色标签 Oeko-Tex Standard 100（见图 2—43）、北欧 Nordic Swan Label 标签（见图 2—44）、德国 Blue Angel 标签（见图 2—45）及欧洲生态标签 E-co-label 等。

图 2—43　欧洲 Oeko-Tex Standard 100 标

图 2—44　北欧 Nordic Swan Label 标

图 2—45　德国 Blue Angel 标

三、服装标志的制作方法

1. 绣标

绣标是按照电脑设定好的程序，通过绣花机刺绣而成的标志，如图 2—46 所示，多用于主商标、成分标和尺码标。

2. 织标

织标是通过织标机以提花形式用不同的纱线直接编织成的织带，编织组织有平纹和缎纹，织标边缘可以切边或直接织边收口，织标背面的纱线分为浮纱和无浮纱两种。用于领子的织标规格通常为 20 mm×60 mm，西装织标为 40 mm×81 mm，如图 2—47 所示。

图 2—46　绣标

图 2—47　织标

3. 印标

印标是通过印花机或打印机，将图形或资料直接印在衣片、纸卡、金属片或皮革上，如图 2—48、图 2—49 所示。印制方法有平版胶印、凸印和丝网印。印标多用于主商标、护理标、尺码标、成分标和条码标。

图 2—48　印标

4. 模压/注塑标

模压/注塑标是通过模具将图案、符号或资料用热力和压力压制在金属片、塑料片或皮革制品上的标志，用于拉链牌、压铸铜牌、注塑胶牌等主商标上，如彩图 44 至彩图 46 所示。

5. 贴标

贴标是将不干胶贴压制于标牌的底部，使标牌底部有胶贴功能。贴标主要有粘纸贴标和热转移印贴标两种，如彩图 47 和图 2—50 所示，主要用于童装、运动服的主商标和大型主题活动的主题标等。

图 2—49　商标带

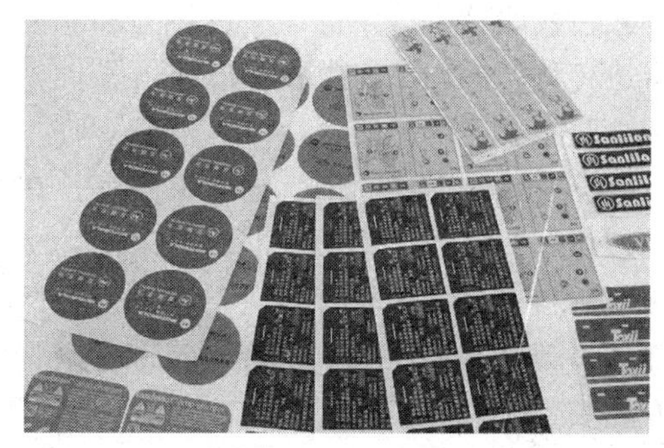

图 2—50　热转移印贴标

此外，服装标志的制作方法还包括钉标、镂空车标、激光雕刻标等，如图 2—51 和图 2—52 所示。

图 2—51　钉标

图 2—52　镂空车标

四、固定服装标志的方法

将服装标志固定在服装上的工艺方法有以下几种：

1. 车缝法

车缝法是通过机车缝合的方法将标志固定在成衣的后领中部、坎肩后中部、侧缝、肩缝、裤腰等容易看见或查找的位置。固定方式有长方形缉缝法、斜接形缉缝法和环形缉缝法，如图 2—53 至图 2—55 所示。无论用哪种方法，都必须缝合牢固。

图 2—53　长方形缉缝法

图 2—54　斜接形缉缝法

2. 粘贴法

反面附有热熔涂层的标志，可利用熨烫工具和热转移印烫机等设备，通过热力和压力的作用将热转移印标粘贴在服装相应的位置。

图 2—55　环形缉缝法

3. 悬挂法

悬挂法是通过胶带、细绳将吊牌挂在服装的明襟纽扣、拉链、里子等部位，以便消费者查阅服装资料。常见吊牌有细绳型和胶带型两种。细绳型吊牌可直接用手工安装，胶带型吊牌需使用专业胶带枪紧固。

4. 刺绣法

刺绣法是通过绣花机直接将主商标绣在成衣前明筒、前胸、袋口、袖口等部位。

5. 印染法

印染法是通过印花机直接将主商标等图案印制在服装前胸、后背等部位，常用于童装、运动服、T 恤衫以及主题活动服等。

6. 机钉法

机钉法是通过特种撞钉机，用铆钉将腰牌钉牢在服装贴袋角、后裤腰等部位，如图 2—56 所示。

7. 其他方法

通过模压注塑的形式将主商标压制在拉链手柄等部位，与服装品牌相呼应，如图 2—57 所示。

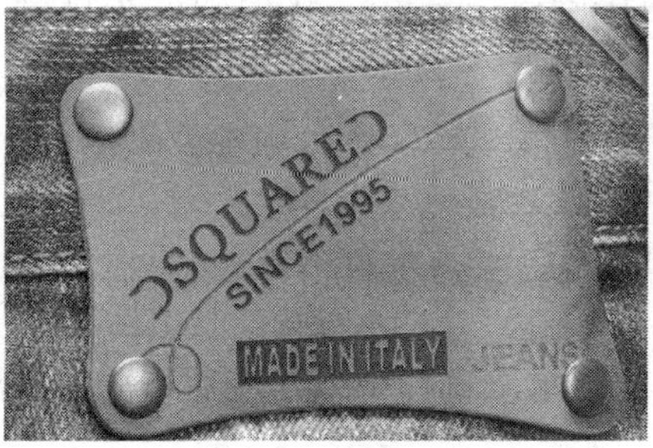

图 2—56　机钉腰牌

图 2—57　拉链头模压标

五、使用标志的基本要求

1. 标志内容要真实、规范、简单易懂。

2. 标志的图形、颜色要简明，设计图案要与企业形象相吻合。

3. 标志的信息（尤其是护理标）必须准确无误，简洁明了，在成衣使用期间能一直保持清晰的字迹。

4. 标志的质地应耐洗、耐磨，与服装的使用寿命相匹配。

5. 标志的用料应与成衣面料的特性相同或相近，包括缩水率、色牢度、档次等。

6. 标志应牢固永久地固定在服装上，尤其是护理标，以免因标志脱落而影响服装的洗涤效果，造成面料损坏而缩短服装的使用寿命。

7. 标志应固定在容易看见之处。如果因折叠或包装而遮盖了标志，应在衣物外挂上吊牌，以便引导顾客正确选购衣物。

8. 标志使用文字应与销售地区使用文字统一，使顾客能明白标志内的信息。

9. 套装成衣必须单独订标志。例如三件套的马甲、西服和西裤应有三套独立的标志。如果面料与里料的纤维成分、特性不同，则护理方法也应不相同，所配置的标志质地和内容也应有所区别。

单元测试题

一、填空题（请将正确的答案填在横线空白处）

1. 在所有天然纤维中，苎麻纤维________最差，所以极易产生折痕。

2. 构成面料的纤维成分主要有________、合成纤维和混纺纤维三大类，其中合成纤维又分为________和________。

3. 长绒棉又称________，是一种富有丝光、强力较高的细长棉纤维，比细绒棉更柔软、更滑爽。

4. 棉纤维横截面为腰圆状，内有空腔，空腔的大小反映棉纤维品质的高低，空腔小表示棉纤维________、________，可织制高档面料。

5. 机钉揿纽又称为________，由纽盖、纽珠、纽窝和纽脚四个部件组成。

6. 根据拉链牙材质不同，拉链可以分为金属拉链、________拉链和尼龙拉链三大类。

7. 魔术贴可分为车缝式魔术贴、________魔术贴和________魔术贴。

8. 钩眼扣分为传统钩眼扣、________钩眼扣和________。

9. 护理标包括水洗、氯漂、熨烫、________和________五部分内容。

10. 服装标志主要有________、尺码标、护理标、________、吊牌及其他标志。

11. 氯漂符号一般用________图案，表示水洗前、水洗过程中或水洗后，应在水溶液中怎样使用氯漂白剂提高洁白度并去除污渍。

二、单项选择题（下列每题的选项中，只有1个是正确的，请将正确答案的代号填在横线空白处）

1. 在所有天然纤维中，________的吸湿能力最好，且放湿速率很快。

A. 棉纤维　B. 苎麻纤维　C. 涤纶纤维　D. 腈纶纤维

2. 表面平坦，正反面外观相同，经纬纱一上一下地浮沉交织的组织结构是________，它是所有面料中结构最简单、使用最广泛的一种组织。

A. 平纹组织　B. 斜纹组织　C. 缎纹组织　D. 纬编组织

3. 产量较低，有“软黄金”之称的纤维是________。

A. 驼绒　B. 山羊绒　C. 牦牛毛　D. 马海毛

4. 基本化学成分与棉纤维相同，性能与棉纤维接近的纤维是________。

A. 涤纶　B. 腈纶　C. 维纶　D. 粘胶纤维

5. 针织物中常见的汗布、罗纹布、棉毛布、珠地布属于________组织。

A. 经编　B. 纬编　C. 平纹　D. 缎纹

6. 棉纤维常见的主要品种有长绒棉和________。

A. 彩棉　B. 粗绒棉　C. 草棉　D. 细绒棉

7. 有机玻璃纽属于________。

A. 尼龙纽　B. 热塑性纽扣　C. 醋酸纽　D. 丙烯酸酯纽

8. 蕾丝属于________。

A. 纬编针织物　B. 梭织物　C. 经编针织物　D. 非织物

9. 1 cm直径的孔纽，其型号为：10 mm÷________。

A. 0.63　B. 0.65　C. 0.635　D. 0.653

10. 以下是纯棉织物特点的是________。

A. 耐碱、不耐酸　B. 耐酸、不耐碱

C. 耐酸、耐碱　D. 不耐酸、不耐碱

三、简答题

1. 简述缝纫线的品质要求。

2. 简述纽扣的型号与纽扣直径的关系。

3. 简述里料的作用。

4. 简述纽扣的选用方法。

5. 简述拉链的选用方法。

6. 简述服装标志的制作方法。

7. 简述固定服装标志的方法。

四、论述题

1. 试述缝纫线的选配方法。

2. 试述里料的选配原则。

3. 试述使用标志的基本要求。

单元测试题答案

一、填空题

1. 弹性　2. 天然纤维　再生纤维素纤维　化学纤维　3. 海岛棉　4. 较成熟　品质好　5. 四合纽　6. 注塑　7. 烫合式　粘合式　8. 缠绳　钩眼扣带　9. 干洗　干衣　10. 主商标　成分标　11. 等边三角形

二、单项选择题

1. B　2. A　3. B　4. D　5. B　6. D　7. B　8. C　9. C　10. A

三、简答题

答案略。

四、论述题

答案略。

第3单元

服装生产设备

第一节　通用缝制设备

→ 掌握平缝机的结构及各部件的功用

→ 掌握锁边机的结构及各部件的功用

一、平缝机

1. 平缝线迹特点

平缝机简称平车，如图 3—1 所示，是缝纫设备中应用最广泛的机种。平缝机操作简便，在服装生产中承担各种缝制工作。缝合后的线迹呈虚线状直线，外观效果如图 3—2 所示。其特点是：

（1）平缝线迹结构简单，平薄牢固，正反面线迹外观相同，且用线量少。

（2）平缝线迹弹性小，拉伸性较差，需经常更换底线，耗时长。

为提高生产效率和产品质量，可以在机台附近加装各种车缝附件。

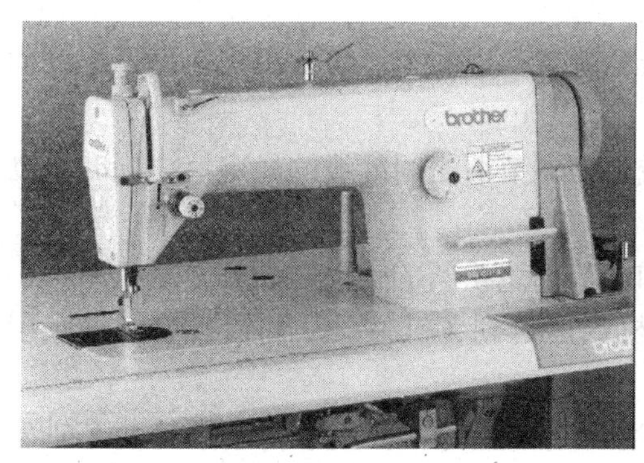

图 3—1　平缝机

图 3—2　平缝线迹外观效果

2. 平缝机的构造

图 3—3 所示为常见平缝机的构造。

（1）针板：承托缝料，配合压脚稳定缝料，通过针板孔使面线与底线交织形成线迹。

（2）护指器：是罩在车针外的一个保护装置，目的是保护手指安全，以免车针轧伤手指。

（3）压脚：是将缝料压在针板上的压点机件。其款式种类非常多样化。

（4）针柱：又称针杆，是安装车针柱件，可以上下活动。

（5）挑线杆：又称线担，是控制整个针线的传送程序，当它下降时会将足够的针线

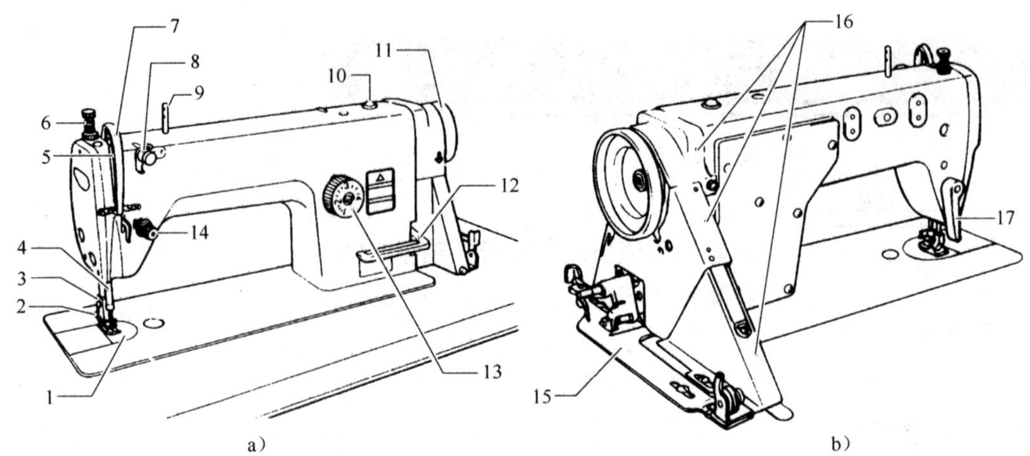

图 3—3　平缝机的构造

a）正面图　b）背面图

1—针板　2—护指器　3—压脚　4—针柱　5—挑线杆　6—压脚压力调节器　7—线担防护罩　8—夹线器　9—导线柱　10—油窗　11—手轮　12—倒缝装置　13—线迹疏密调节器　14—面线张力调节器　15—梭芯绕线装置　16—皮带罩　17—起压脚手操作杆

供应到钩床，当它上升时会快速提线，使针线从钩床脱出而形成线迹。

（6）压脚压力调节器：根据缝料的厚薄来调节压脚的压力。缝料厚时需将压脚压力调大，反之则调小。

（7）线担防护罩：是罩在线担外的一个安全装置，以防车缝时线担快速上下运动而伤及操作者。

（8）夹线器：帮助维持由线架引出到面线张力调节器之间缝线的稳定性，同时辅助调节面线的压力。

（9）导线柱：起导线作用，是稳定面线和调节面线松紧的辅助器。

（10）油窗：缝纫机运行时，抽油器会将机油运送到各机件，从油窗观察机油喷射程度可知机油的运送是否正常。

（11）手轮：当车缝中的线迹未能准确到达预定位置时，可用手转动手轮使车轴转动来完成不足的线迹。手轮亦可用于缝合弧形线迹。

（12）倒缝装置：又称回针制，通过倒缝扳手将车牙运送缝料往回移动，使线迹重复车缝，以防线迹脱散。

（13）线迹密度调节器：是调节线迹密度的转动制，刻度 1 表密线迹，刻度 5 表疏线迹。

（14）面线张力调节器：利用两个线盘把穿过的面线夹住，当面线太松或太紧时，可旋转螺母，调节线迹的张力。

（15）梭芯绕线装置：又称打线器，是梭芯线用完后，将梭芯嵌在打线器的卷线轴上缠绕底线的部件。

（16）皮带罩：在皮带外加装的安全保护装置，以防皮带快速转动而伤人。

（17）起压脚手操作杆：升起压脚有两种方法，一是用脚操作车台下面的起压脚器，二是用车头前的手操作杆提起压脚。

二、锁边机

1. 锁边线迹特点

锁边机也称包缝机，能防止缝料脱散及缝合物料，有三线、四线和五线锁边机。锁边线迹都是由针线和钩子线构成，钩子线包覆衣料毛边。锁边线迹的特点是：

（1）缝线包裹布边，能防止布边脱散。

（2）线迹外观呈网状，单位长度用线量大，线迹富有弹性。

（3）底、面线迹外观稍有差异，用色线锁边可作装饰。

2. 锁边机的构造

图 3—4 所示为四线锁边机的构造。

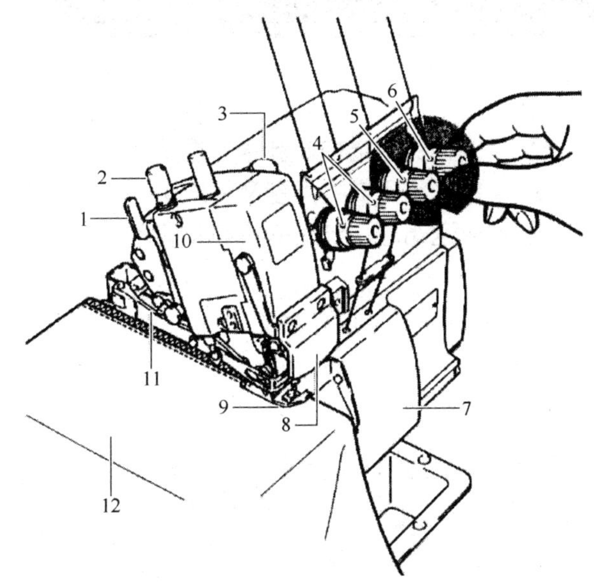

图 3—4　四线锁边机的构造

1—压脚扳手　2—压脚压力调节器　3—油窗　4—针线张力调节螺母　5—面钩线张力调节螺母　6—底钩线张力调节螺母　7—前罩壳　8—观察板　9—压脚　10—针线罩壳　11—压脚臂　12—机台

（1）压脚扳手：用于压稳压脚臂的一个装置。穿针线时，必须下压压脚扳手，然后推开压脚臂。

（2）压脚压力调节器：根据缝料的厚薄不同调节压脚的压力。

（3）油窗：当缝纫机运行时，可从油窗观察机油喷射程度，从而获知机油运送是否正常。

（4）针线张力调节螺母：两个线盘夹住穿过的面线，当针线过松或过紧时，可旋转螺母调节针线的松紧。

（5）面钩线张力调节螺母：用于调节面钩线张力的松紧。

（6）底钩线张力调节螺母：用于调节底钩线张力的松紧。

单元 3

（7）前罩壳：起防护作用。既可防止纤维微尘进入机内，又可避免外物钩挂到钩线。

（8）观察板：是一块透明挡板，用以防止机车锁边时纤维尘扬起或断针头射伤操作者。穿针时可打开。

（9）压脚：是将缝料压在车牙上的压点机件，负责压稳面料。

（10）针线罩壳：起防护作用。穿好针线后需将针线罩壳盖上，以防外物钩挂到针线。

（11）压脚臂：是安装压脚的一个装置。提起压脚轴，压脚臂可向左摆开。

（12）机台：是遮盖锁边机内部机件及承托缝料的装置。

第二节　平缝机常用机件

→ 掌握机针的结构及针号的选用
→ 掌握常用压脚的类别及其应用
→ 掌握送布牙、针板的特点及应用

一、机针

1. 机针的构造

机针是缝纫过程中最重要的部件，它由针柄、针杆、针尖、深针槽、浅针槽、针眼和凹口组成，如图 3—5 所示。

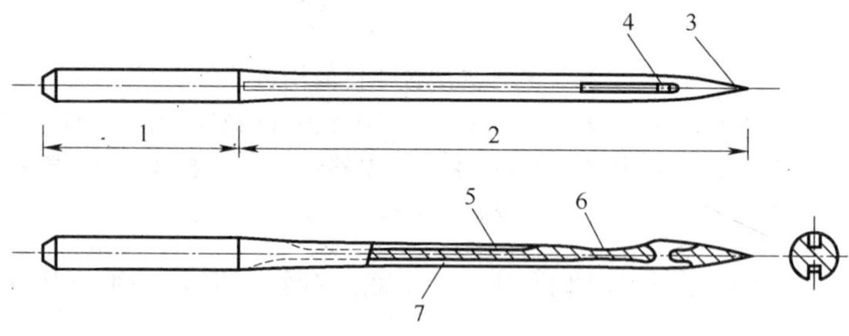

图 3—5　机针的基本构造

1—针柄　2—针杆　3—针尖　4—针眼　5—浅针槽　6—凹口　7—深针槽

机针因其针尖、针槽、针杆、针身、针孔等不同的外形大小，分有许多类型，如弯针（常用于暗线的缝合）。如果机针的种类和粗细选用不当，会影响缝纫品质，导致跳线、针热、熔断缝线及缝料、针尖钝损、断针等许多问题，甚至无法组成线迹。

（1）针柄：刻有机针商标和型号。

(2) 针杆：有不同的直径、长度和形状，以配合不同种类的缝纫机。

(3) 针尖：作用是撑开纱线，使针杆顺利穿过缝料而不损伤缝料组织。

(4) 针眼：可以让缝线顺滑穿过面料。

(5) 浅针槽：作用是在车缝倒退针时，使缝线与缝料发生摩擦，以形成面线线圈，同时在缝制质地细密或结构紧密的缝料时，对针线起保护作用。

(6) 凹口：作用是在车缝时，使缝料底层的线圈足够大，并确保梭钩更贴近机针和准确钩取线圈。

(7) 深针槽：作用是在车缝时，机针上下滑动，缝线嵌入深针槽内，减少缝线与缝料的摩擦，车针由最低点升起，深针槽便成为机针和缝线的保护坑道。

2. 针尖的种类

针尖种类繁多，按其所缝制的物料种类可分为：普通面料用针尖和皮革料用针尖。

(1) 普通面料用针尖。普通面料用针尖用于缝制梭织、针织或非织物料。常见的针尖有细圆形针尖、细球形针尖、中等球形针尖和粗重球形针尖，如图 3—6 至图 3—9 所示。针尖呈半圆形，以便机针顺滑地穿过物料而不会损伤纱线。

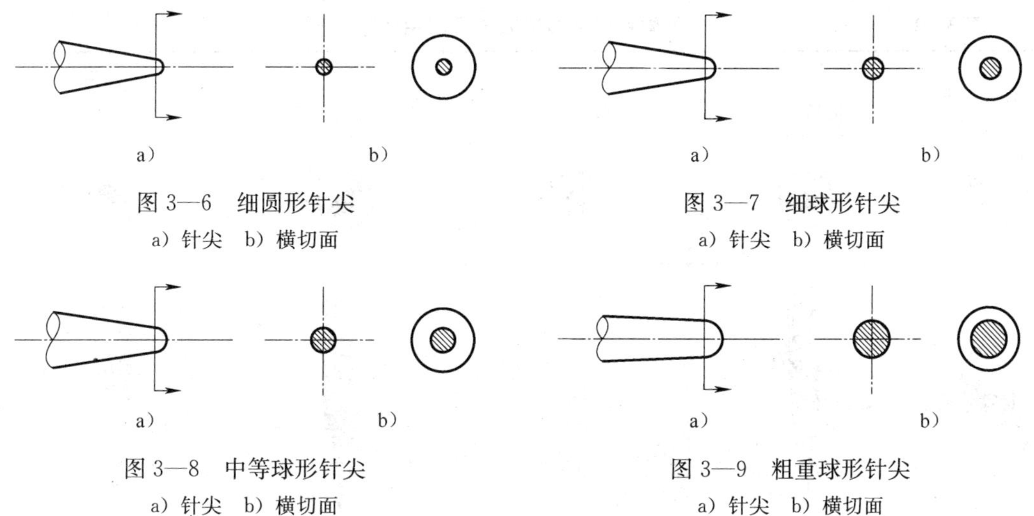

图 3—6 细圆形针尖
a) 针尖 b) 横切面

图 3—7 细球形针尖
a) 针尖 b) 横切面

图 3—8 中等球形针尖
a) 针尖 b) 横切面

图 3—9 粗重球形针尖
a) 针尖 b) 横切面

1) 细圆形针尖适合缝制纤薄的经编针织料和梭织料。

2) 细球形针尖适用于缝制针织料、薄身至中等厚度的梭织料及弹性面料。

3) 中等球形针尖的直径较大，相当于针杆直径的 1/3，针尖的穿透力比细球形针尖大，多用于缝制中等厚重的梭织料。

4) 粗重球形针尖的直径相当于针杆直径的 1/2，多用于缝制中等至粗厚重量的梭织料和富弹性的物料。

(2) 皮革料用针尖。皮革料用针尖用于缝制皮革和其他非织类物料。由于皮革类物料不含有纤维和纱线，需要机针有切割功能，以便在物料上切开小孔供机针穿过。所以皮革料用针尖又称切割尖。

常用的皮革料用针尖有横茅尖、直茅尖、捻尖、反捻尖、三角尖和正方尖，如图

3—10 所示。不同针尖的线迹效果及应用比较见表 3—1。

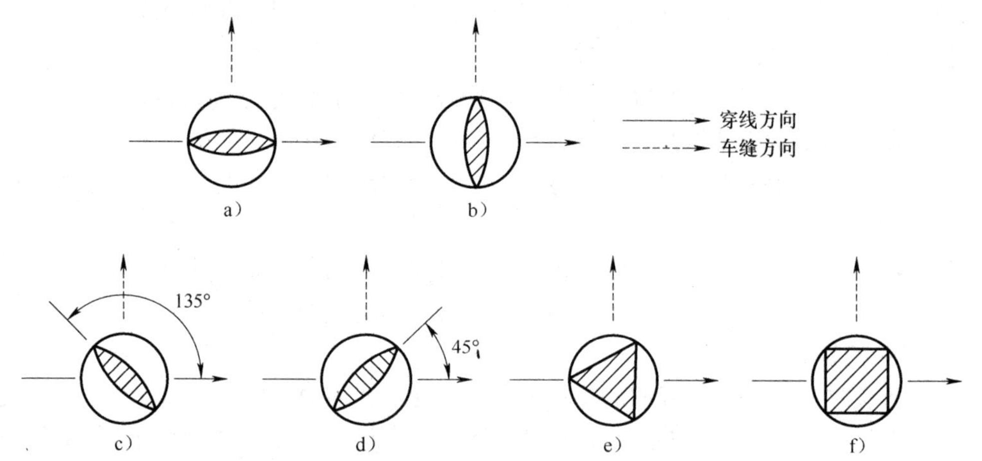

图 3—10　皮革用针尖

a）横茅尖　b）直茅尖　c）捻尖　d）反捻尖　e）三角尖　f）正方尖

表 3—1　　不同针尖的线迹效果及应用比较

针尖种类	横茅尖（横切刀型）	直茅尖（直切刀型）	捻尖（斜切刀型 135°）	反捻尖（斜切刀型 45°）
针尖横切面形状				
针嘴外观				
线迹外观				
适用范围	适用于缝制轻薄至中等重量皮革的短线迹部位	常用于缝制轻身至中等重量皮革的长线迹部位	用于缝制常见的皮革	用于缝制常见的皮革

三角尖的横切面呈三角形，形成的线迹成直线。三角尖的机针有高穿透力，最适宜缝制坚硬粗厚的皮革。但是，在所有切割尖中，三角尖对缝料质量的损害也最大。

正方尖的横切面呈正方形，常用于缝制表面组织粗糙的皮革。切割时对缝料造成的损害与三角尖相近。

3. 针号

针号是机针针杆直径的代码，有不同的号数系统，针柄上刻有机针的商标和型号。最常用的针号系统有公制、英制和号制三种。

（1）公制。又称 Nm 制或十进制，以针凹位或短针槽上的针杆直径为准，以百分之一毫米为单位量度针杆的直径。例如一支 Nm100 的机针，针杆直径等于 1.0 毫米。欧洲多采用公制针号系统。

（2）号制。所采用的号数编号并没有特别的意义，只是作为代码来标记机针型号。号数越大，说明针杆直径越粗。

（3）英制。以针凹位或短针槽上的针杆直径为准，以千分之一英寸为单位量度针杆的直径。

各种号型比较详见表 3—2。

表 3—2　　三种针号系统号型比较

公制（Nm）	55	60	65	70	75	80	85	90	95	100	105	110	120	125	130
号制	6	8	9	10	11	12	13	14	15	16	17	18	19	20	21
英制	022	/	025	027	029	032	/	036	/	040	/	044	048	049	/

单元 3

4. 针号的选用

缝制时所用的机针号数，由缝制物料的组织和厚度决定。粗厚的物料需用粗的机针，可避免断针。纤薄物料可选用针尖呈圆嘴形的纤细机针，不易损坏缝料，但高速运转时机针可能会振动而使线迹结构不稳定，或出现断针的现象。表 3—3 列出不同面料和服装所用的机针号数。

表 3—3　　不同面料所用的机针号数

序号	服装种类	面料种类	合适的机针号数	
			号制	公制（Nm）
1	丝质衫、女装罩衫、纱裙类	轻薄面料（17～170 g/m²）	8-11	60-75
2	男装衬衫、套裙、轻身外套	轻身至中等厚重面料（170～270 g/m²）	11-14	75-90
3	男装套装、夹克衫、牛仔服	中等厚重面料（270～407 g/m²）	14-16	90-100
4	厚身外套、呢子大衣、厚身牛仔装	厚重面料（400～1 017 g/m²）	16-19	100-120

二、压脚

不同种类的压脚用途各有不同。常用压脚有平压脚、高低压脚、拉链压脚、单边压脚、隐形压脚、塑胶压脚、卷边压脚等。

1. **平压脚**

如图 3—11 所示，平压脚上有一个枢轴，和枢轴内的弹簧一起，可使平压脚轻易滑过不同厚度的缝料，适用于普通面料的缝合，其缝合状态见图 3—12。

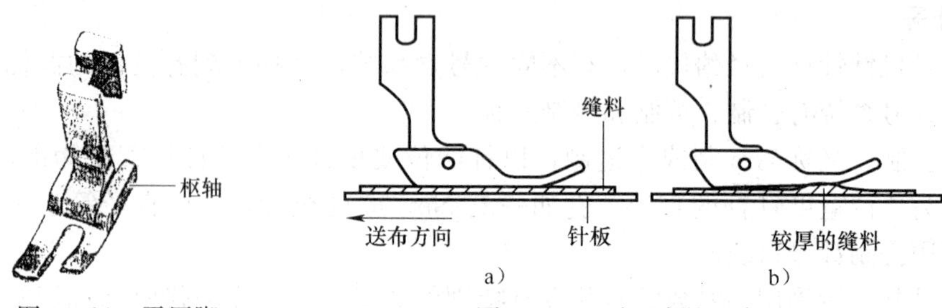

图 3—11　平压脚

图 3—12　平压脚的缝合状态

a）压脚在平坦缝料上滑行　b）压脚被厚缝料垫起

2. **高低压脚**

如图 3—13 所示，高低压脚的左右脚一高一低，适合在有高低厚度的物料上压明线，缝合效果见图 3—14。

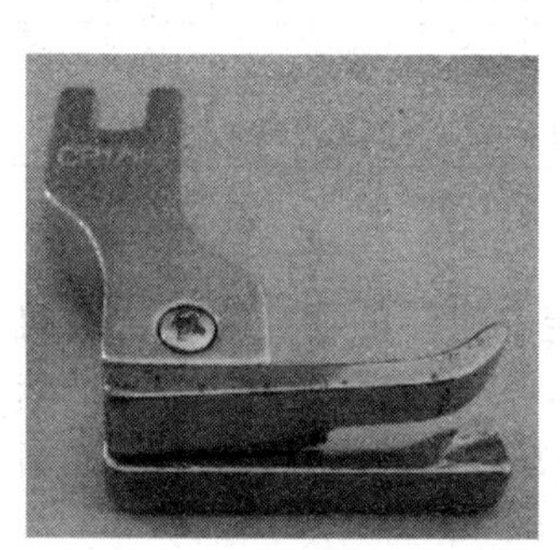

图 3—13　高低压脚

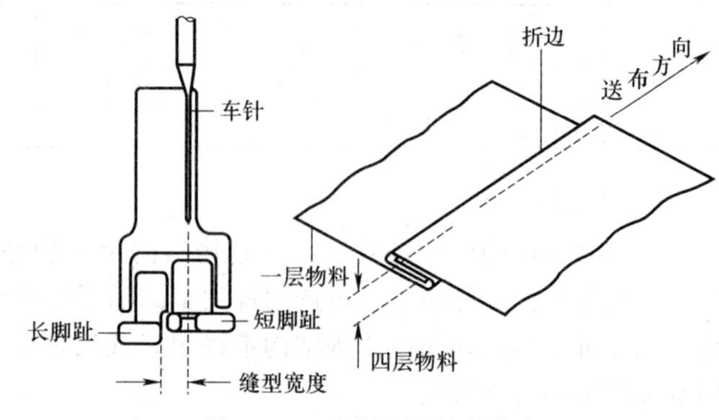

图 3—14　高低压脚缝制状态

长脚趾边缘与机针中线的距离决定缝型的宽度。缝型宽度为 1.6～9.5 mm（即 1/16～3/8 英寸）。

3. **拉链压脚**

拉链压脚也称牙签压脚，是由普通平压脚改装而成，外形更纤巧，线迹更贴布边或拉链牙边（见图 3—15），主要用于装缝拉链和缝合狭窄的缝隙部位。

4. **单边压脚**

单边压脚只有一边脚，分有枢轴和无枢轴两种，如图 3—16 所示。这种压脚适用于单边隆起较高部位的缉缝。

5. **隐形拉链压脚**

隐形拉链压脚的底部有两道沟槽（见图 3—17）。绱隐形拉链时，拉链牙藏在沟槽中，可使线迹更贴近拉链牙。这种压脚主要用于绱隐形拉链，缝左边拉链时，将拉链牙藏在右边沟槽内，缝右边拉链则将拉链牙藏在左边沟槽内（见图 3—18）。

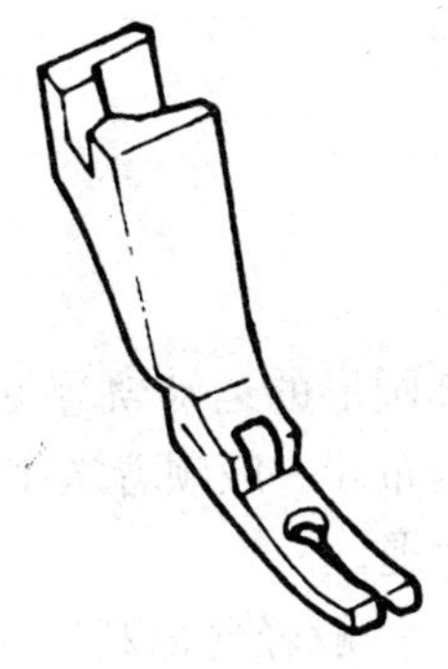
图 3—15　牙签压脚

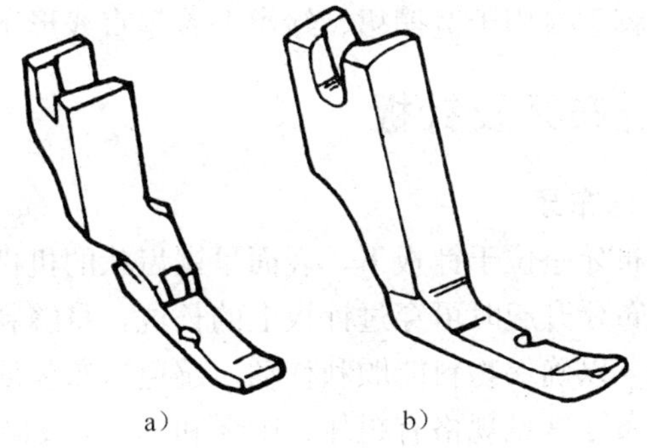

图 3—16　单边压脚

a）有枢轴压脚　b）无枢轴压脚

图 3—17　隐形拉链压脚

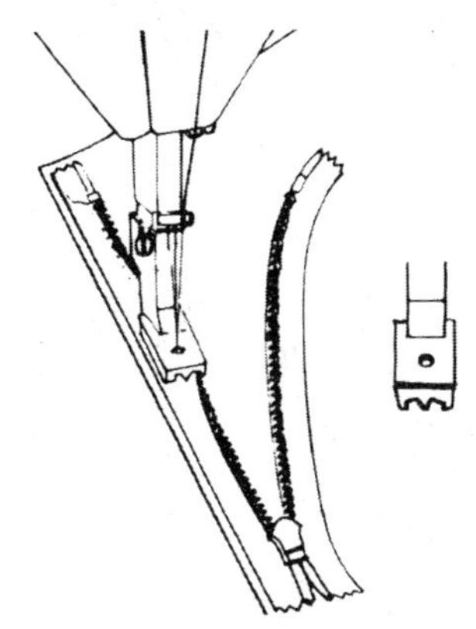
图 3—18　隐形拉链压脚缝合状态

6. 塑胶压脚

塑胶压脚外形与平压脚一样，压脚的脚趾部分或全部用特种塑胶制成，如图 3—19 所示，可以减少与缝料的摩擦，使面料输送更顺畅，并防止缝道缩皱。塑胶压脚适合缝制容易起皱和吸附压脚的面料，如薄纱料、涂层料、皮革料和胶纸感强的化纤料。

7. 卷边压脚

卷边压脚外观如图 3—20a 所示，缝料通过卷边压脚的卷折，形成整齐的折边，如图 3—20b 所示。根据卷边压脚的大小，折边宽度为 1.6～6.4 mm（即 1/16～1/4 英寸）。

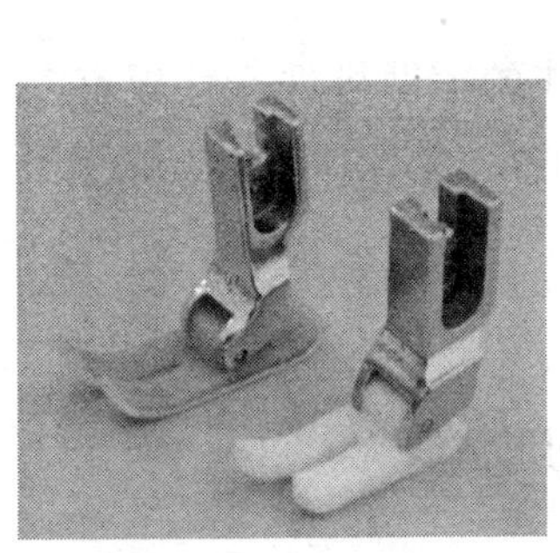
图 3—19　塑胶压脚

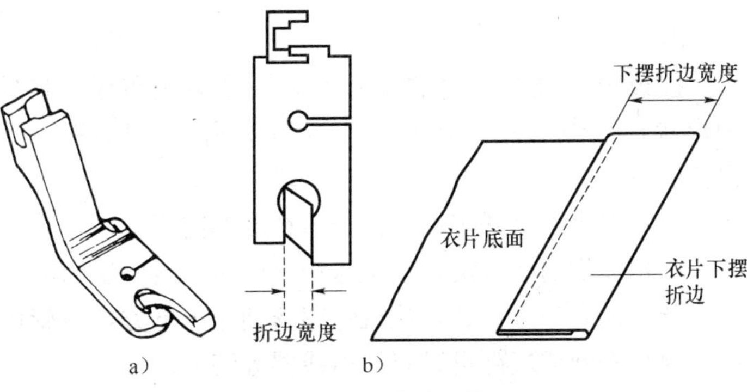

图 3—20　卷边压脚

a）卷边压脚　b）折边效果及宽度设定

卷边压脚主要用于宽摆裙、纱类上衣等直线形下摆折边的缝制。

三、送布牙及针板

1. 送布牙

送布牙是位于针板下，表面呈锯齿状的机件。车缝时其椭圆形的运动轨迹见图 3—21。送布牙升起时可穿过针板上的长坑，将缝料向前输送。送布牙一般顺着送布方向倾斜运动，以确保物料能顺利移动，避免送布牙回转时使缝料后退。

送布牙常见规格有粗牙、中牙和细牙，如图 3—22 所示。一般轻薄面料宜用细牙，粗牙则用于厚重面料。送布牙不宜太尖，以免割破缝料。

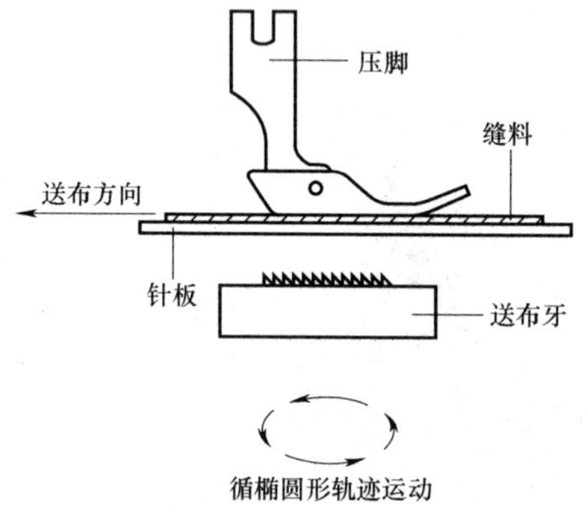

图 3—21　送布牙的位置及运动轨迹

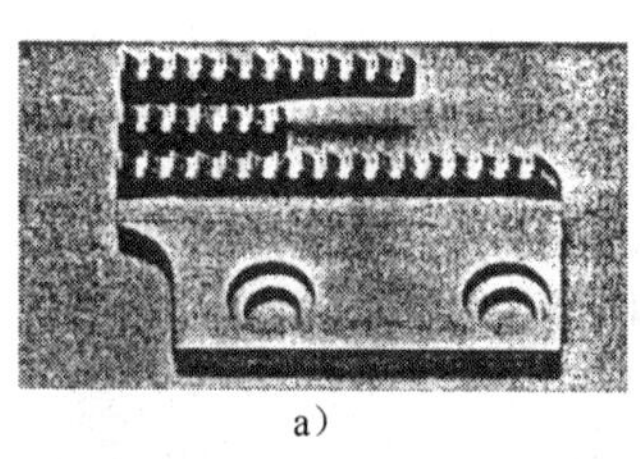
a）

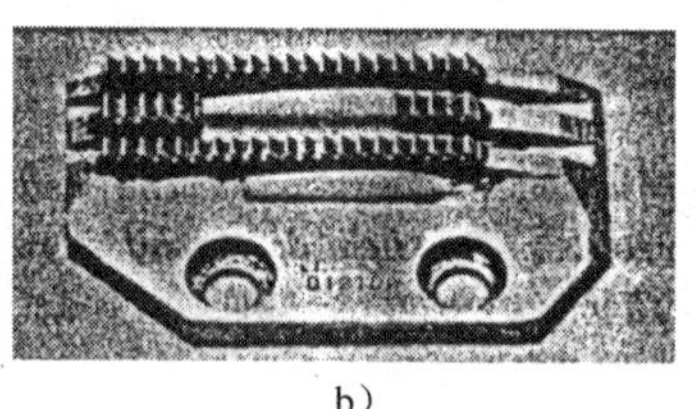
b）

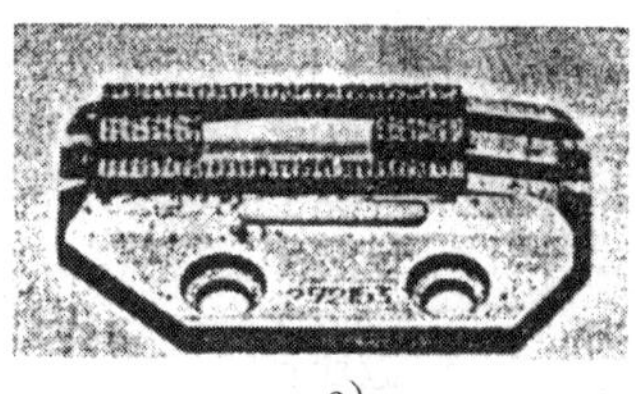
c）

图 3—22　各种规格的送布牙
a）粗牙　b）中牙　c）细牙

2. 针板

针板位于缝纫机台的针柱下方，作为送布牙、机针运作的辅助机件。针板有多种形状，其中单针平缝机的针板呈半圆形，如图 3—23 所示。针板的特点和功用包括：

（1）提供平滑的表面，便于缝料顺畅前行。

（2）提供输送牙坑，便于送布牙压紧缝料底层向前运送。

（3）设有一个针孔，让机针穿透到车床下方，与旋梭共同形成线迹。

（4）表面或底部可以附加剪线器等装置。

（5）针板右边划有刻度，可用作车缝宽度指引。

针板的形状必须与送布牙的长坑相配合，送布牙才能穿过长坑顶，推动缝料前进；如果针板与送布牙不配合，则送布过程受阻，如图 3—24 所示。

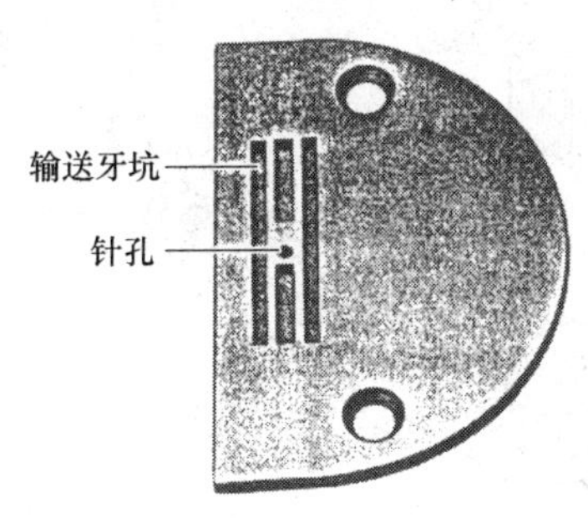

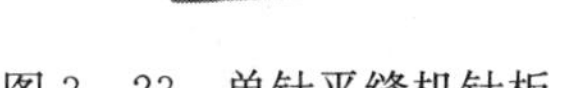
图 3—23　单针平缝机针板

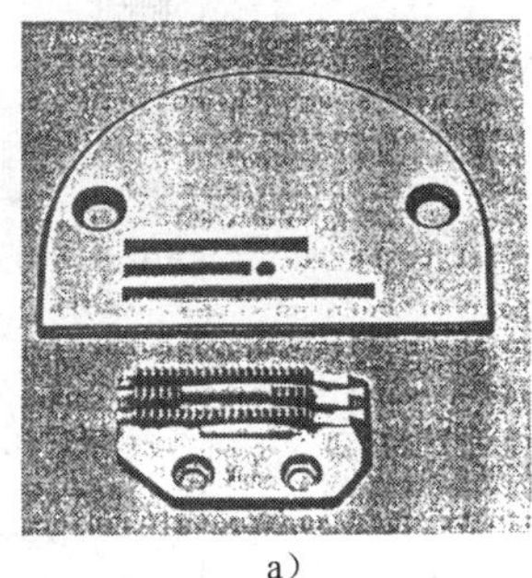
a）

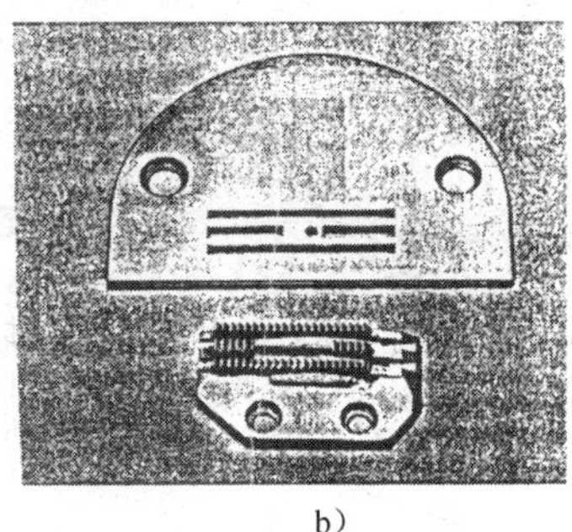
b）

图 3—24　针板与送布牙的配合
a）针板与送布牙不配合　b）针板与送布牙相配合

第三节　通用缝制设备的操作

→ 掌握平缝机的操作方法
→ 掌握锁边机的操作方法
→ 掌握机车操作要求与安全知识

一、平缝机的操作方法

1. 使用前的准备

（1）转动手轮。先轻踩踏板，然后用右手转动手轮。注意：切勿带动马达，只是轻轻压低踏板的位置，此时手轮可以轻易转动。

（2）安装机针。如图 3—25 所示，首先转动手轮，将针柱 1 升至最高位；接着松开针柱上的装针螺钉 2；然后将机针 3 插入针柱顶端，确认机针的长槽朝向左手边，最后拧紧装针螺钉 2。

（3）绕底线。如图 3—26 所示，将梭芯 1 装在打线器的卷线轴 2 上；按箭头方向将筒线卷绕几圈到梭芯上；将打线器压臂 3 压下；用起压脚手操作杆将压脚提起；踩动马达开始卷绕底线；梭芯绕满线后，压臂会自动回弹。如果绕线不均匀，松开螺钉 4，将线导向台 5 向着绕线量较少的一侧移动调节即可。

（4）安装梭套。手拿梭芯使线向右卷绕，将梭芯插入梭套内，见图 3—27a，将底线卡入线槽 1，从夹线弹簧 2 和线导向部 3 的下方拉出，然后检查梭芯能否向右顺畅回转，如图 3—27b 所示。

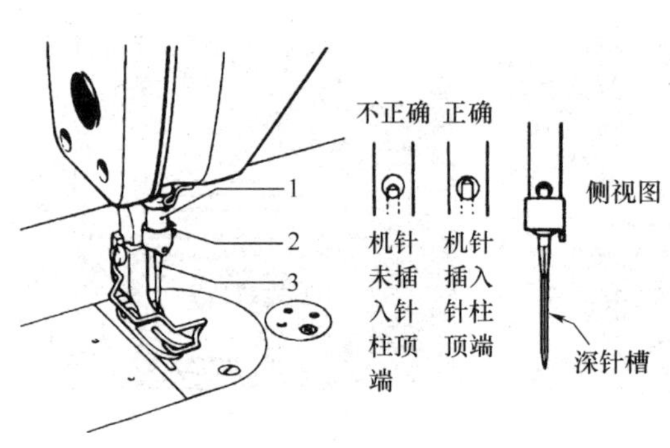

图 3—25　安装机针

1—针柱　2—装针螺钉　3—机针

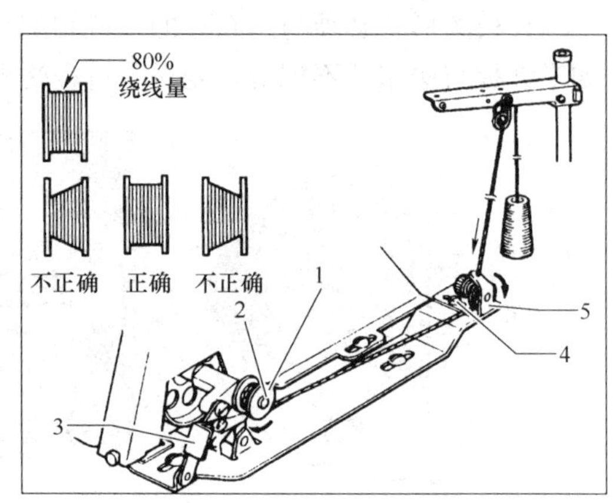

图 3—26　绕底线的方法

1—梭芯　2—卷线轴　3—打线器压臂

4—螺钉　5—线导向台

接着转动手轮，将机针升至针板上方，用左手拉住梭套的插销 4，注意梭套的缺口要朝上，然后将梭套插入旋梭。如果要取出梭套，必须先将机针升至最高点，然后用左手掀拉梭套上的插销 4，将其从梭床里拔出即可。

（5）穿面线。如图 3—28 所示，转动手轮，使针柱升至最高点，将线按图 3—28 所示位置 1 穿到位置 14。面线穿过导线柱 1 和 2 后，穿过夹线器 3、4、5 和针线张力调节器 6，接着将面线拉到挑线簧 7，绕行导线器 8、9，再穿过挑线杆眼 10 后下行，穿过导线器 11、12 和 13，最后穿过针眼 14，并留出 5～6 cm 长的线尾。

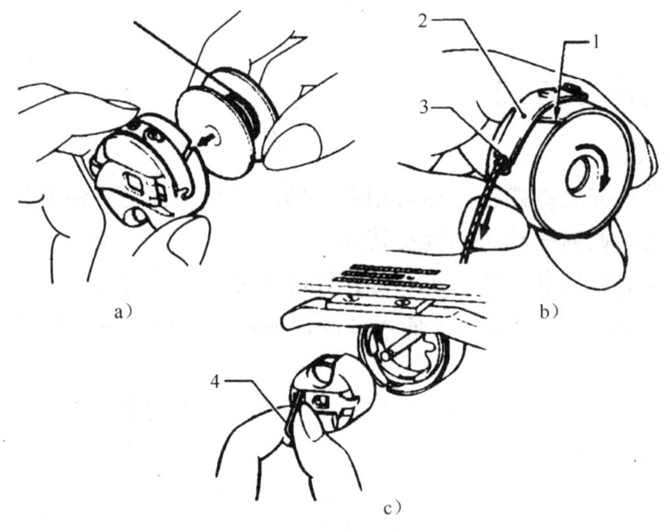

图 3—27　装梭芯及梭套

a）装梭芯　b）检查梭芯回转情况　c）装梭套

1—线槽　2—夹线弹簧　3—线导向部　4—插销

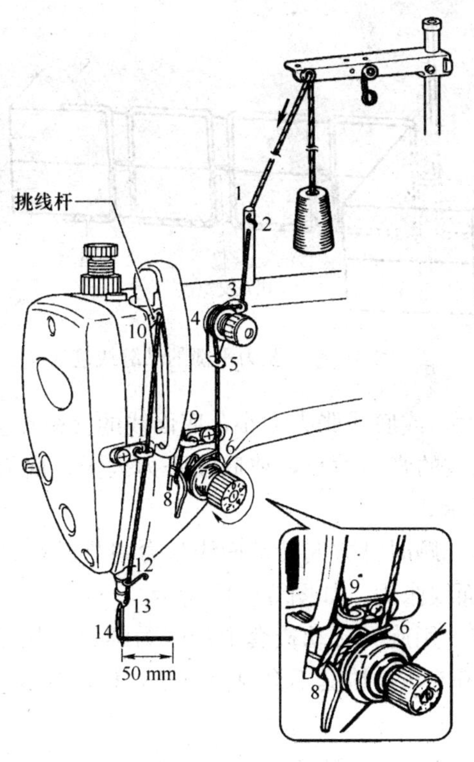

图 3—28 针线穿法

（6）抽带底线

1）用左手拉住面线的尾端，右手转动手轮，机针带动针线从最低点回到最高点后，拉动面线，将底线从针板孔抽出来，如图 3—29a 所示。

2）将底、面线压在压脚的后方，即离操作者较远的一端，如图 3—29b 所示。

（7）调节线迹张力。车缝前，必须检查并调节缝线的张力，以便形成张力平衡的平缝线迹，即面线和底线的交织点位于两层缝料的中间，如图 3—30 所示。

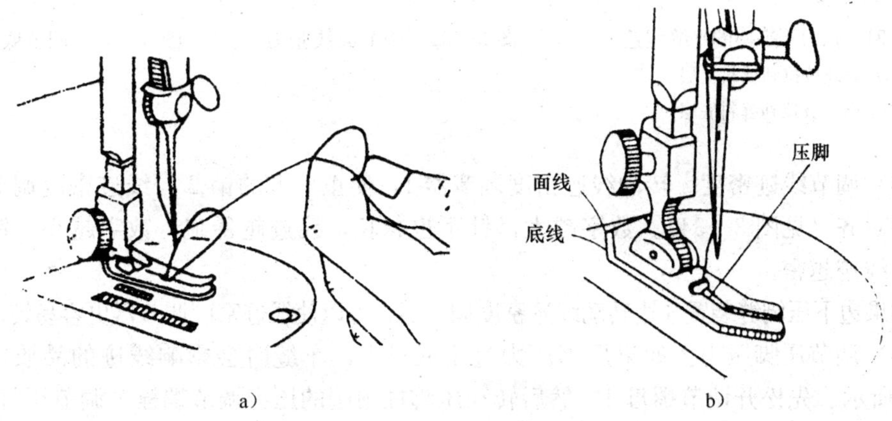

图 3—29 抽带底线方法

a）抽带底线 b）压线

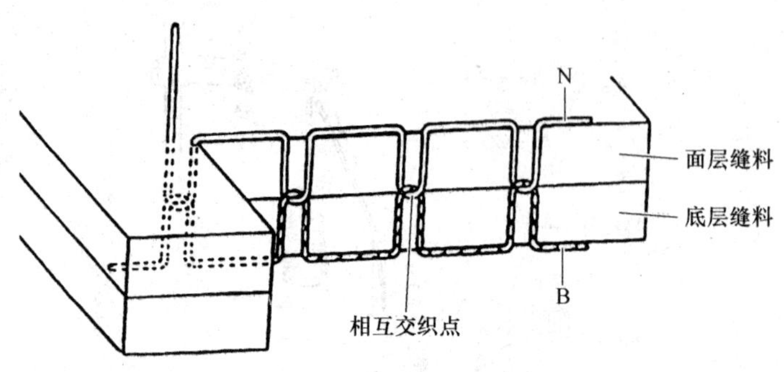

图 3—30　张力平衡的平缝线迹

如果面线的张力太大，或底线张力太小，底面线的交织点会出现在缝料的上层，如图 3—31a 所示。如果面线的张力太小，或底线张力太大，底面线的交织点出现在缝料的底层，如图 3—31b 所示。

1）面线张力的调节。顺时针方向转动面线张力调节器上的螺母，可加大面线张力；逆时针方向转动可减弱面线张力，如图 3—32 所示。

2）底线张力的调节。用旋具转动梭套上的张力螺钉，如图 3—33 所示。当用手拎着底线，梭套被底线悬吊着时，梭套不会自然下坠，稍加抖动才缓慢下滑，此时底线张力适中。

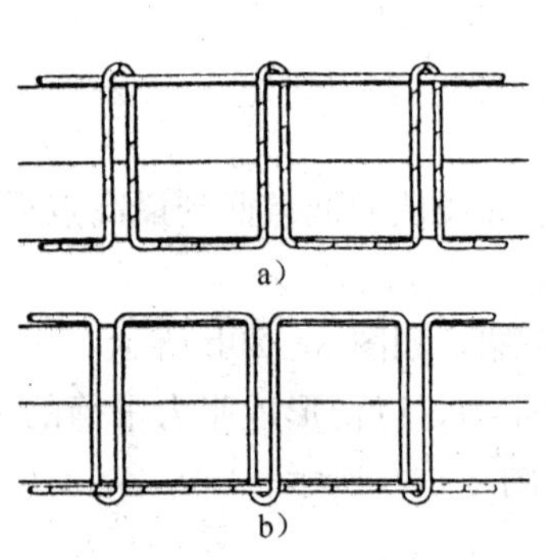

图 3—31　张力不平衡的平缝线迹

a）底线被拉到缝料上层

b）面线被拉到缝料底层

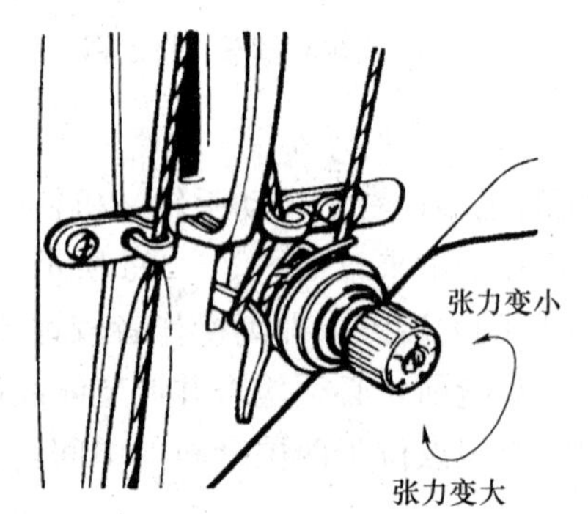

图 3—32　调节面线张力

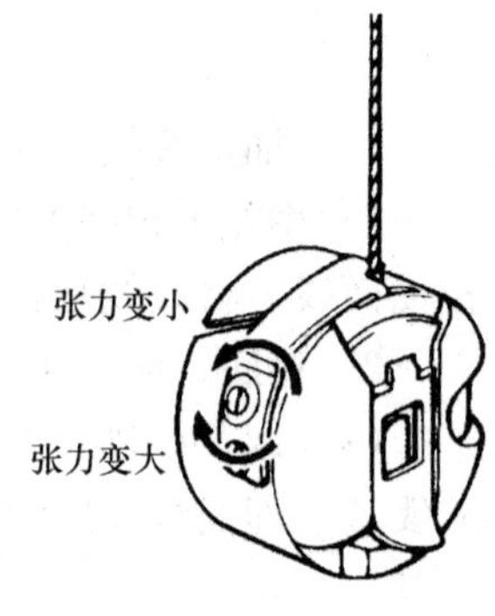

图 3—33　调节底线张力

（8）调节线迹密度。转动线迹密度调节器 1，使正上方的销 2 与线迹密度调节器上的数字对齐（见图 3—34）。数字越大，针距也越长，线迹越稀疏；数字越小，针距就越小，线迹越密。

如果边下压倒缝装置 3 边转动线迹密度调节器，可以使线迹密度调节器更容易转动。

（9）调节压脚压力。如果压脚压力过小或过大，车缝时会影响线迹的品质，如图 3—35 所示。先松开调节螺母 1，然后转动压脚柱顶端的压力调节螺栓 2 调节压脚压力，调好后再拧紧调节螺母。顺时针方向转动螺栓可增加压力，逆时针方向转动螺栓会减低压力（见图 3—36）。在确保能正常送料的情况下，应尽量减小压脚的压力。

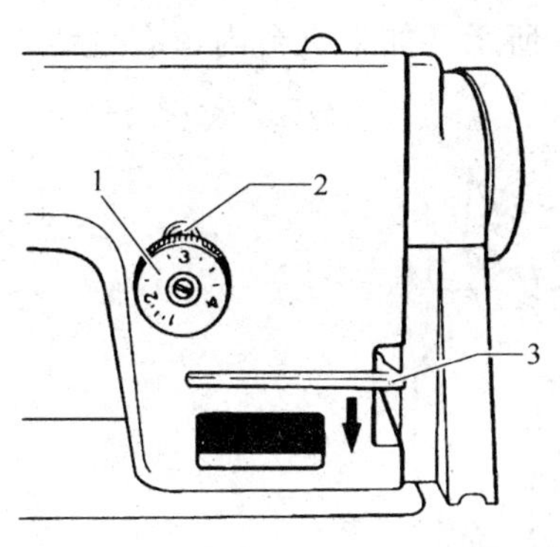

图 3—34　调节线迹密度
1—线迹密度调节器
2—销　3—倒缝装置

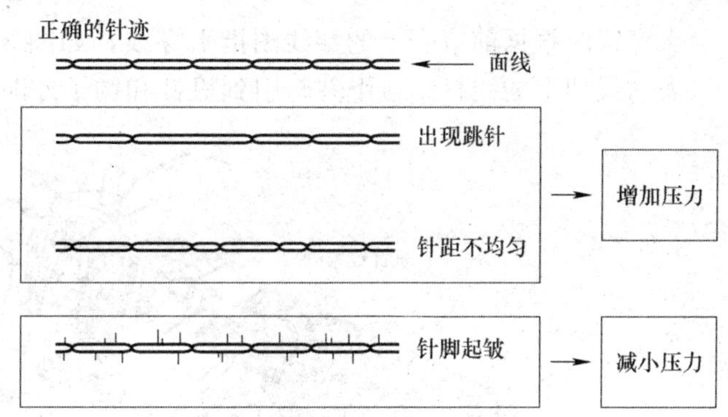

图 3—35　压脚压力不当形成的线迹

2. 车缝和倒缝

（1）车缝。车缝前的准备工作做好后，便可以开始车缝。首先提高压脚，把缝料放在压脚下，然后将压脚放下压在缝料上，慢慢踏动脚板，并用手平衡缝料，使缝料平稳向前移动（见图 3—37）。

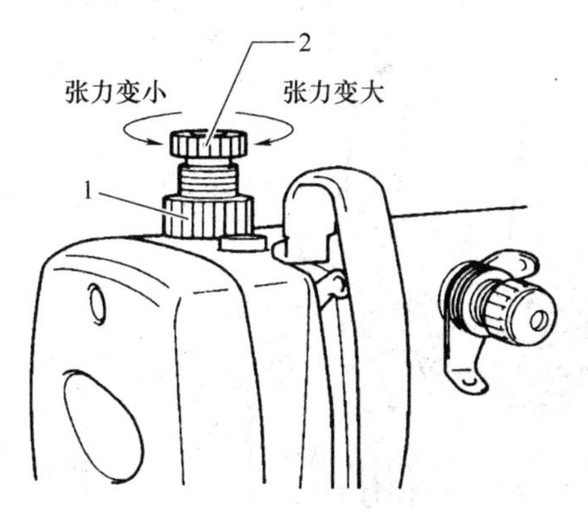

图 3—36　调节压脚压力
1—调节螺母　2—压力调节螺栓

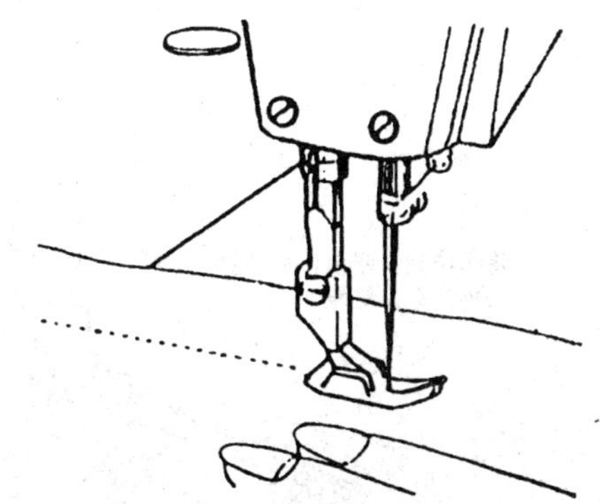

图 3—37　车缝时用手扶稳缝料

要停止车缝，首先停止踏动脚板，其次转动手轮，直至车针离开缝料（最好将车针升至最高点），然后升高压脚拉出缝料，并将接近缝料一端的线剪断。

（2）倒缝（又称回针）。倒缝是为了加固线迹的强度。车缝时，如需倒缝（倒向车缝），只要用手完全压下倒缝扳手便可。松开倒缝扳手时，缝纫机便会自动地回复到正常的车缝方向。

二、锁边机的操作方法

1. 锁边前的准备

（1）穿线。以标准 GN2000 系列的高速四线锁边机（两根针线和两根钩线）为例。穿线前，首先将压脚臂及机针线罩壳、前罩壳和缝台盖打开，如图 3—38 所示。

穿线时根据前罩壳上的穿线图指引穿线，如图 3—39 所示，如果机台内留有缝线，只需与线架上的线打结接上并牵引到机针和钩子外即可。

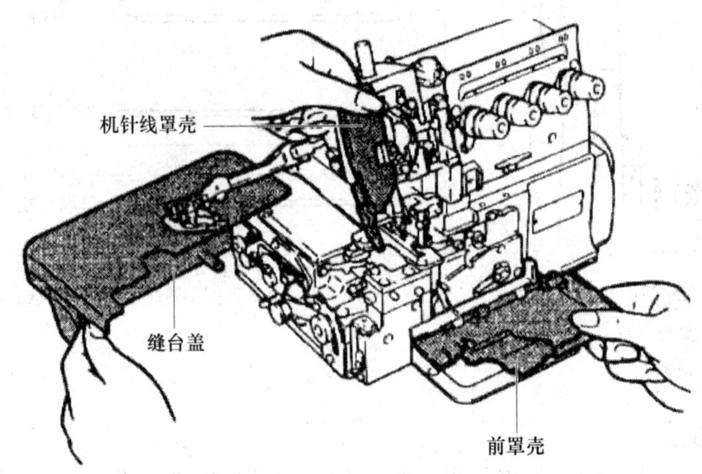

图 3—38　打开压脚臂及所有机盖

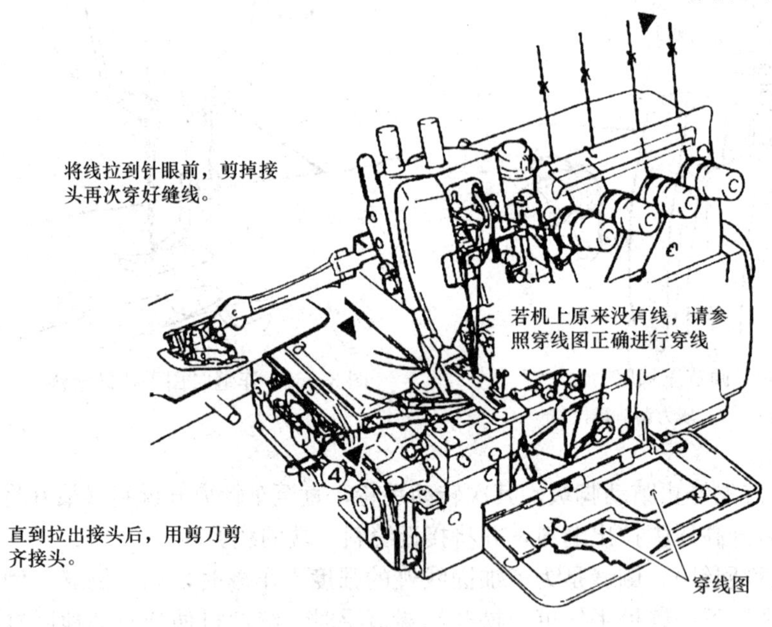

图 3—39　穿线方法

（2）安装机针。安装前，必须先准确辨认机针的凹位。装针步骤如下：用六角旋具拧松针柱上的螺钉，将机针的凹位向着后方，即背向操作者进行安装，如图 3—40 所示。然后将机针插入针柱孔的最深处，再拧紧螺钉。

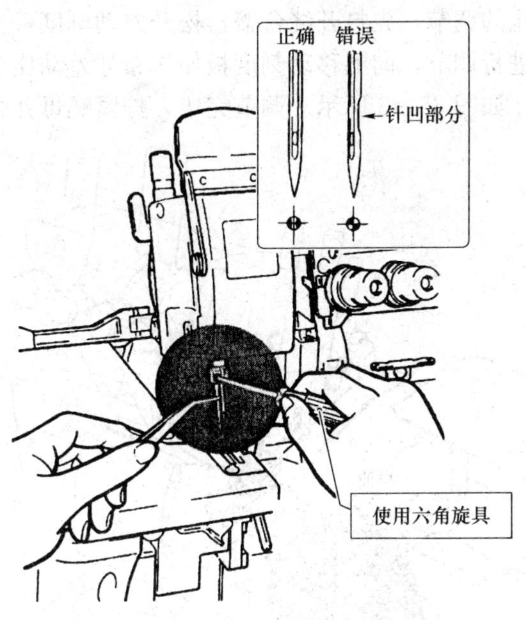

图 3—40　安装机针

(3) 缝线张力的调节。如图 3—41 所示，顺时针方向调节对应螺母（即针线调节螺母、上钩线调节螺母和下钩线调节螺母），可调大缝线张力，逆时针方向松开螺母，可使缝线张力变小。

(4) 压脚压力的调节。如图 3—42 所示，旋转压脚压力调节器螺母可调节压脚压力，顺时针方向旋转增大压脚压力，逆时针方向旋转减小压脚压力。在送布状态良好并能取得均匀线迹的范围内，尽可能使用较小的压脚压力。

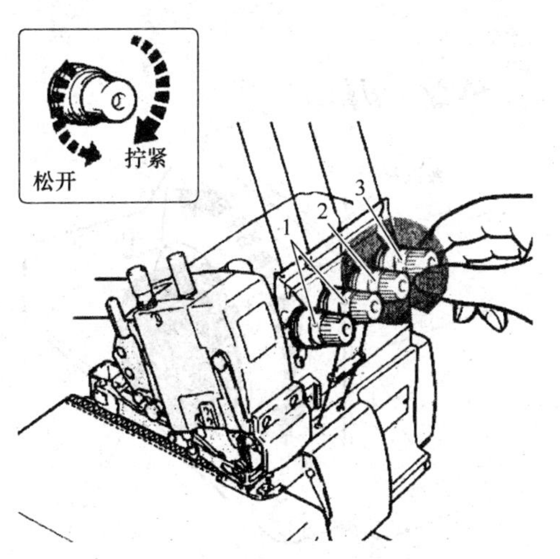

图 3—41　缝线张力的调节

1—针线调节螺母　2—上钩线调节螺母

3—下钩线调节螺母

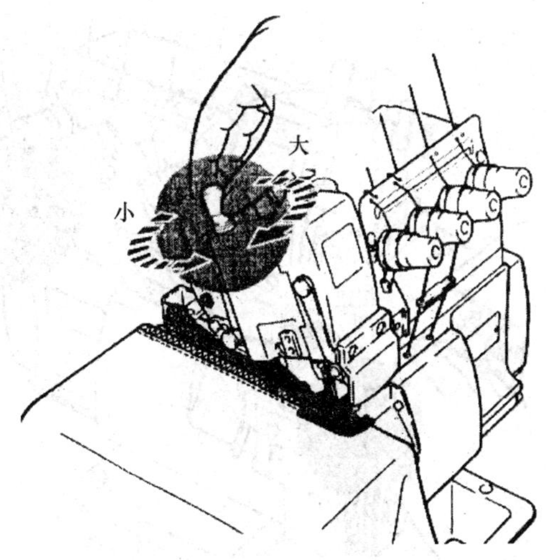

图 3—42　压脚压力的调节

（5）送布牙差动比的调节。先打开缝台盖，松开差动刻度板上的差动扳手调节螺母后，上下移动刻度板进行调节，向上移动刻度板使送布牙差动比变大，向下移动刻度板使送布牙差动比变小，如图 3—43 所示。调节完毕，拧紧螺母并合上缝台盖。

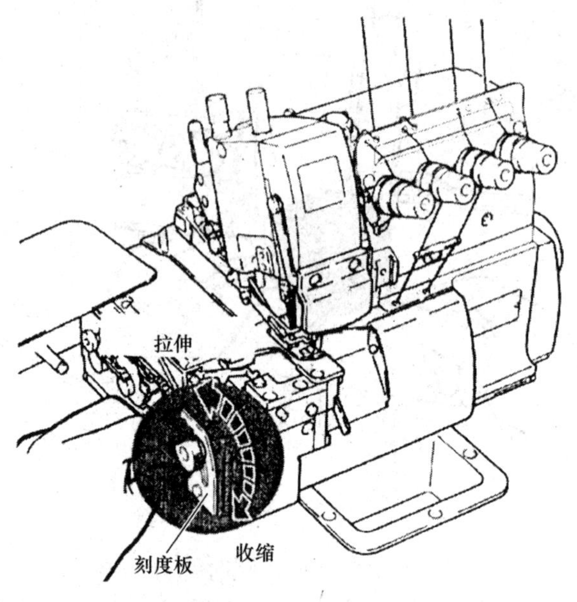

图 3—43　差动送布的调节

（6）线迹密度的调节。先打开缝台盖，按住针距调节杆的按钮（向图中箭头所指方向），如图 3—44a 所示。边按住按钮边转动手轮，使校准标记号对准所需的数值，如图 3—44b 所示。注意：线迹密度的调节必须在调节送布牙差动比之后进行。

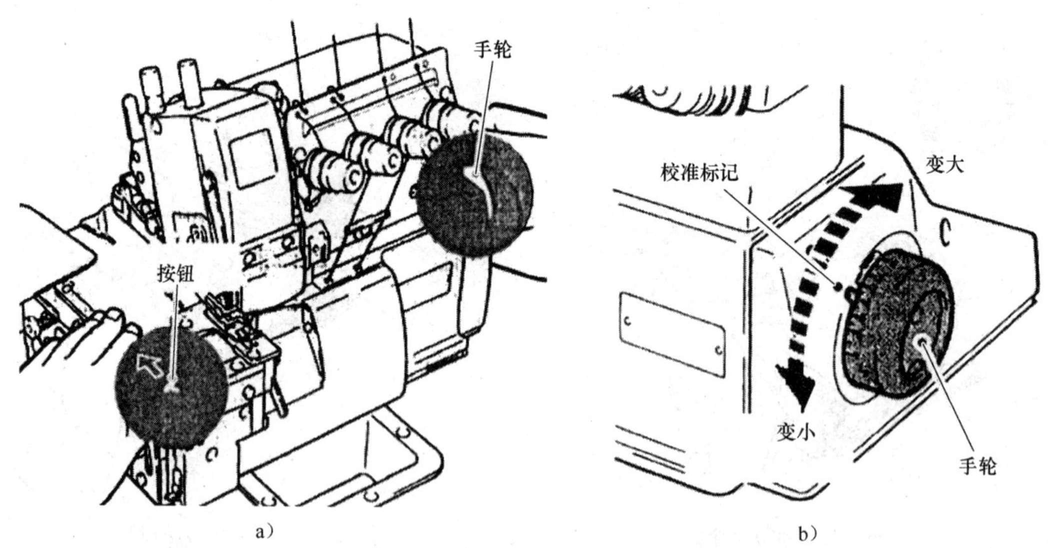

图 3—44　线迹密度的调节

a）按住针距杆按钮　b）转动手轮至所需针距位置

2. 锁边

开始锁边前，先用左脚踩踏踏板，升高机头的压脚，双手将需要锁边的缝料边缘准确地送入压脚下。然后降下压脚，右脚踏动踏板，启动马达开始锁边。注意锁边时，缝料的边缘勿被切刀裁切过多，以免服装规格变小或变形。

3. 锁边机的保养

（1）锁边机的清扫。主要清扫针板槽及送布牙周边的粉尘，同时用镊子夹除纤维或布屑等杂物，如图 3—45 所示。

（2）检查机油运转情况。踩动踏板，运转缝纫机马达，然后从油窗观察机油喷射情况，以此判断机油是否运送到机车的所有机件中，如图 3—46 所示。

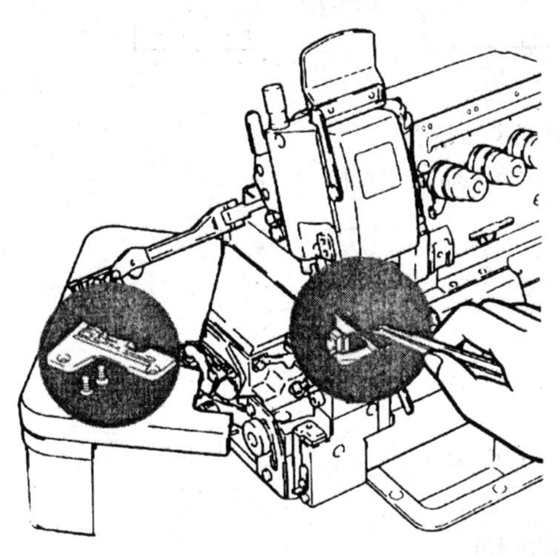

图 3—45　清扫锁边机

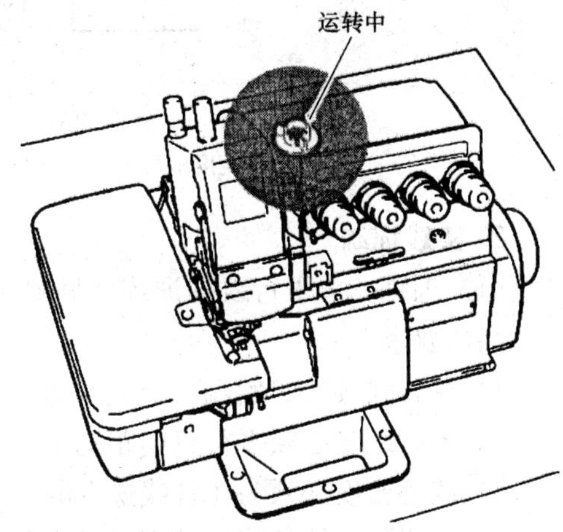

图 3—46　检查机油运转情况

（3）更换机油。第一次使用的机车，通常在使用开始 1 个月后更换一次机油，此后每 6 个月需更换一次，更换机油时，先将机车底床的油箱孔打开，倒出用过的机油，再从入油孔（线迹张力调节器上方）倒入干净的新机油，如图 3—47 所示。

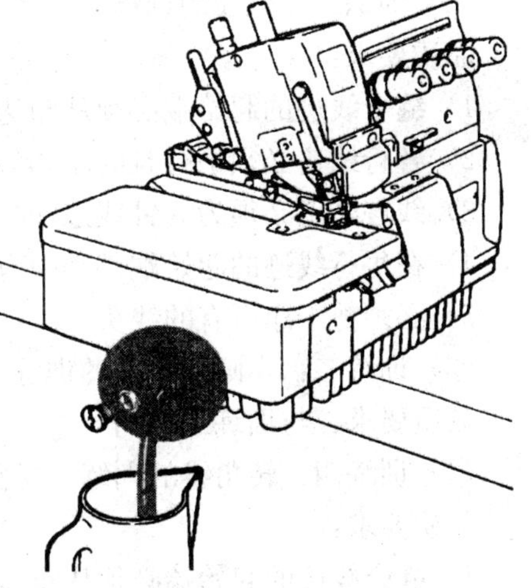

图 3—47　更换机油

三、机车操作要求与安全知识

1. 正确的操作方法与要求

（1）坐姿。操作者应自然挺直腰板，胸口对正车头，双手自然垂放在机头的两侧。

（2）衣车的控制。操作平缝机时，右脚踏在踏板上，单脚踏动马达带动机车运转，左脚放在踏板外。操作特种机车如锁边机时，双脚分别踏在两个踏板上，即左脚控制压脚的升降，右脚控制马达的启动。

（3）车缝操作。右手负责裁片的对位缝合和固定位置，同时转动手轮以辅助停机前的线迹补足工作，并按动倒缝装置以便缝料倒缝。左手负责输送裁片前进、后退或转弯，以及缝合完毕后摆放物料的动作。

缝合线迹的宽度控制可参考图 3—48 的尺寸指引。

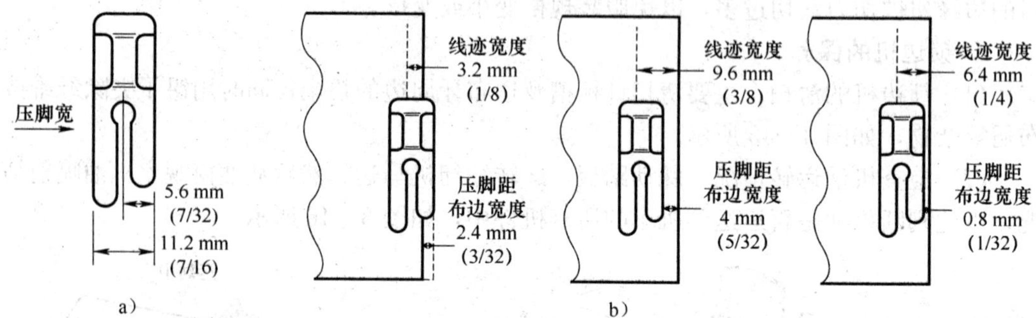

图 3—48　缝合线迹宽度尺寸指引

a）压脚宽度示意图　b）不同线迹宽度与压脚距布边宽度对应尺寸图

2. 实践训练

（1）训练一：平行线的训练（见图 3—49）

品质要求：

1）缝合线迹的起始端必须从布边到布边。

2）各行线迹必须平行且间距均等（均为 0.6 cm）。

3）线迹密度必须为 4 针线迹/cm。

4）在每行线迹的起始端都必须有 3 个针迹的倒缝。

5）必须剪干净所有的线头。

（2）训练二：弧线的训练（见图 3—50）

品质要求：

1）缝合线迹的起始端必须从布边到布边。

2）各行线迹必须平行且间距均等（均为 0.6 cm）。

3）线迹密度必须为 5 针线迹/cm。

4）在每行线迹的起始端都必须有 3 个针迹的倒缝。

5）必须剪干净所有的线头。

（3）训练三：半圆形线迹的训练（见图 3—51）

品质要求：与训练二相同。

（4）训练四：转角线的训练（见图 3—52）

品质要求：

1）缝合线迹的起始端必须从布边到布边。

2）各行线迹必须平行且间距均等（均为 0.6 cm）。

3）所有转角必须呈直角（提示：缝至转角时，机针必须扎在缝料内）

4）线迹密度必须为 6 针线迹/cm。

5）在每行线迹的起始端都必须有 3 个针迹的倒缝。

6）必须剪干净所有的线头。

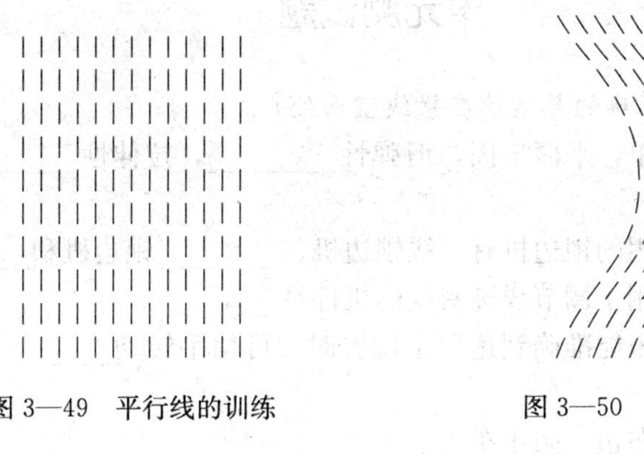

图 3—49　平行线的训练　　　　图 3—50　弧线的训练

图 3—51　半圆形线迹的训练

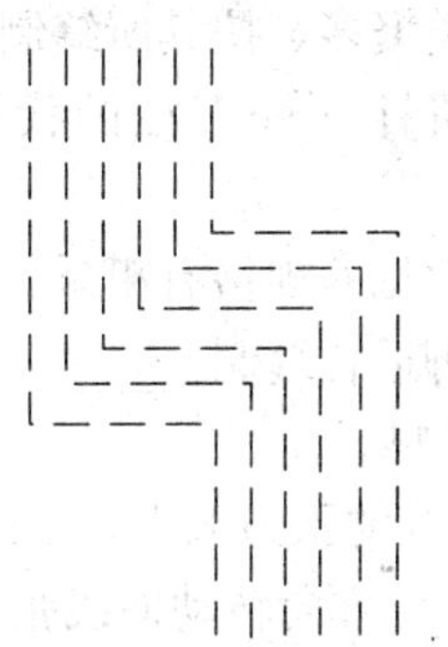

图 3—52　转角线的训练

3. 安全操作注意事项

为了避免机件损伤操作者，每次缝合前，都必须采取以下安全措施：

（1）车缝时需穿平底鞋，既可确保灵活踏动踏板控制马达，又能防止脚踝疲劳受伤。

（2）如果操作者留有长发，必须先将长发束起来，以防长发被缠绕到皮带等高速运转的机件上。

（3）剪刀、锥子等尖锐的车缝工具应妥善放置稳当，以免掉落地面损伤操作者。

（4）每次开机前，必须先打开马达开关，待马达运转 10 s 以后，才踏动踏板启动机针的运转，此预热法可避免烧坏马达。

（5）离开机车前，必须关闭马达开关。

（6）每次开机前和关机后，都需清扫机台上的灰尘和油污，同时将工作台周围的物料摆放整齐。

（7）随时关注容易引起人员受伤机件的运转情况，这些机件包括：机针、压脚、皮带、针柱、倒缝装置、线担等，操作机车时应尽量避免触碰这些机件。如转动手轮时，手指切勿触摸手轮皮带。

（8）开机前，注意查看有没有在压脚柱上装上护针器，有没有在线担外部安装线担保护架，有没有在手轮上安装皮带保护罩等保护装置。

单元测试题

一、填空题（请将正确的答案填在横线空白处）

1. 平缝线迹结构简单，平薄牢固，但弹性________，拉伸性________，且换底线耗时长。

2. 在制衣业中最常用的锁边机有三线锁边机、________锁边机和________锁边机。

3. 在缝制过程中，用于调节线迹密度的机件是________。

4. 当车缝中的线迹未能准确到达预定位置时，可用手转动________来完成不足的线迹。

5. 锁边线迹能包裹布边，防止布边________。

6. 针尖种类繁多，按其所缝制的物料种类可分有面料用针尖和________针尖两种。

7. 针号是机针针杆直径的代码，最常用的号数系统有________、________和________三种。

8. 送布牙常见的规格有粗牙、中牙和细牙，一般轻薄面料宜用________。

9. 塑胶压脚适合缝制________和________的面料，如薄纱料、涂层料、皮革料和胶纸感强的化纤料。

10. 如果面线的张力太大，平缝线迹中的底面线交织点会出现在缝料的________，此时应沿________方向转动面线张力调节器以减低面线张力。

11. 车缝前，必须检查并调节缝线的张力，以便形成张力平衡的平缝线迹，即面线和底线的交织点位于两层缝料的________。

12. 请在以下横线空白处填上压脚的名称：

________________　________________　________________

二、单项选择题（下列每题的选项中，只有1个是正确的，请将正确答案的代号填在横线空白处）

1. 锁边机也称________，能防止缝料脱散及缝合物料。

A. 包缝机　　B. 钉扣机　　C. 平缝机　　D. 扣眼机

2. 纤薄物料可选用纤细的________机针，不易损坏缝料。

A. 细球形　　B. 三角形　　C. 细圆形　　D. 横茅尖

3. 如果平缝机形成的线迹太密，应调节________。

A. 压脚压力调节器　　B. 梭芯绕线装置

C. 面线张力调节器　　　　D. 线迹密度调节器

4. 当车缝过程中出现底线太松时，可调节________。

A. 面线张力调节器　　　　B. 线迹密度调节器

C. 梭芯绕线装置　　　　D. 梭套上的张力螺钉

5. 针号是机针针杆直径的代码，以百分之一毫米为单位量度针杆直径的针号系统是________。

A. 公制　　B. 英制　　C. 号制　　D. 三者都是

6. 用于卷折宽摆裙、纱类上衣等直线形下摆折边的特种压脚称为________。

A. 牙签压脚　　B. 卷边压脚　　C. 单边压脚　　D. 隐形压脚

7. 具有高度穿透力，最适宜缝制坚硬粗厚的皮革，且对缝料质量的损害也最大的是________针尖。

A. 横茅　　B. 圆形　　C. 三角　　D. 捻尖

三、简答题

1. 在车缝过程中，如果机针选用不当，会产生哪些问题？
2. 压脚除了在车缝时固定缝料外还有哪些作用？
3. 简述常见面料用针尖及其各自的适用范围。
4. 简述针板的特征与功用。
5. 简述压脚的类型及其各自的适用范围。

四、论述题

1. 试述机车正确的操作方法与要求。
2. 试述机车安全操作的注意事项。

单元测试题答案

一、填空题

1. 小　较差　2. 四线　五线　3. 线迹密度调节器　4. 手轮　5. 脱散　6. 皮革用　7. 公制　号制　英制　8. 细牙　9. 容易起皱　吸附压脚　10. 上层　逆时针　11. 中间　12. 卷边压脚　塑胶压脚　牙签压脚

二、单项选择题

1. A　2. C　3. D　4. D　5. A　6. B　7. C

三、简答题

答案略。

四、论述题

答案略。

第4单元

服装工艺基础

第一节 工业设备常用线迹

→ 了解常用线迹的种类与基本结构
→ 掌握常用线迹的分类

一、线迹概述

1. 线迹的定义

服装的成形技术主要有缝合、粘合、编织等，其中最常用的成形技术仍为缝合工艺，即用一定形式的线迹将衣片拼合成服装的一种组合工艺。

线迹是由一根或多根缝纫线相互成圈，将物料缝合在一起的缝纫组成结构，是针线在缝料上穿刺运动，使一根或多根缝线交织在一起所形成的缝线的轨迹。

2. 线迹的基本结构

线迹是缝料上两个相邻针眼之间所配置的缝线结构形式，主要有自绕、互绕和互扣三种基本结构。

（1）自绕。自绕是源自同一出处的一条缝线自行环绕成线圈状的基本线迹结构，如图 4—1 所示。这种线迹结构通常由单线组成，线迹富有弹性，但容易脱散。自绕结构常用于米袋、面粉袋、水泥袋等临时封口的缝合，线迹外观详如图 4—2 所示。

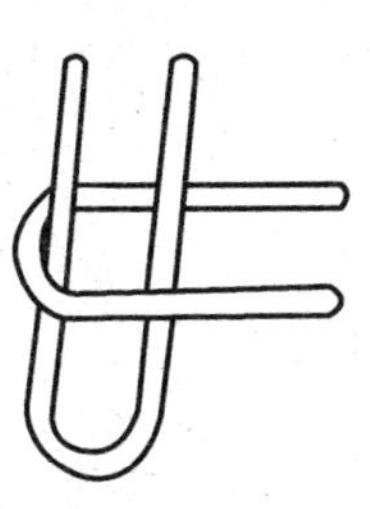

图 4—1　自绕

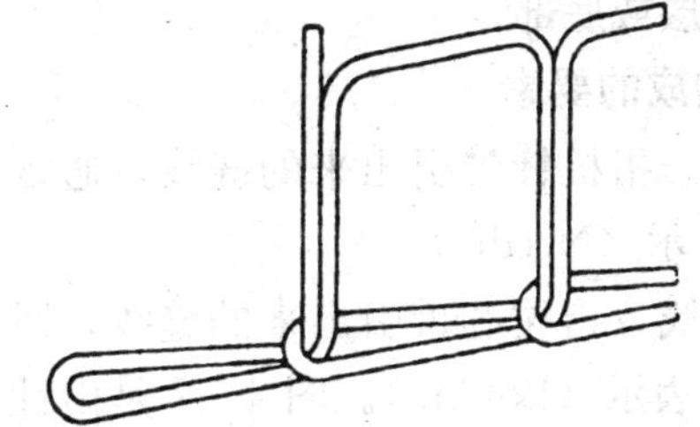

图 4—2　自绕结构在线迹中的应用

（2）互绕。互绕是来源不同的两条缝线相互环绕成线圈状的基本线迹结构，如图 4—3 所示。

这种线迹结构通常由双线组成，线迹富有弹性，但容易脱散。互绕结构常用于牛仔裤裤中缝及裤缝的缝合，线迹外观如图 4—4 所示。

（3）互扣。互扣是来源不同的两条缝线相互扣结成线圈状的基本线迹结构，如图 4—5 所示。

这种线迹结构通常由双线组成，线迹扁平牢固，不易脱散，但弹性较弱。互扣结构

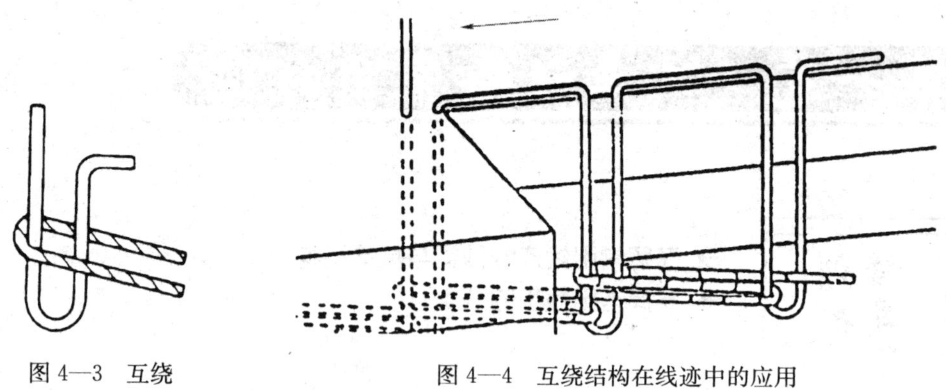

图 4—3　互绕　　　图 4—4　互绕结构在线迹中的应用

常用于各类服装的缝合，线迹外观如图 4—6 所示。

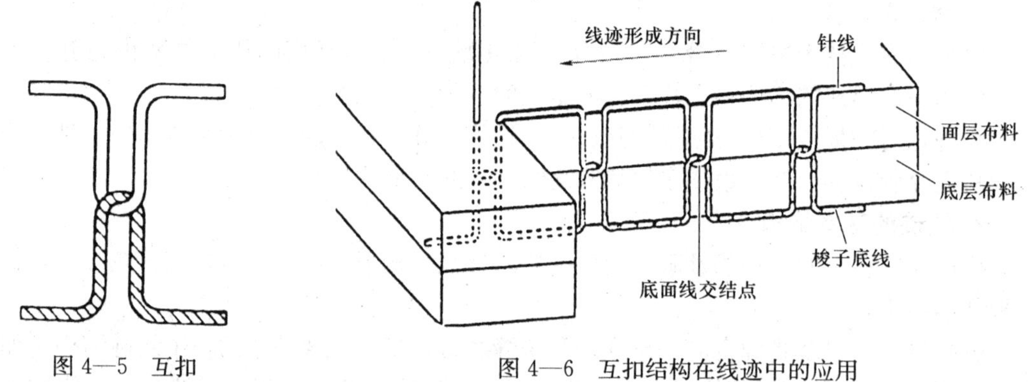

图 4—5　互扣　　　图 4—6　互扣结构在线迹中的应用

互扣结构线迹的扣结点应位于面料纵切面的中央，自绕或互绕结构的环绕部位则通常在面料的表层或底部。

3. 线迹构成的要素

（1）针线。指机针带引出来的缝线，通常是面线，用 N 表示（Needle）。

（2）梭子线。指梭芯带引出来的缝线，通常是底线，用 B 表示（Bobbin）。图 4—7 是由针线与梭子底线构成的平缝线迹。

（3）钩子线。指钩子带引出来的缝线，通常是底线，用 L 表示（Looper）。

（4）网面线。指覆盖在面料表面的网状缝线，通常用于连接各行针线，主要起装饰作用，用 C 表示（Cover）。

（5）针迹。指机针在缝料上穿刺运动所形成的针眼轨迹。

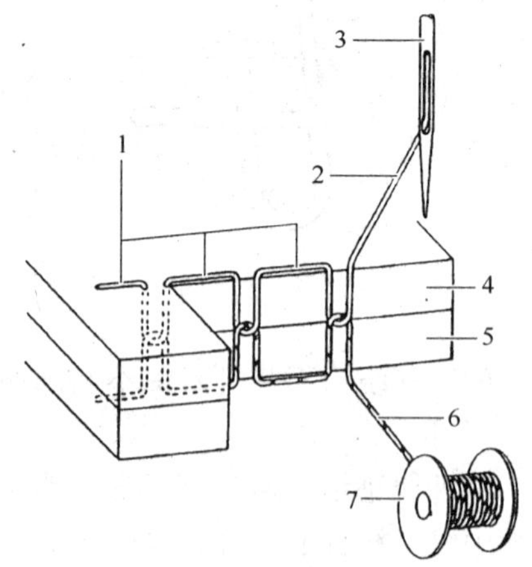

图 4—7　平缝线迹的部分构成要素

1—平缝线迹　2—面线　3—机针　4—上层面料　5—下层面料　6—底线　7—梭芯

（6）针距。指一个针眼与相邻针眼之间的

距离。

（7）线迹密度。指在规定长度内的线迹数量，表示方法为 4 个线迹/厘米或 12 个线迹/英寸。线迹密度直接影响缝口强度、缝线消耗量及缝口缩皱。

二、线迹的分类

根据国际标准化组织拟定的线迹类型标准 ISO 4916—1991《纺织品与服装缝纫型式分类与术语》，将常用线迹分为以下六大类：

- 100 类——链式线迹。
- 200 类——手缝线迹。
- 300 类——平缝锁式线迹。
- 400 类——多线链式线迹。
- 500 类——包缝/锁边线迹。
- 600 类——网面绷缝线迹。

各类线迹还可进一步划分。通常第一个数字代表线迹类别，第二、第三个数字代表线迹类别的款式编号。如线迹款式 301，“3”代表 300 类线迹，“01”代表它在 300 类别的款式编号。

1. 100 类——链式线迹

链式线迹是由一根或以上的针线以自绕结构形成的链式线迹。结构特点是富有弹性，但容易脱散。此类线迹包括 101～108 共 8 款。常用款式如图 4—8 至图 4—13 所示。

（1）101 线迹常用于临时定位缝、绗缝装饰，以及米袋等袋口封口处理。

（2）103 线迹也称暗线挑脚线迹，主要用于暗线挑成衣下摆边脚。

（3）104 与 108 线迹多用于成衣装饰。

（4）105 线迹也是暗缝线迹，常用于暗缝成衣下摆边脚、驳头等纳缝工序。

（5）106 线迹是单线链式人字线迹，可用于西服成品嵌线袋口的固定。

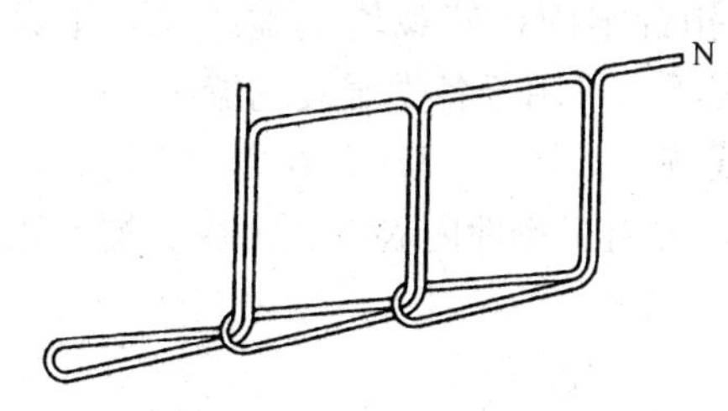

图 4—8　101 线迹

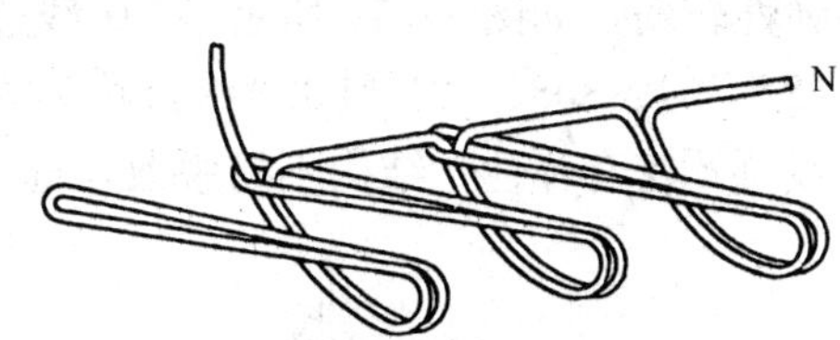

图 4—9　103 线迹

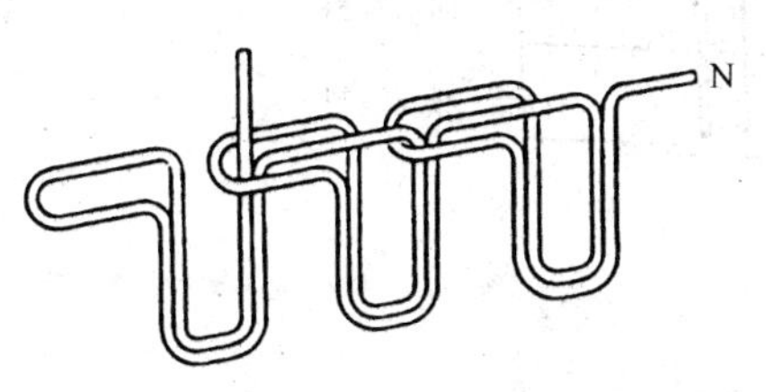

图 4—10　104 线迹

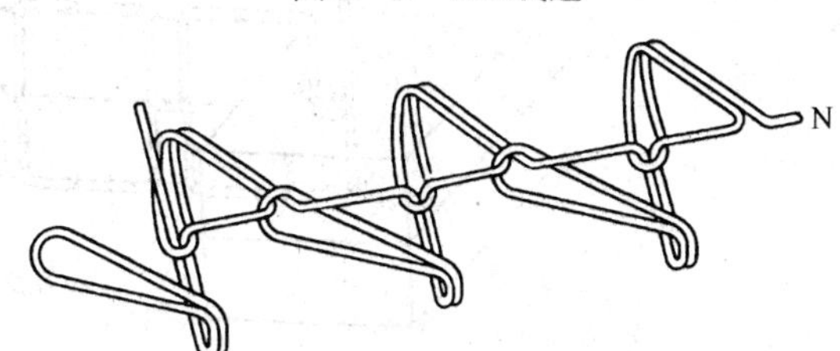

图 4—11　105 线迹

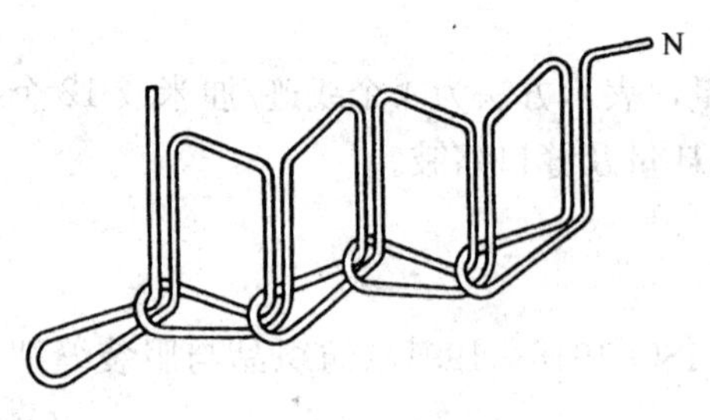

图 4—12　106 线迹

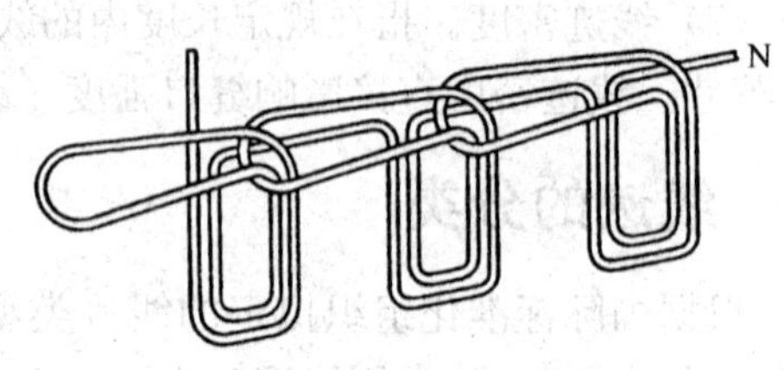

图 4—13　108 线迹

2. 200 类——手缝线迹

200 类线迹是手工完成的线迹，也可以由仿手工设备完成，通常由一根或以上的针线往返穿插缝料形成，包括 201～220 共 20 款线迹，如图 4—14 和图 4—15 所示。

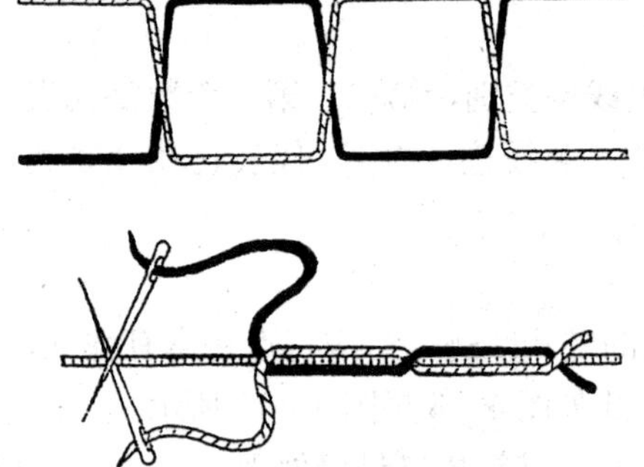

图 4—14　201 鞍式线迹

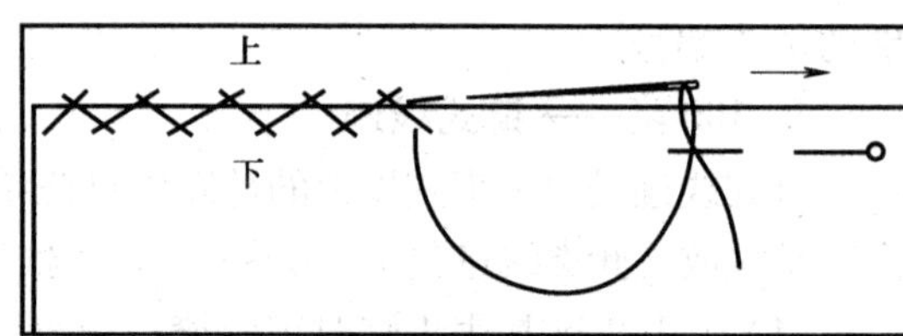

图 4—15　204 三角针线迹

3. 300 类——平缝锁式线迹

300 类平缝锁式线迹是由两组或以上缝线互扣而成，包括 301～327 共 27 款线迹。

（1）301 线迹又称平缝线迹，该线迹底面线扣合牢固，外观均呈虚线状，不易脱散，弹性较弱，如图 4—16 所示。301 线迹用途广泛，可用于各类服装的缝纫。

（2）304、308、321 和 322 线迹称为人字形线迹，如图 4—17 至图 4—19 所示，这几种线迹均富有弹性，结构不易脱散，缝合力强，常用于弹性内衣裤、文胸、婴儿服和

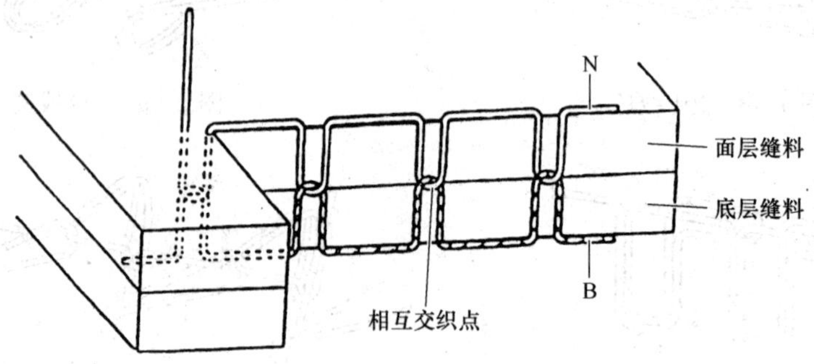

图 4—16　301 平缝线迹

需要有弹性的成衣袖口、裤脚口等部位的缝制，也可用于装饰。

（3）306、318 和 320 线迹均为暗线挑脚线迹，完成后正面见不到线迹，常用于成衣的底边缲边，如图 4—20 至图 4—22 所示。

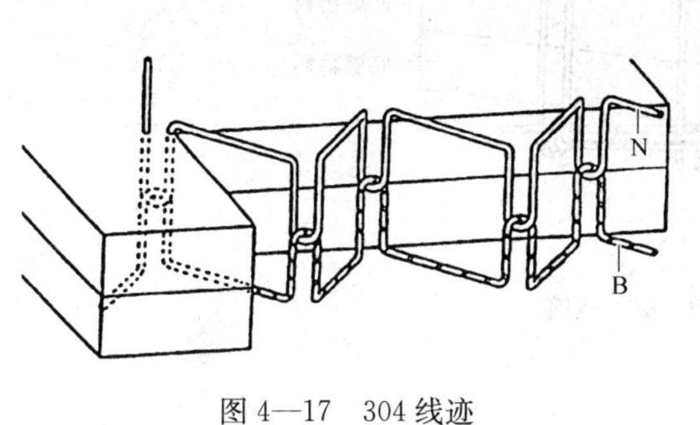

图 4—17　304 线迹

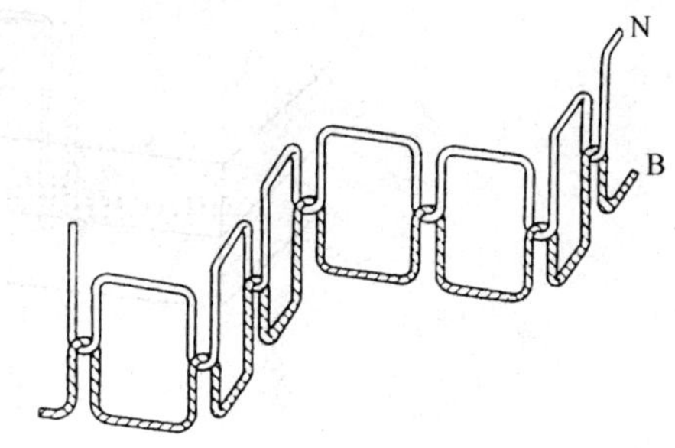

图 4—18　308 线迹

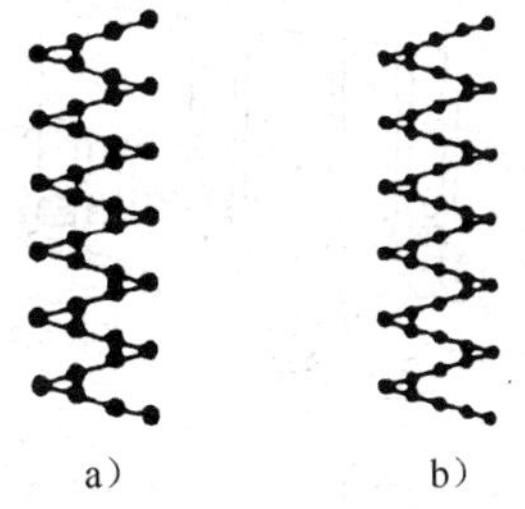

图 4—19　321 线迹与 322 线迹
a）321 线迹　b）322 线迹

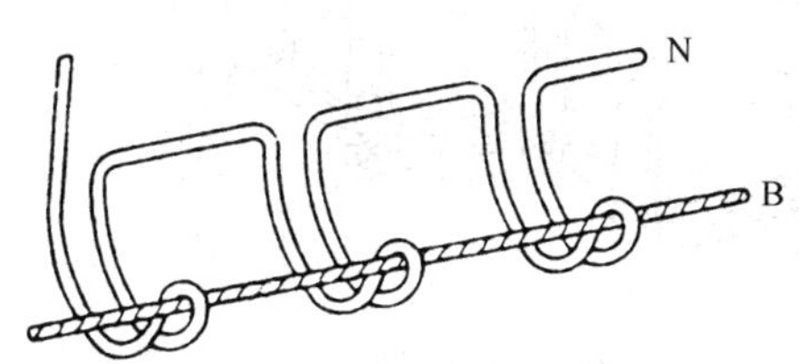

图 4—20　306 线迹

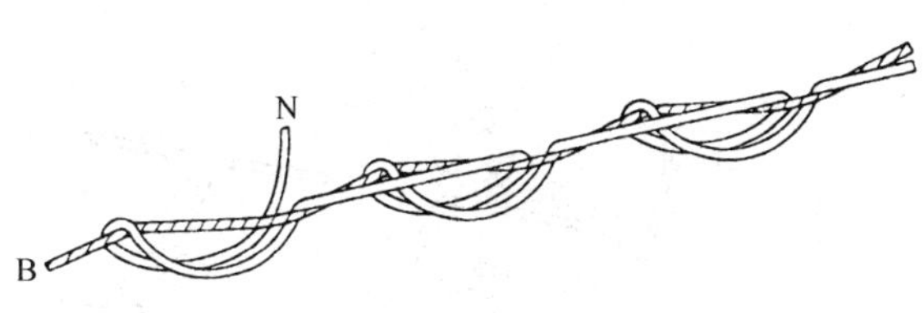

图 4—21　318 线迹

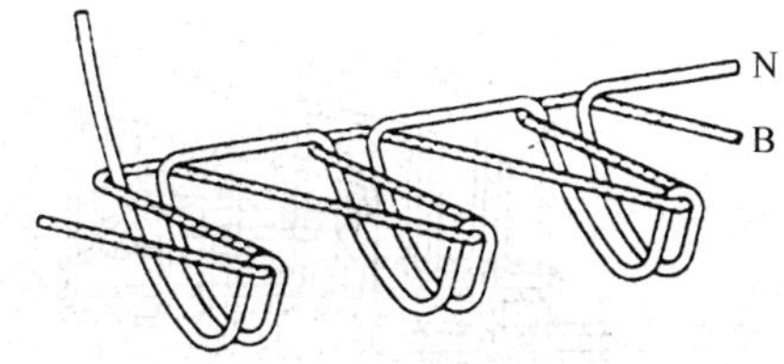

图 4—22　320 线迹

4. 400 类——多线链式线迹

400 类线迹是由两组或两组以上缝线在缝料的底层互绕互扣而成，线迹易拆，有弹性，包括 401～417 共 17 款。

（1）401 线迹富有弹性，缝合强度大，常用于针织 T 恤袖口、领口滚边，西裤后裆及橡筋腰头等有弹性或需受外力的部位，如图 4—23 所示。

（2）404 线迹是人字形线迹，比 401 更富有弹性，常用于男装西裤里裤腰与面裤腰的缝合以及需要牙状装饰边的内衣裤等部位，如图 4—24 所示。

（3）406、407 线迹极具弹性和强度，缝迹平坦，网线覆盖广，常用于缝制裤袢带、滚边、针织成衣袖口、下摆折边及内裤内衣的橡筋腰头等，如图 4—25、图 4—26 所示。

（4）409 线迹是暗线挑脚线迹，常用于外衣、裤子的底边缲缝，如图 4—27 所示。

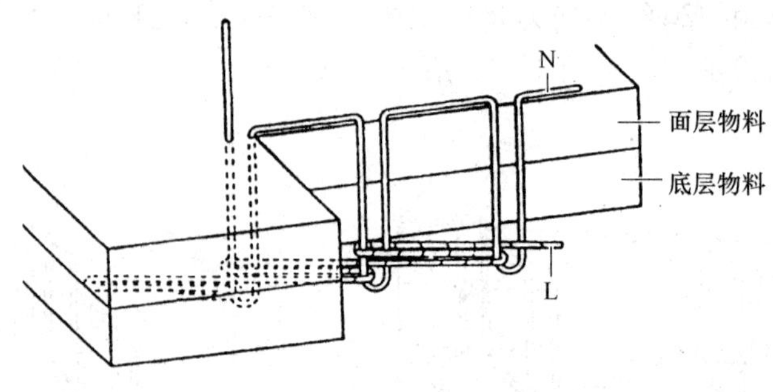

图 4—23　401 线迹

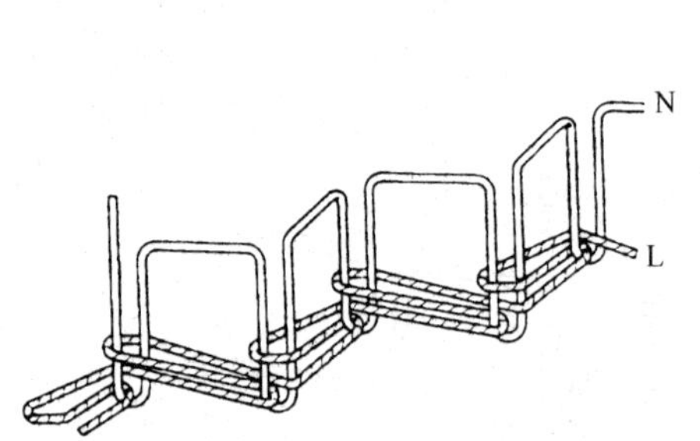

图 4—24　404 线迹

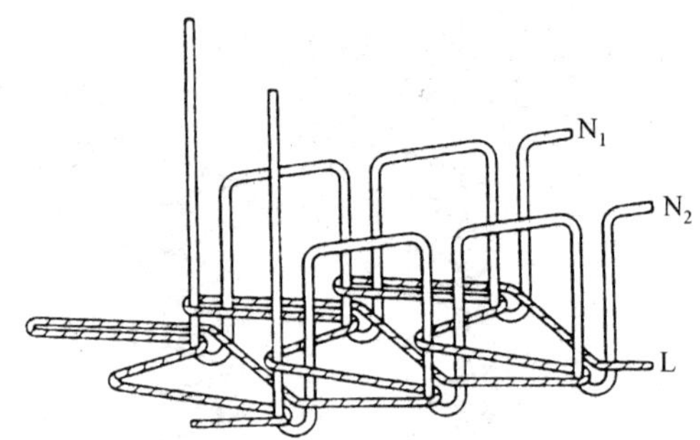

图 4—25　406 线迹

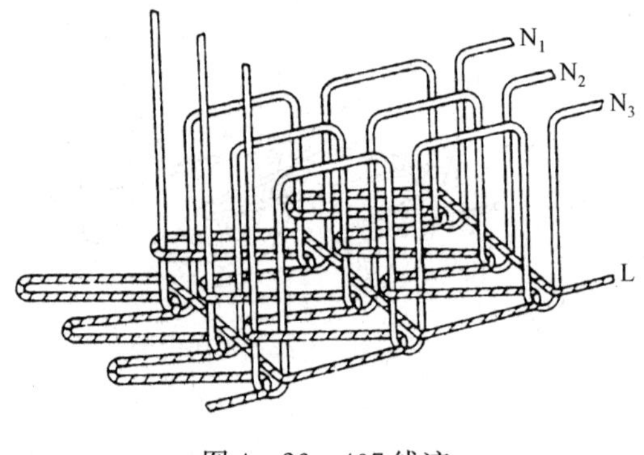

图 4—26　407 线迹

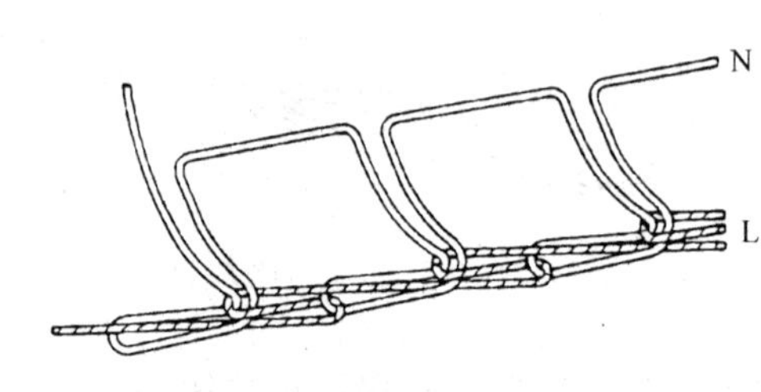

图 4—27　409 线迹

5. 500 类——包缝/锁边线迹

500 类线迹是由一组或一组以上缝线自绕或互绕而成，其中有一组或一组以上缝线包覆衣料的边缘，以防毛边脱散。此类线迹极具弹性，主要用于防止缝料边缘脱散，共分 15 款。

（1）503 线迹（两线锁边线迹）常用于锁边和暗线挑脚等，如图 4—28 所示。

（2）504 线迹（三线锁边线迹）结构比 503 线迹紧密，能更妥善地遮盖缝料的边缘，是制衣业最常用于单片衣料锁边的线迹，如图 4—29 所示。

（3）512、514 四线锁边线迹比 504 线迹多一根针线，缝合更稳固，且有很好的弹性，常用于富有弹性的针织成衣的锁边与缝合，如图 4—30、图 4—31 所示。

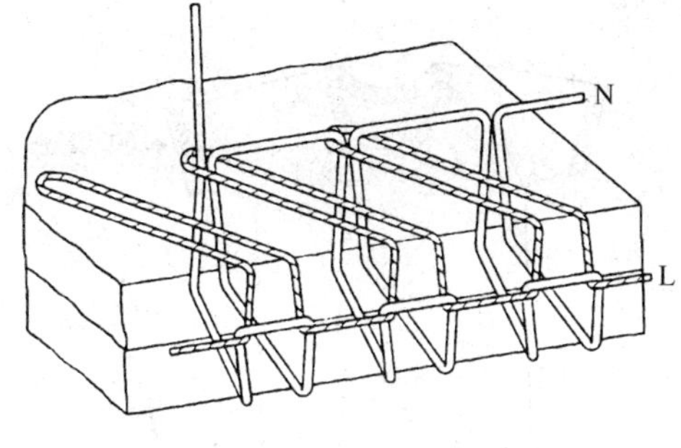

图 4—28　503 线迹

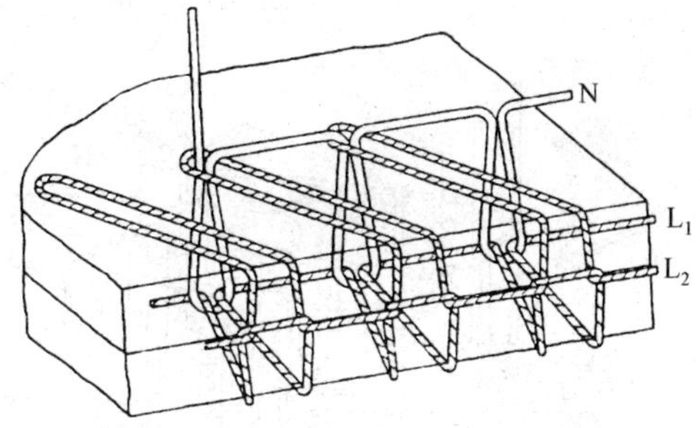

图 4—29　504 线迹

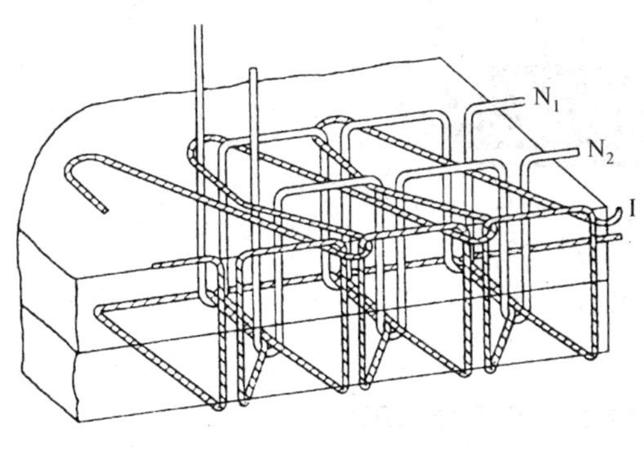

图 4—30　512 线迹

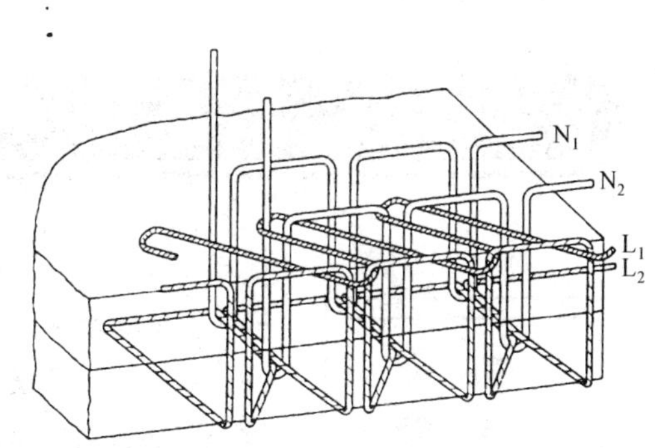

图 4—31　514 线迹

6. 600 类——网面绷缝线迹

600 类线迹是由两组或以上缝线互绕而成，通常面料的正面都有一根或两根网面线将各针线连接起来，遮盖缝料毛边，防止线圈脱散，同时具有很强的装饰性，缝制出的缝口平坦且富有弹性，包括 601～609 共 9 款线迹。

(1) 602 线迹常用于缝制针织内衣裤、运动服和婴儿服的滚边、装饰缝和拼接缝等部位，如图 4—32 所示。选用光泽好的丝光线或彩色线缝合则装饰效果非常好。

(2) 605 线迹常用于绢缝松紧带、滚边、装饰缝和拼接缝等工序，如图 4—33 所示。

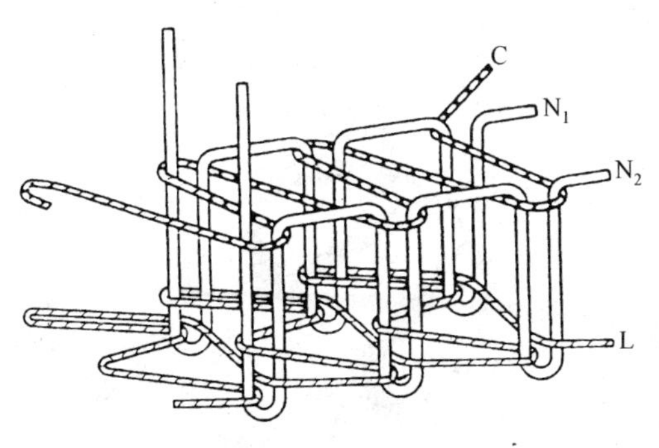

图 4—32　602 线迹

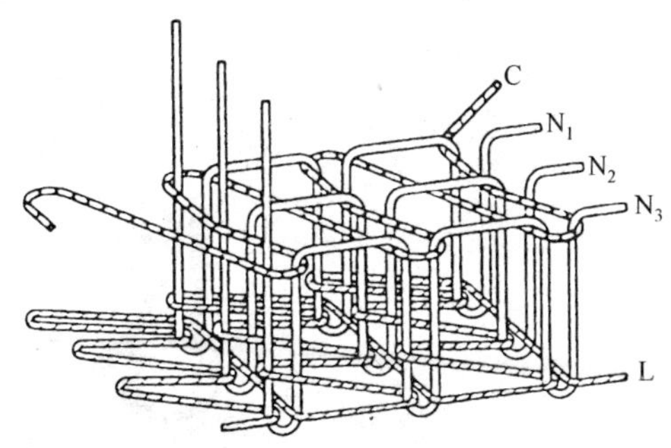

图 4—33　605 线迹

（3）607 线迹常用于缝制内衣裤、运动服和婴儿服装上的平面缝迹，如图 4—34 所示。图 4—35 所示为绷缝线迹在成衣上的应用范例。

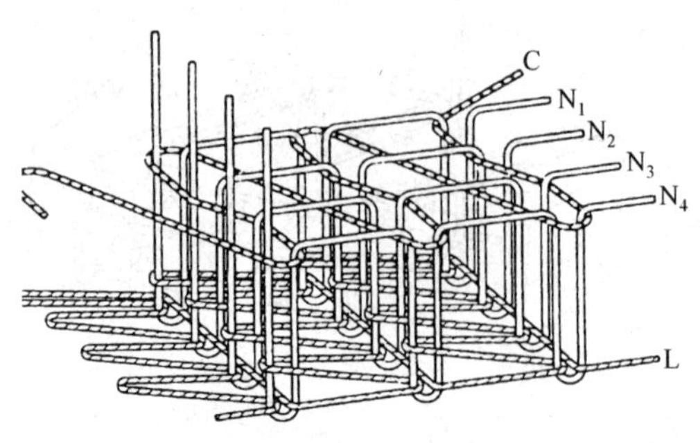

图 4—34　607 线迹

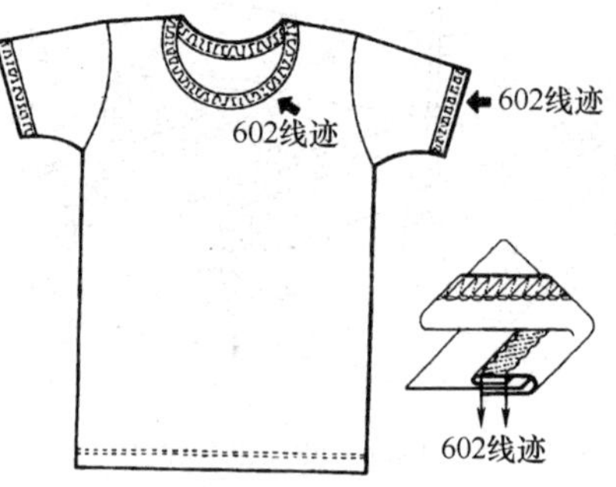

图 4—35　绷缝线迹的应用

第二节　常用手针工艺

- 了解常用手工缝纫用具
- 掌握手针技法
- 掌握常用手缝线迹的种类、特点及运用

单元 4

一、常用手工缝纫用具

1. 剪刀

制衣业中常用的剪刀有布剪、缝纫剪、线剪、牙剪等。布剪主要用于面料裁剪，刃长 18～21 cm，如图 4—36 所示；缝纫剪常用于缝纫过程中修剪缝份，如图 4—37 所示；线剪主要用于剪线头，如图 4—38 所示；牙剪又称花边剪，将布边修剪成花边状，既可以暂时防止毛边脱散，又能起装饰作用，适用于不便锁边处理的中厚料成衣以及制作布板，如图 4—39 所示。

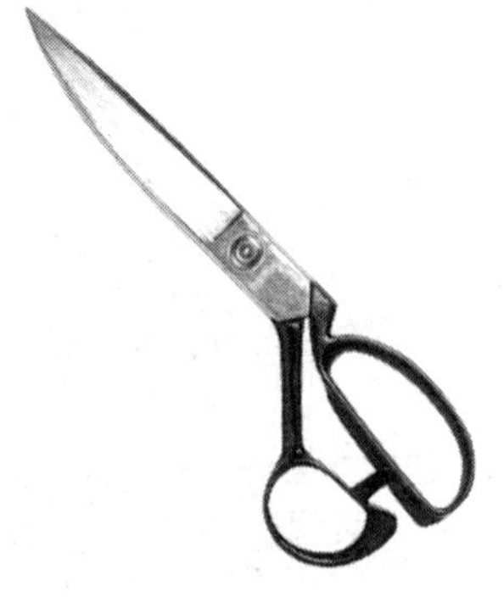

图 4—36　布剪

图 4—37　缝纫剪

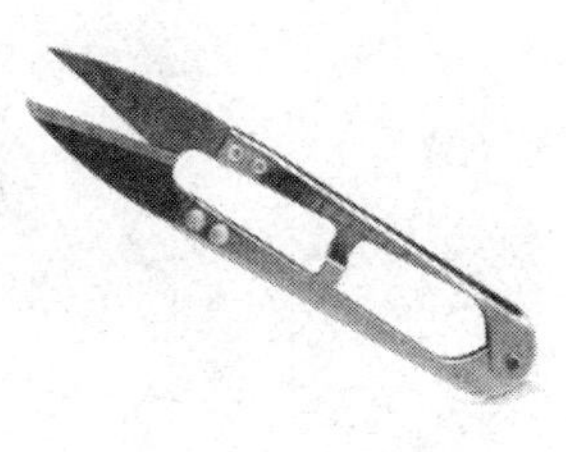

图 4—38　线剪

图 4—39　牙剪

2. 手针

手针（见图 4—40）粗细根据衣料的厚薄、质地及用线的粗细而定。

3. 拆线器

拆线器（见图 4—41）专门用于拆除密度大的线迹，如平缝线迹、锁边线迹、扣眼线、倒缝线迹等。用拆线器拆线不容易损伤衣料。

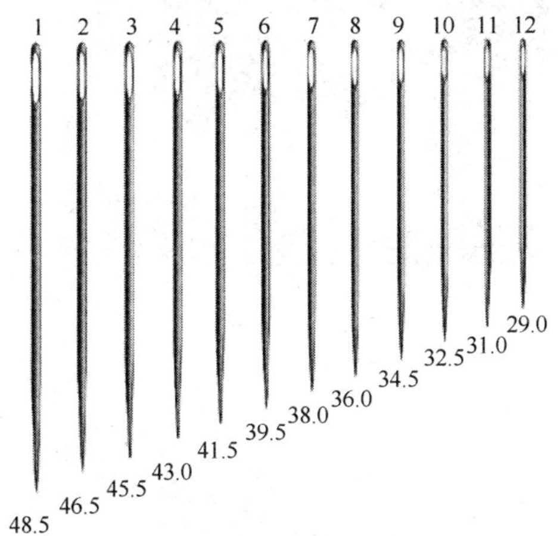

图 4—40　手针

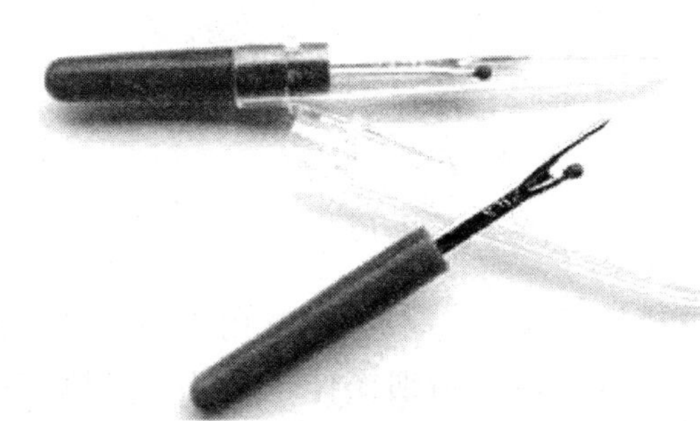

图 4—41　拆线器

4. 锥子

锥子（见图 4—42）用于定位、调整衣片角度、挑翻尖角位、辅助推送多层衣料或将线松开等细微精确的作业。

5. 珠针

珠针（见图 4—43）主要用于立裁、假缝等临时定位，长为 2.5～5 cm，可根据制品的大小来选择。

6. 顶针

顶针（见图 4—44）用于保护手指在缝纫中免受刺伤。缝厚物时，针的阻力较大，将顶针套在中指，既方便用力，又可避免刺伤手指。

7. 手缝线

手缝线（见图 4—45）卷绕的线量较少，韧性较大，常用 100％聚酯做成新颖的专用线，缝出的线迹较为精致。

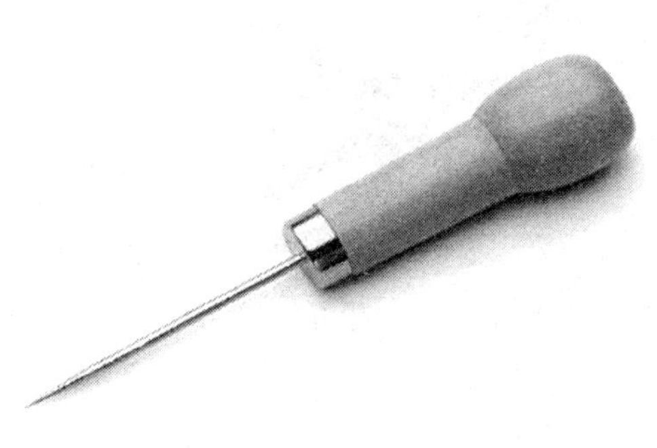
图 4—42　锥子

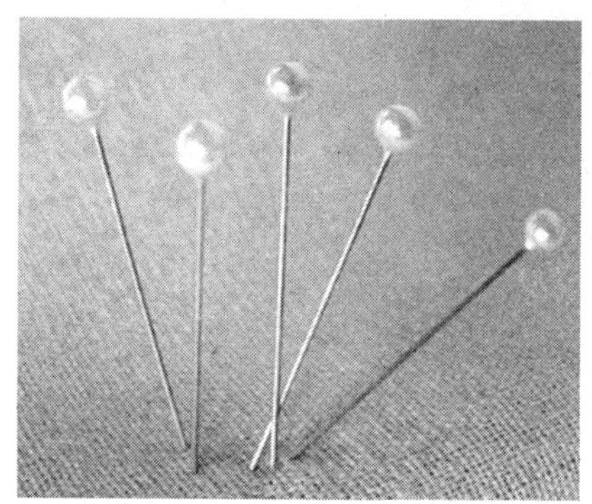
图 4—43　珠针

图 4—44　顶针

图 4—45　手缝线

8. 镊子

镊子（见图 4—46）通常用于袋子翻角或缠滚中式盘扣时的精细操作。此外，在填充棉花时，镊子细长的前端能将棉花顺利塞入手指无法进入的边角位。

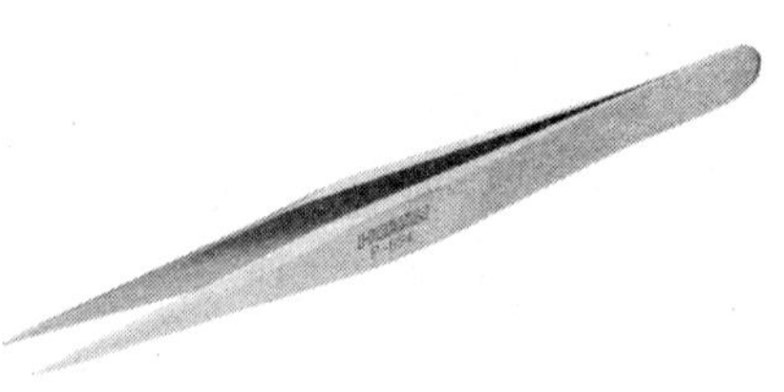
图 4—46　镊子

二、标准手缝线迹

手缝工艺是一项传统的缝纫工艺，能进行机缝所不能完成的工艺，具有灵活方便的特点。手针工艺是不可缺少的辅助工艺技法，需要熟练的技术和精妙的技巧。运针时上下针的均匀程度，针迹的间隔距离，线迹的粗细，缝线的缠绕方向，决定了线迹的不同纹样。

根据国际标准化组织拟定的线迹类型标准 ISO 4916—1991《纺织品与服装缝纫型式分类与术语》，将常用线迹分为六大类（即 100、200、300、400、500、600），其中 200 类为手缝线迹，共有 20 种常用线迹。

1. 201——鞍式线迹

鞍式线迹是用两根不同颜色的缝线分别从上下穿过面料形成间色效果的隔色缝线迹，如图 4—47 所示。线迹的正反面外观相似，色彩鲜明跳跃，常用于阴阳色的绣花装饰。

2. 202——回式线迹

回式线迹是缝线往回走一个针迹并扎回前一个针孔，然后从面料的底部向前推送两个针迹。线迹底部线迹呈重叠状，正面与平缝线迹相似，如图 4—48 所示，其缝合牢度非常强，多用于中厚料的缝合或需要加固的部位。应用操作如图 4—49 所示。

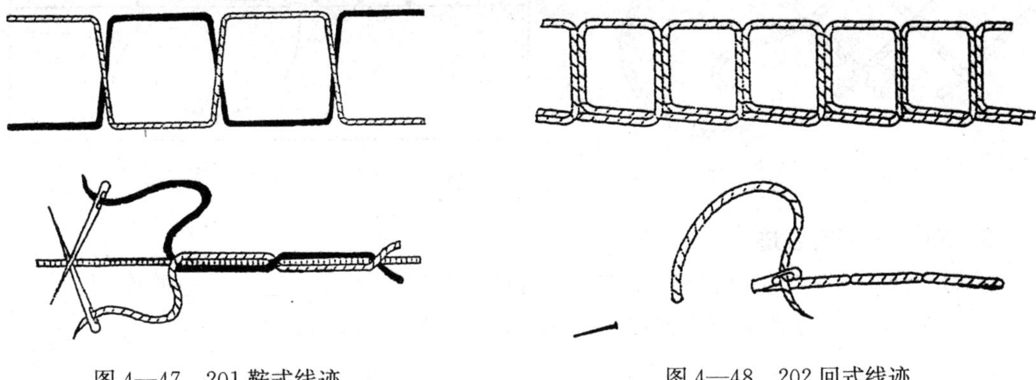

图 4—47　201 鞍式线迹　　　　图 4—48　202 回式线迹

3. 203——链式线迹

链式线迹扎回原针孔，向前推送一针，同时将线尾绕针一圈并压在针下，将针抽离面料即可，线迹正面呈现一环扣一环的锁链形状，如图 4—50 所示，多用于刺绣装饰。

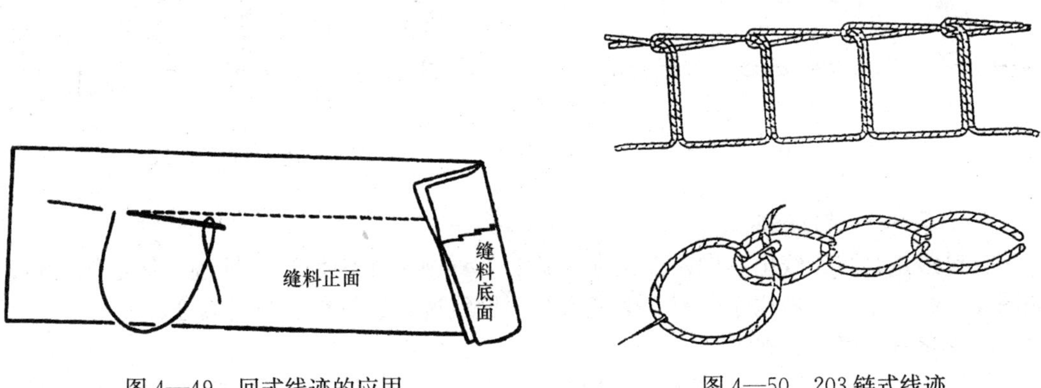

图 4—49　回式线迹的应用　　　　图 4—50　203 链式线迹

4. 204——三角针线迹

手针从右往左挑起面料的 1～2 根纱，三角针迹自左向右倒退暗缲，线迹内外交叉叠成三角形状，要求面料的正面不露针迹，缝线不宜绷得过紧，如图 4—51 所示，多用于衣摆的边脚处，如上衣下摆、西裤裤口、西裙裙摆等部位。三角针的应用如图 4—52 所示。

5. 205——半回式线迹

半回式线迹倒回一个线迹向前挑三个线迹，正面显现虚线状的隔针缝，底面有重叠线迹，如图 4—53 所示。半回式线迹手法与 202 线迹相似，牢度比 202 线迹稍逊，但可防止缝料拉长与变形，也可作装饰用，常用于绱西装肩垫、毛料服装衬料、西服领圈和袖窿等部位。

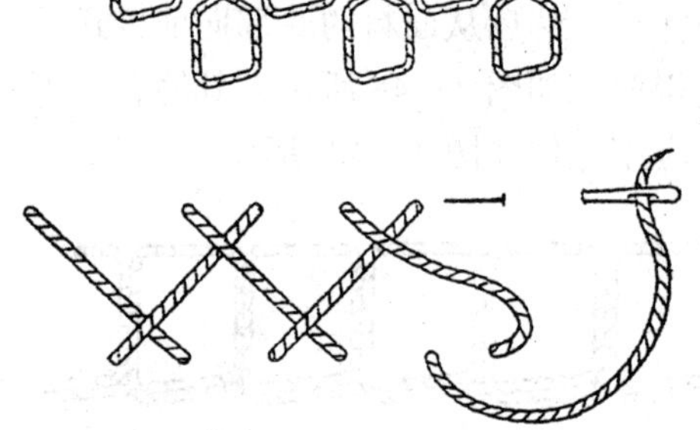

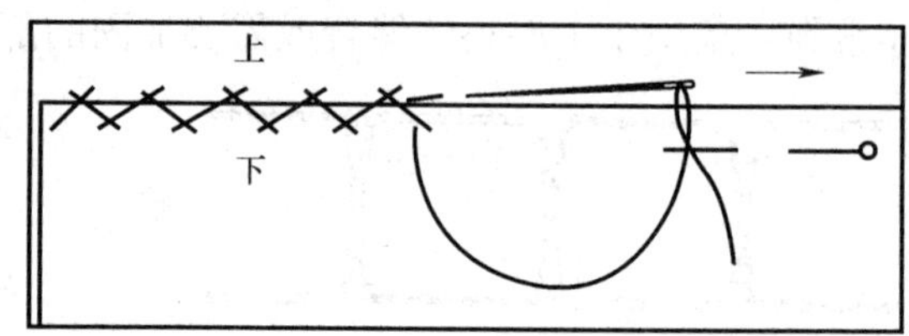

图 4—51　204 三角针线迹　　　　图 4—52　三角针的应用

6. 206——**锁封线迹**

锁封线迹是由一根针线从左向右穿过面料并在边缘扣合，起到锁边的作用，如图 4—54 所示。206 线迹主要用于剪边形稳性较好的面料边缘锁边。

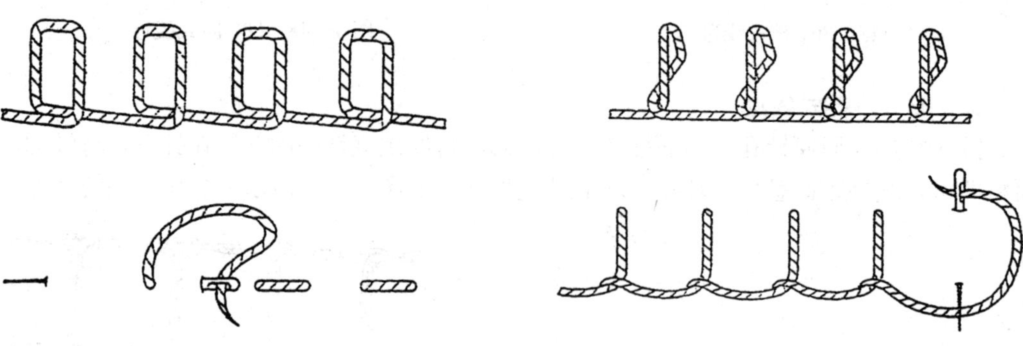

图 4—53　205 半回式线迹　　　　图 4—54　206 锁封线迹

7. 207——**长钉线迹**

长钉线迹是将针线由右向左渐次向前运针，线迹外观为面层长针迹，底层短针迹，如图 4—55 所示。一般用于覆衬、假缝等临时缝线迹，故又称为假缝线迹。

8. 208——**短钉线迹**

短钉线迹的外观为一长一短针迹，如图 4—56 所示，手法和用途均与 207 线迹相同。

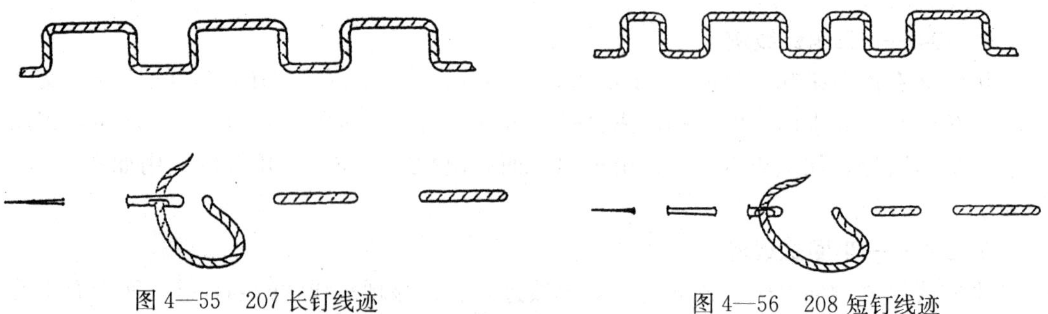

图 4—55　207 长钉线迹　　　　图 4—56　208 短钉线迹

9. 209——**跑针线迹**

跑针线迹也称衔针或绗针线迹，是针线从右向左上下穿行面料向前运线的针迹，外观针脚长短一致，细密且均匀，如图 4—57 所示，多用于简单的合缝、女装缩抽褶、西服袖头容缩等部位，或以点描填补面积时作装饰用。跑针的应用如图 4—58 所示。

10. 210——右缲线迹

右缲线迹是用针线从左向右绕缝面料边缘，每针间隔 0.3 cm，如图 4—59 所示，主要用于面料边缘的锁边整理，对防止布边脱散有一定的作用。

11. 211——左缲线迹

左缲线迹由右向左绕缝面料边缘，每针间隔 0.3 cm，针迹为斜扁形；与 210 线迹相似，不同的是 211 线迹可以将布边卷折成双折边再绕缝，如图 4—60 所示，常用于纤薄柔软的面料布边的整理。左缲线迹的应用如图 4—61 所示。

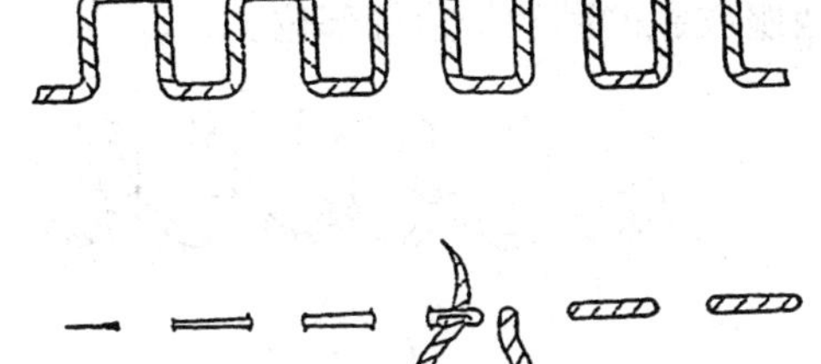

图 4—57　209 跑针线迹

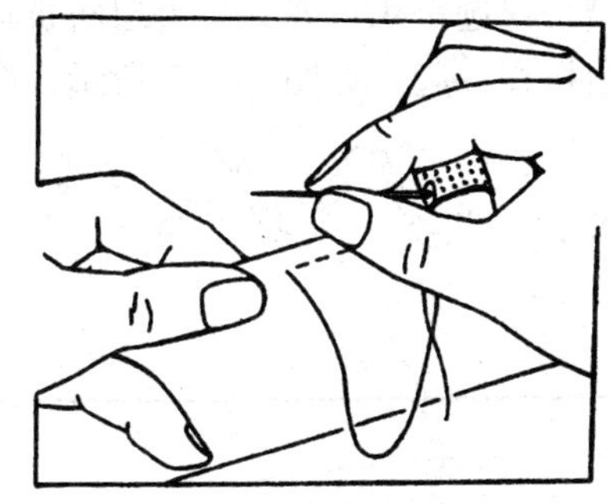

图 4—58　跑针线迹的应用

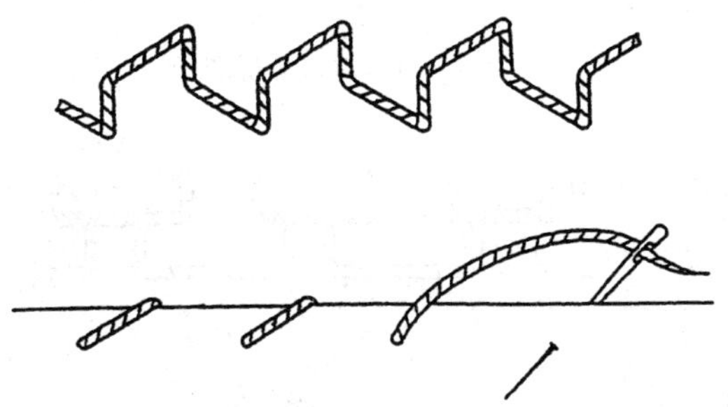

图 4—59　210 右缲线迹

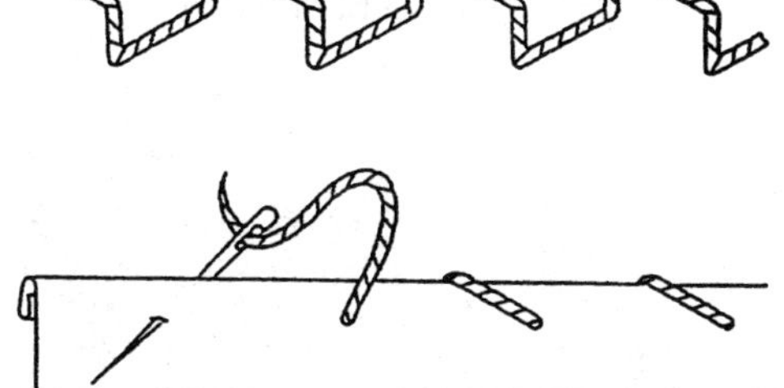

图 4—60　211 左缲线迹

12. 212——上拼线迹

上拼线迹是用针线由右向左将一层衣料的折边缲缝在另一层衣料上，如图 4—62 所示，常用于固定西服领底绒的领窝线、西服里袖窿等。

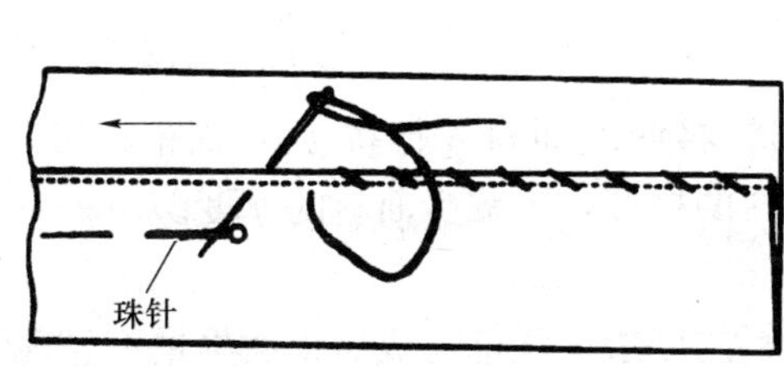

图 4—61　左缲线迹的应用

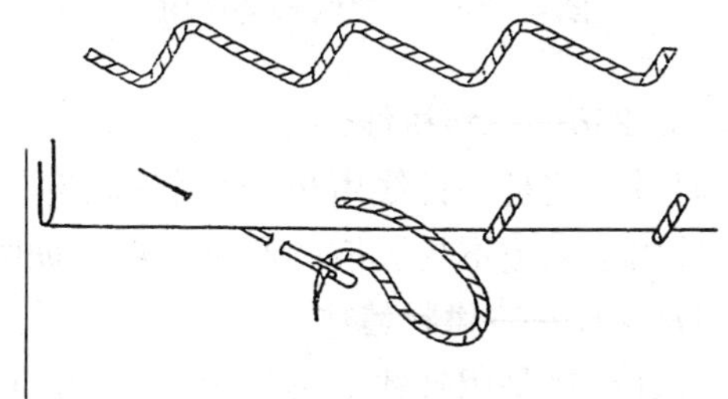

图 4—62　212 上拼线迹

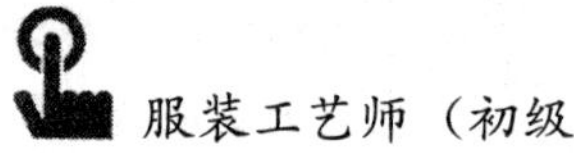

13. 213——**暗撬线迹**

暗撬线迹是用暗线法将针迹藏于两层衣料间的手法，针线穿过下层料的单根纱线后，再向前穿过上层料，完成后的线迹不外露，多用于高档服装的边脚整理，如图 4—63 所示。

14. 214——**下拼线迹**

下拼线迹是用针线由右向左、从里向外地缲针，将两层面料拼接起来，如图 4—64 所示。该线迹通常用在西装、大衣绱衬料或绱里袖等部位。下拼线迹的应用如图 4—65 所示。

15. 215——**横拼线迹**

横拼线迹是用针线穿过上层料折边的边缘后再穿过下层料折边的边缘，把两块面料的折边拼在一起，如图 4—66 所示，多用在西服衣领的翻领折边等部位。

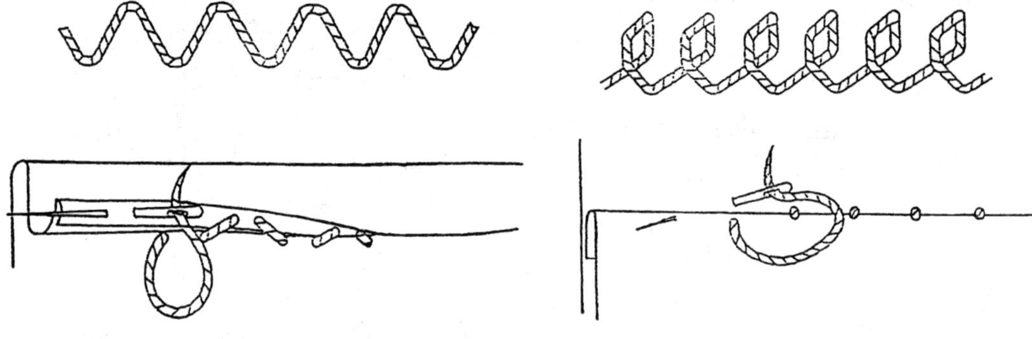

图 4—63　213 暗撬线迹

图 4—64　214 下拼线迹

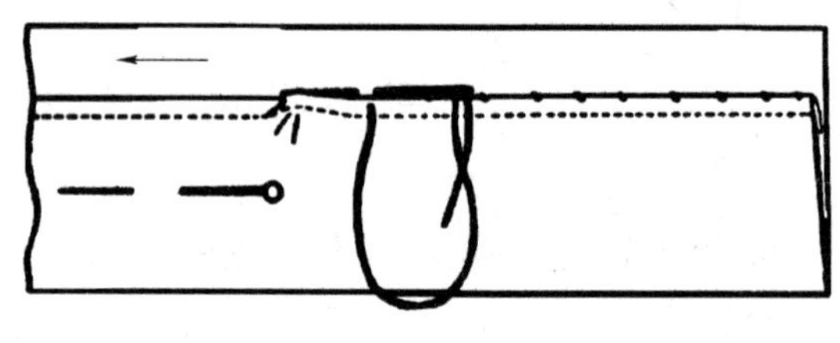

图 4—65　下拼线迹的应用

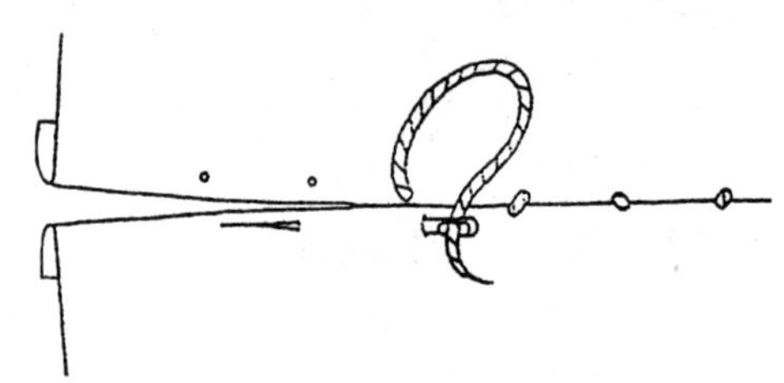

图 4—66　215 横拼线迹

16. 216——**斜拼线迹**

斜拼线迹是用针线由里向外斜向穿过面料，将两块面料并行拼接，如图 4—67 所示，适用于毛边不易脱散的厚重面料，如呢绒料的拼接，可减少面料的厚度。

17. 217——**拱针线迹**

拱针线迹是用针线穿过折边重叠的两层面料的底边，线迹完成后正面尽量不显现线迹，如图 4—68 所示。该线迹可用于缝份无缉线的毛呢服装的衣身、挂面、衬料三者的

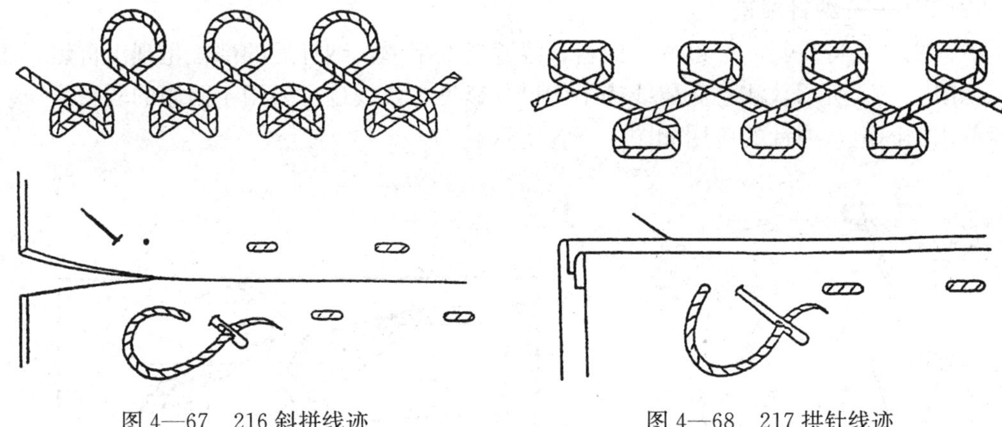

图 4—67　216 斜拼线迹　　　　图 4—68　217 拱针线迹

固定，以及西服需加固的边位，如西服门襟边缘、衣领边缘等部位。拱针线迹的应用如图 4—69 所示。

18. 218——打线钉线迹

打线钉线迹是将针线推行穿过两层面料，在面料表面留出线圈状的线迹，然后将线圈和两层料子间的线迹剪断，使线钉留在面料上作为缝纫记号，如图 4—70 所示。该线迹多作临时定位和记号用，如缝份、袋位、省缝位等部位的记号显示。打线钉的方法如图 4—71 所示。

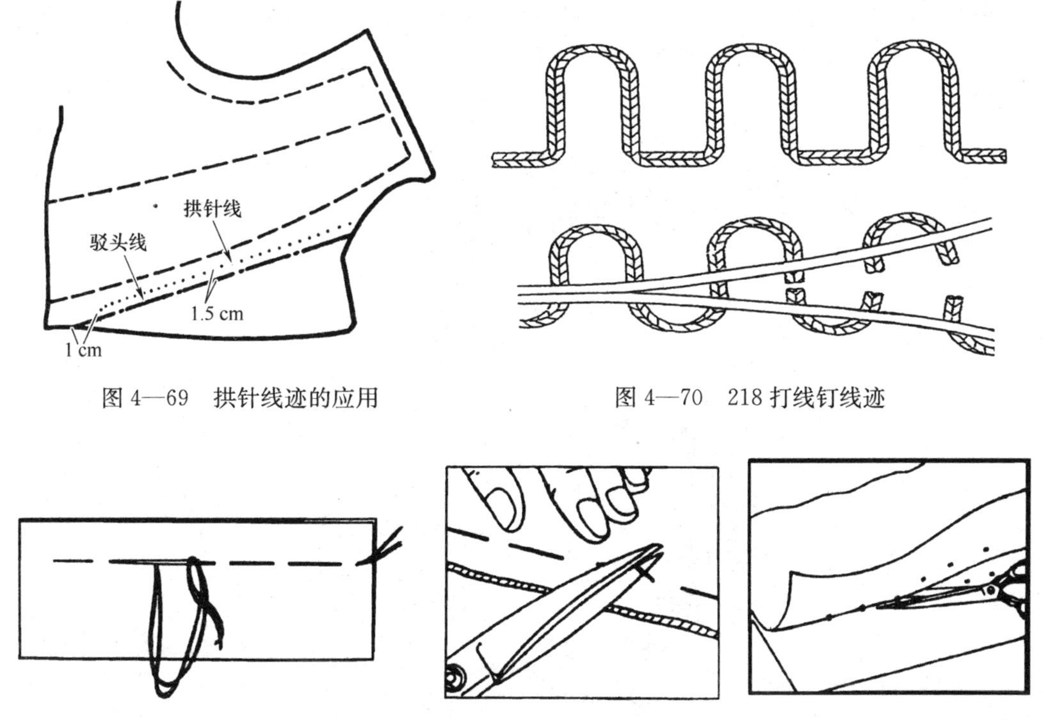

图 4—69　拱针线迹的应用　　　　图 4—70　218 打线钉线迹

图 4—71　打线钉的方法

19. 219——纳针线迹

纳针线迹是将线斜向穿过两层面料，线迹呈八字形，纳针后的部位呈现出自然弯曲状，如图 4—72 所示，注意底层线迹不能过分显见。该线迹主要用于西服的驳头衬、领衬等部位的固定，纳针的应用如图 4—73 所示。

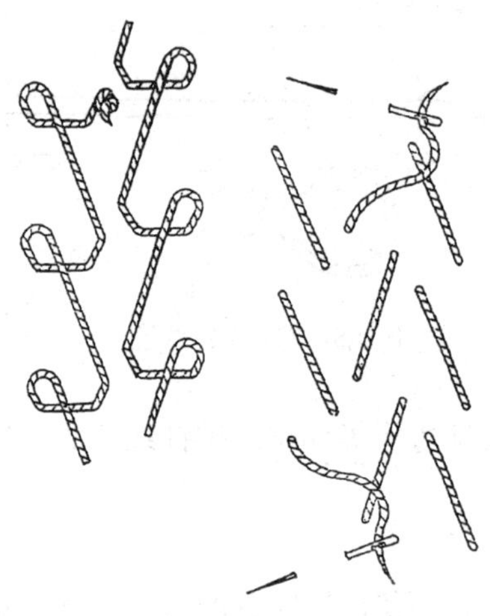

图 4—72　219 纳针线迹

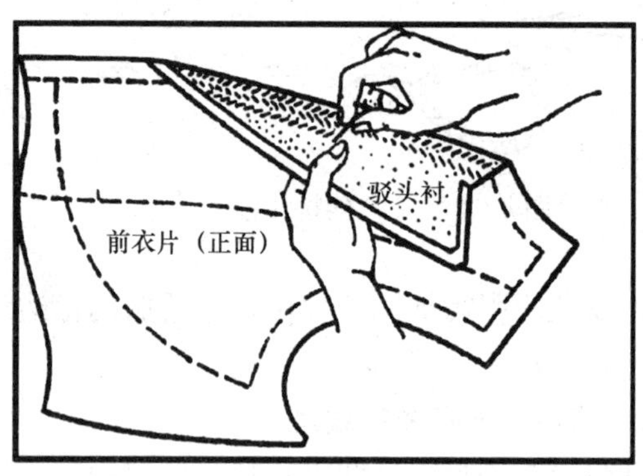

图 4—73　纳针线迹的应用

20. 220——锁扣眼线迹

锁扣眼线迹是用单线或双线在扣眼剪开处做缠绕锁结处理，方法是由下向上穿过面料后线圈绕过针尖，在面料边缘形成牢固而立体感强的锁结，如图 4—74 所示。该线迹主要用于锁扣眼，具体操作步骤如图 4—75 所示。在扣眼底部垫层底料，可使扣眼更加坚固。

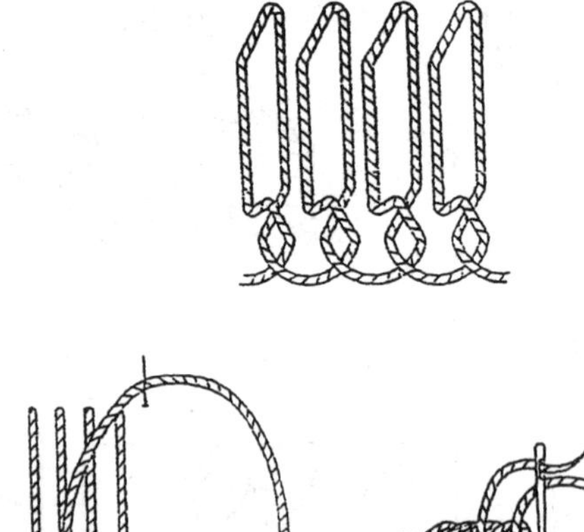

图 4—74　220 锁扣眼线迹

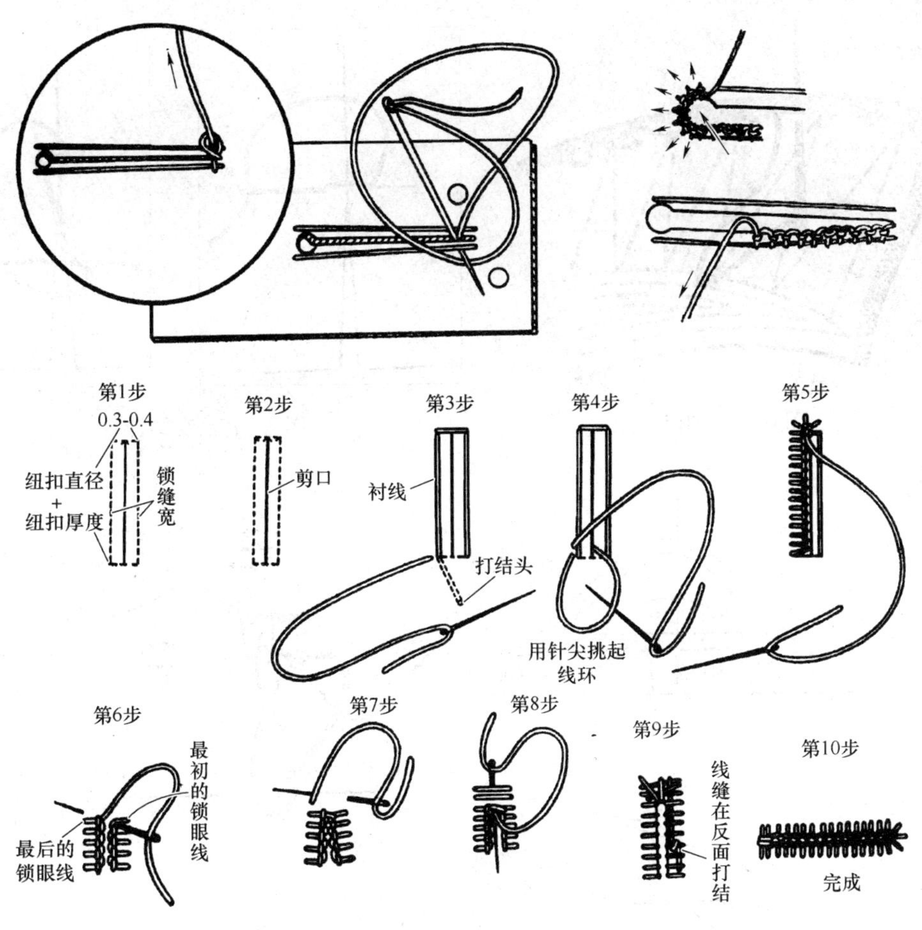

图 4—75　锁扣眼的步骤

三、其他手缝针法

1. 扎针

扎针亦称斜针，针法可进可退，线迹呈斜形。主要用于边缘部位的固定，如图 4—76 所示。

2. 套结针

套结针是先在开叉处用双线来回缉缝做衬线，然后在衬线上用锁扣眼的方法锁缝，如图 4—77 所示，其作用是加固服装开口或开叉处的牢固度。注意缝线必须缝住衬线下面的面料。

3. 拉线袢

拉线袢的操作分为套、钩、拉、放、收五个步骤，如图 4—78 所示，常用于固定裙摆、外套中的里料与面料，也可制成辫状的小扣眼。

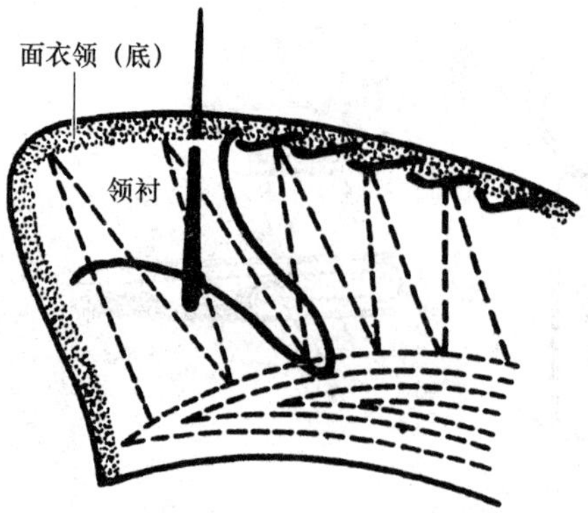

图 4—76　扎针

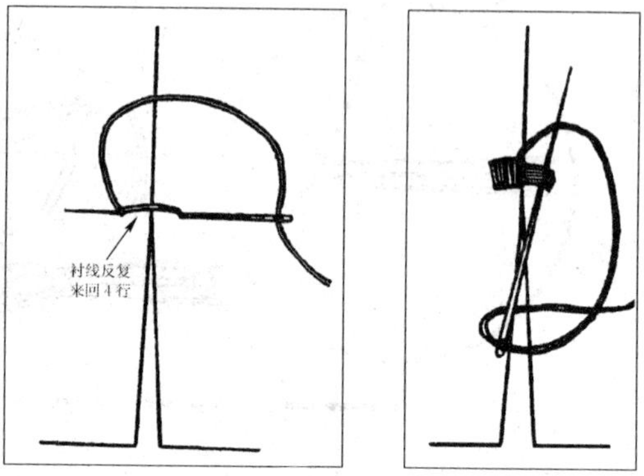

图 4—77　套结针

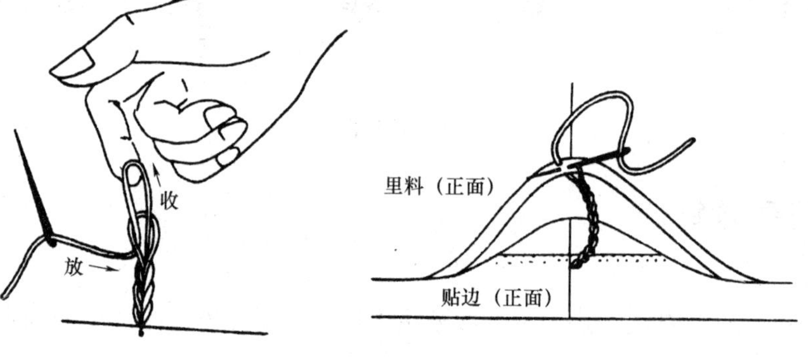

图 4—78　拉线袢

4. 钉纽扣

钉纽扣时，底线要放出适量松度，如图 4—79 所示。缠脚的高低需根据衣料的厚薄决定。

5. 布包扣

将布片按照纽扣直径的 2 倍剪成圆形，用双线在其边缘均匀拱缝一周，用布片包裹纽扣或其他硬质材料后，将线均匀抽拢并固定，如图 4—80 所示。

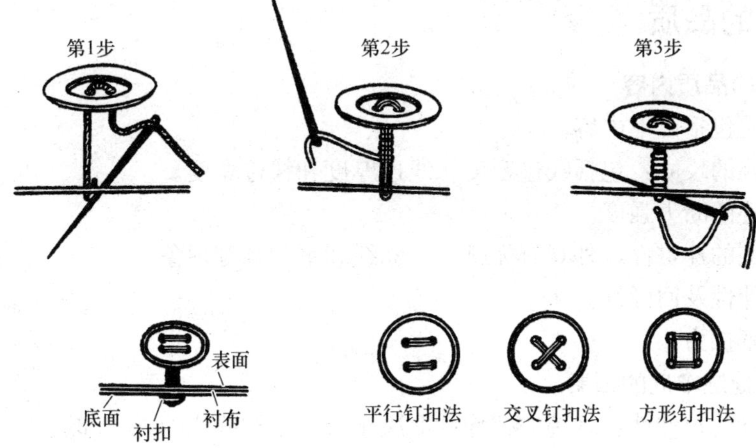

图 4—79　钉纽扣

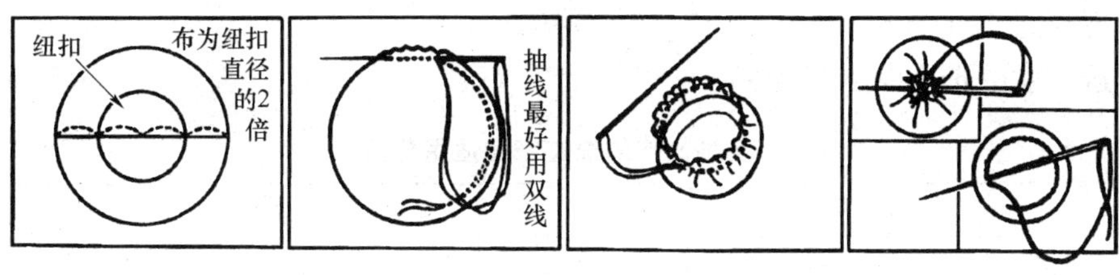

图 4—80　布包扣

6. 钉揿扣

凸形揿扣缝钉在上衣片的挂面上，然后在下衣片做出记号后缝钉凹形扣，如图4—81所示。

7. 钉钩眼扣

钩眼扣又称风纪扣，常用作辅助扣合，如用在领口、裙拉链顶端等。缝钉时，钩的一侧要缩进，扣的一侧要放出，扣好后衣片之间应无空隙，如图 4—82 所示。

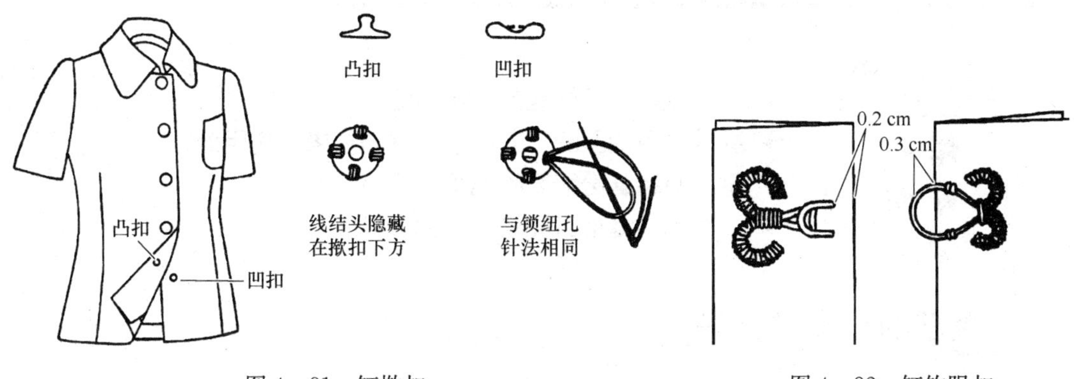

图 4—81　钉揿扣

图 4—82　钉钩眼扣

四、线迹的品质

1. 线迹的品质内容

线迹品质包括以下内容。

（1）线迹的尺寸：包括线迹密度、线迹厚度和线迹宽度。

（2）线迹的断力强度。

（3）线迹的连贯性，外观有无跳线、断线和不圆顺等现象。

（4）拉伸性及回弹性。

（5）抗摩擦力。

2. 影响缝迹牢度的因素

（1）缝迹的拉伸性：缝迹的拉伸性取决于线迹结构缝线的弹性和线迹的密度。

（2）缝迹的强力：与缝线的强度、线迹的密度有关。

（3）缝线的耐磨性。

3. 线迹密度的选用

线迹密度的选用参见表 4—1。

表 4—1　各种面料的线迹密度适用范围

面料种类	线迹密度（个线迹/cm）
薄纱、网眼织物、上等细布、蝉翼纱	5.5～6
缎子、府绸、塔夫绸、亚麻布	5～5.5
女士呢、天鹅绒、平纹织物、法兰绒、薄灯芯绒、劳动布	4.5～5
粗花呢、拉绒织物、厚灯芯绒、长毛绒	4～4.5
粗帆布、防水布	3.5～4
帐篷帆布、厚牛仔布	3～3.5

单元 4

第三节　常用缝型及应用

- 了解缝型国际标准的表示方法
- 掌握常用缝型的工艺方法、品质要求及应用范围
- 掌握服装缝份宽度的确定依据
- 了解选用缝型时需考虑的因素

一、缝型的分类与标号

1. 缝型的定义

缝型即缝口的结构形式，是指通过一行或多行连串的线迹，将一定数量的布片缝合

在一起所形成的配置形态。缝型的结构形态对服装的加工成型是否牢固、外观品质是否精美等方面起到决定性作用。

2. 缝型的分类

早期的缝型分为 4 大类。1983 年英国标准学会将缝型分为八类（BS 3870 PartⅡ 1983），1991 年国际标准化组织也将缝型分为八大类（ISO 4916），即第一类、第二类、第三类、第四类、第五类、第六类、第七类和第八类缝型。

3. 缝型标号

国际标准化组织将八大类缝型又细分为 284 种缝料配置形态和 543 种缝型标号。缝型标号以阿拉伯数字排列成“X. XX. XX/XXX”的格式，其中第一位数字代表缝型的类型，第二、第三位数字表示缝料排列的形态，第四、第五位数字说明线迹穿刺的形态，第六、第七、第八位数字则是线迹款式类型。缝型标号的范例如图 4—83、图 4—84 所示。

图 4—83　1.06.02/301　　图 4—84　2.04.05/401

换言之，衣片的数量不同、衣片的配置形式不同、线迹穿刺的形式不同，则缝型的标号也各不相同。

二、常用缝型的缝制方法

通常不同的成衣款式、不同特性的衣料、不同的使用部位，缝合的方式都会有所差异。

1. 平缝

（1）工艺步骤

1）衣片锁边。将衣片正面朝上，在缝边位进行包缝整理，如图 4—85 所示。

2）缉合衣片。两块衣片正面相对，以 1 cm 的缝份缉合两衣片，如图 4—86 所示。

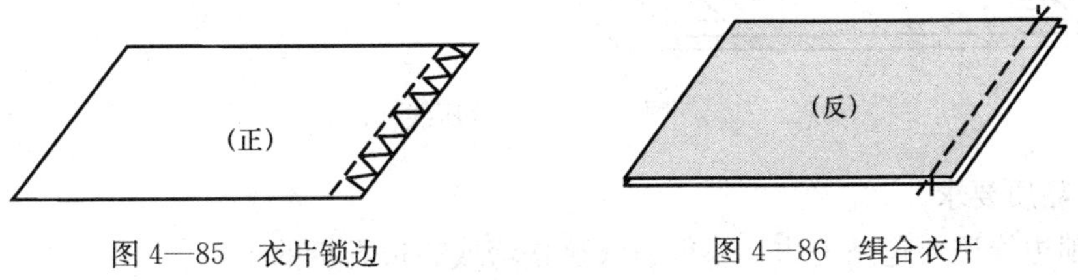

图 4—85　衣片锁边　　图 4—86　缉合衣片

3）劈烫开缝。衣片反面朝上，两衣片分开平铺，用熨斗尖分缝劈烫缝边，再将缝边压烫至最薄，如图 4—87 所示。

（2）品质要求

1）锁边线迹要包贴毛边，不能有线迹松垮或布边卷折的现象。

2）缝合线迹要平直，缝份要均匀。缝合时可稍微带紧下层衣料，以防衣片出现长短不一的现象。

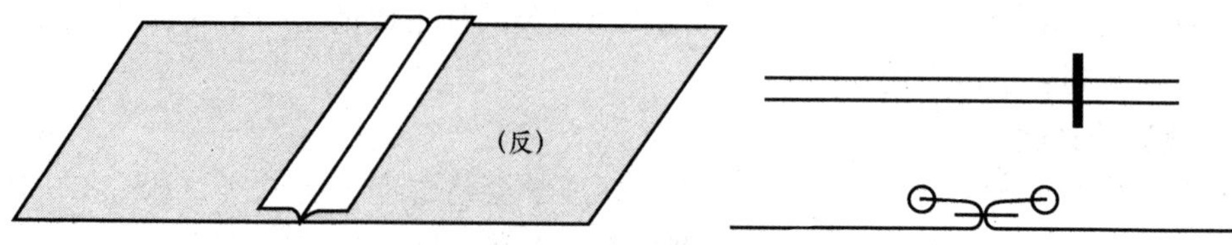

图 4—87 劈烫开缝

3）缝合线迹的起始端要倒针加固，以免线迹脱散。

4）劈烫开缝时注意要拨开缝边，并烫至最薄。

（3）应用范围。平缝应用非常广泛，适用于各种缝料、各种服装以及服装上的各种部位。

2. 分压缝/劈压缝

（1）工艺步骤

1）衣片锁边。将衣片正面朝上，在缝边位进行包缝整理，如图 4—88 所示。

2）缉合衣片。两块衣片正面相对，以 1 cm 的缝份缉合两衣片，如图 4—89 所示。

3）分缝压线。衣片反面朝上，两衣片重叠平铺，将上层缝边拨拉到线迹边缘，以 0.1 cm 的边线在缝边压上边线，如图 4—90 所示。

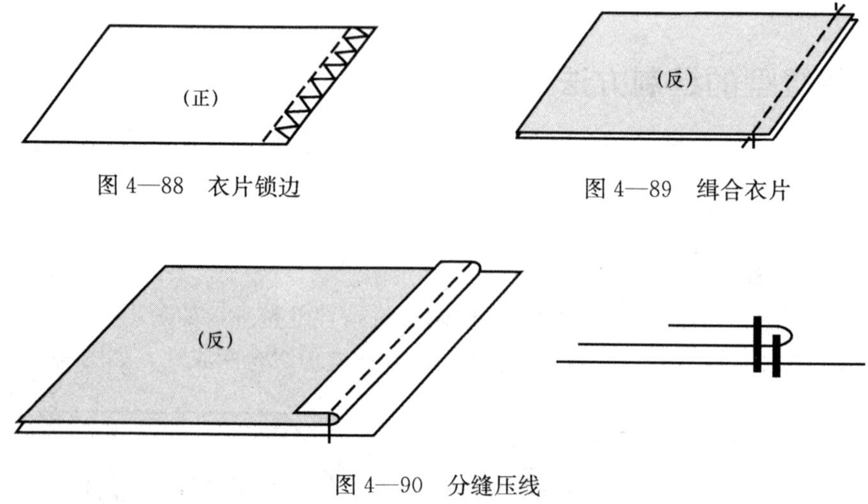

图 4—88 衣片锁边

图 4—89 缉合衣片

图 4—90 分缝压线

（2）品质要求

1）锁边线迹要包贴毛边，不能有线迹松垮或布边卷折的现象。

2）缝合线迹要平直，缝份要均匀。缝合时可稍微带紧下层衣料，以防衣片出现长短不一的现象。

3）缝合线迹的起始端要倒针加固，以免线迹脱散。

4）分缝时注意要将上层缝边拨拉到线迹边缘位。

5）压边线时，不能有线迹落坑或衣片起皱的现象。

（3）应用范围。分压缝能起到加固缝型和平整缝型外观的作用，故适用于活动大、易爆裂的部位，如裤裆、裤内侧缝、内袖缝等需要加强牢固度的部位。

3. 翻压缝/折缝

（1）工艺步骤

1）衣片锁边。将衣片正面朝上，在缝边位进行包缝整理，如图 4—91 所示。

2）缉合衣片。两块衣片正面相对，以 1 cm 的缝份缉合两衣片，如图 4—92 所示。

3）翻压明线。翻开衣片，使两衣片分开平铺呈正面朝上，如图 4—93 所示。将上层衣片的缝边位拨拉到线迹边缘，在缝边压上宽 0.1 cm（或 0.6 cm）的明线。

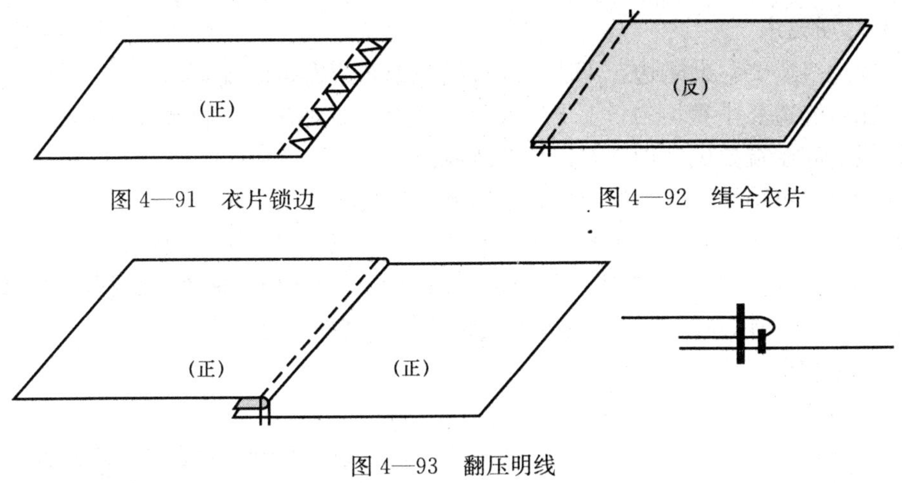

图 4—91　衣片锁边

图 4—92　缉合衣片

图 4—93　翻压明线

（2）品质要求

1）锁边线迹要包贴毛边，不能有线迹松垮或布边卷折的现象。

2）缝合线迹要平直，缝份要均匀。缝合时可稍微带紧下层衣料，以防衣片出现长短不一的现象。

3）缝合线迹的起始端要倒针加固，以免线迹脱散。

4）翻折上层衣片时注意要将上层缝边拨拉到线迹边缘位。

5）压明线时线距要均匀，不能有线迹落坑或衣片起皱的现象。

（3）应用范围。翻压缝能起到加固和平整缝边的作用，同时还有一定的装饰性。通常应用于裤侧缝、夹克衫或衬衫的坎肩缝、袖窿缝等部位。

4. 扣压缝

（1）工艺步骤

1）衣片锁边。将衣片正面朝上，在缝边位进行包缝整理，如图 4—94 所示。

2）扣烫缝边。两衣片分开平铺呈正面朝上，将一块衣片烫折 1 cm 缝边并扣压在另一块衣片的 1 cm 缝边上，如图 4—95 所示。

3）缉明边线。在上层衣片的缝边处压 0.1 cm 宽的明线，如图 4—96 所示。

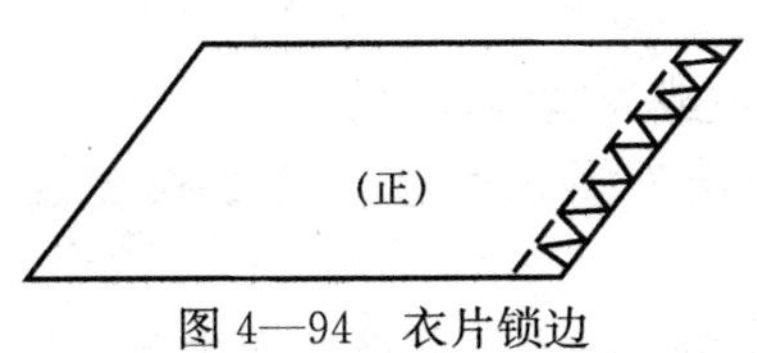

图 4—94　衣片锁边

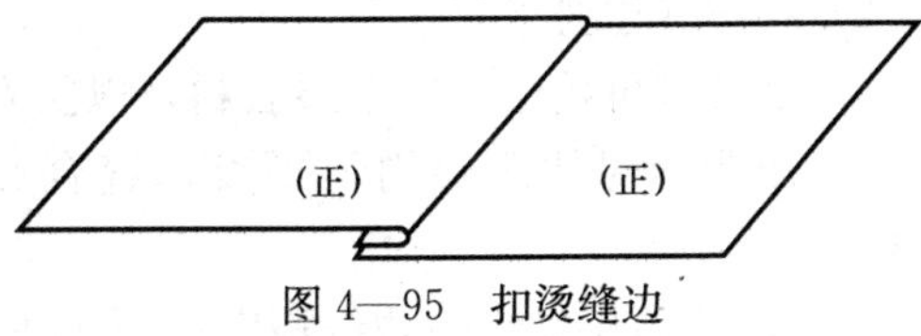

图 4—95　扣烫缝边

单元 4

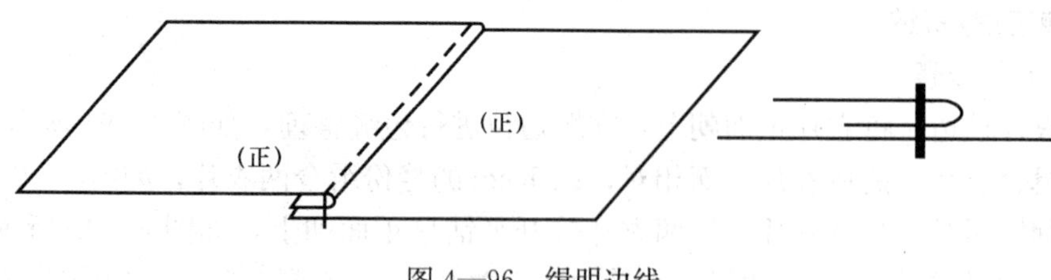

图 4—96　缉明边线

（2）品质要求

1）锁边线迹要包贴毛边，不能有线迹松垮或布边卷折的现象。

2）扣烫缝边要平直均匀，上下层衣片的缝边位要对齐，并确保重叠 1 cm。

3）线迹起始端要倒针加固，以免线迹脱散。

4）缝合时可稍微带紧下层衣料，以防衣片出现移位或长短不一的现象。

5）压明线时线距要均匀平直，不能有线迹落坑或衣料起皱的现象。

（3）应用范围。扣压缝的牢固度较弱，适用于缝制贴袋、袖级、恤衫坎肩、休闲裤小前裆、衣片拼块以及绱装饰带条等不是经常受外力牵拉的部位。

5. 单折边缝

（1）工艺步骤

1）衣片锁边。将衣片正面朝上，在缝边位进行包缝整理，如图 4—97 所示。

2）折烫缝边。将衣片烫折 2～5 cm 缝边，如图 4—98 所示。

3）缉缝明线。在锁边线的针线上缉缝明线，如图 4—99 所示。

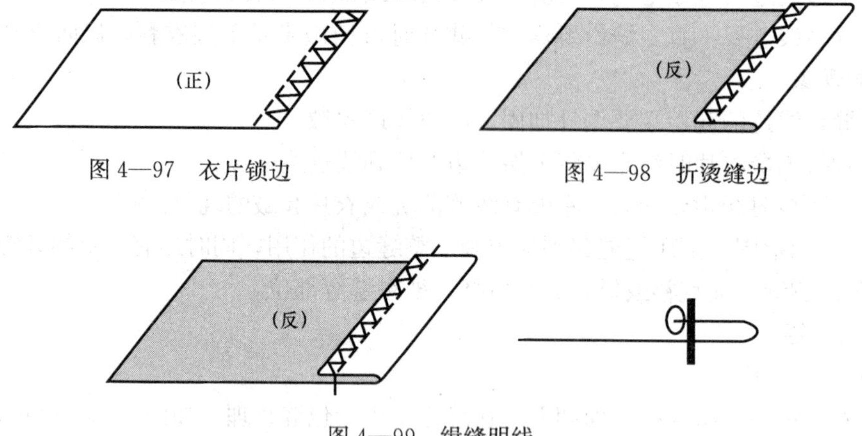

图 4—97　衣片锁边

图 4—98　折烫缝边

图 4—99　缉缝明线

（2）品质要求

1）锁边线迹要包贴毛边，不能有线迹松垮或布边卷折的现象。

2）扣烫缝边要平直均匀。

3）缝合时可稍微带紧下层衣料，以防衣片出现移位或起皱的现象。

4）压明线时线距要均匀平直，缝合完毕的底线会外露，所以底线要求美观不起珠。

（3）应用范围。单折边缝通常应用于各种外套、女恤、睡衣、西裤、西裙等服装的摆边收边整理，尤其适用于厚料或接缝多的中低档衣物的下摆处理。

6. 环口缝/双折边缝

(1) 工艺步骤

1) 折烫缝边。将衣片反面朝上，将摆边位按照缝份的要求翻折两次并折烫平整，如图 4—100 所示。

2) 缉压明线。在上层衣片的内折边处压 0.1 cm 宽的明线，如图 4—101 所示。

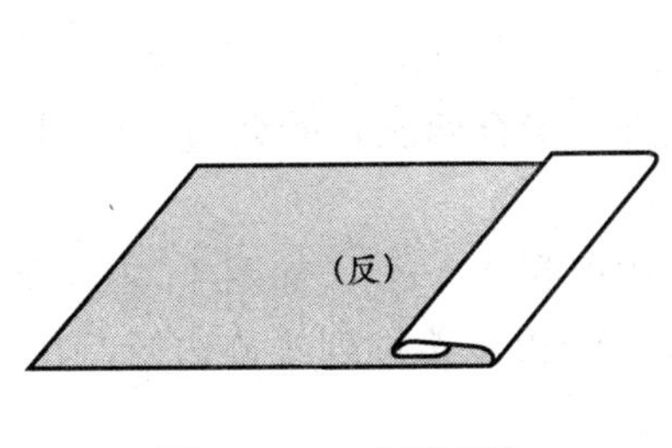

图 4—100 折烫缝边

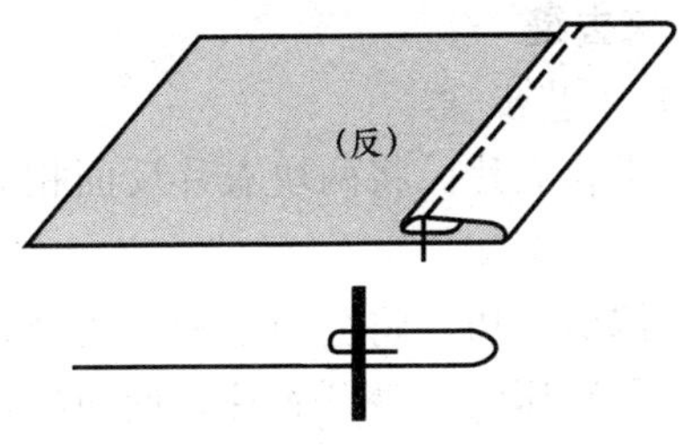

图 4—101 缉压明线

(2) 品质要求

1) 扣烫缝边要平直均匀。

2) 缝合时可稍微带紧下层衣料，以防衣片出现移位或起皱的现象。

3) 压明线时线距要均匀平直，不能有落坑的现象。

4) 缝合完毕的底线因需外露，所以底线要求美观不起珠。

(3) 应用范围。环口缝能包封毛边，使缝边整洁美观，平整牢固。通常应用于无里西服、宽摆裙等中高档薄料服装，以及需要洗水服装的衣摆。

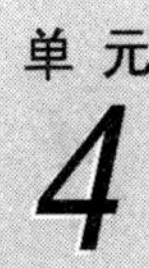

7. 运反缝

(1) 工艺步骤

1) 缉合衣片。将两块衣片正面相对，以 1 cm 的缝份缉合，如图 4—102 所示。

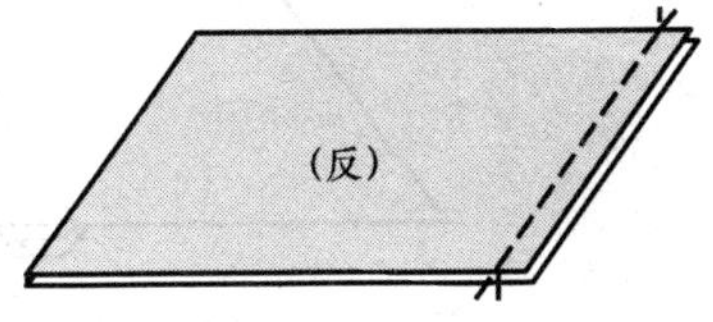

图 4—102 缉合衣片

2) 翻压明线。翻开衣片，使两衣片正面朝上，缝边位拨拉到线迹边缘，在缝边压上宽 0.15 cm（或 0.6 cm）的明线，如图 4—103 所示。

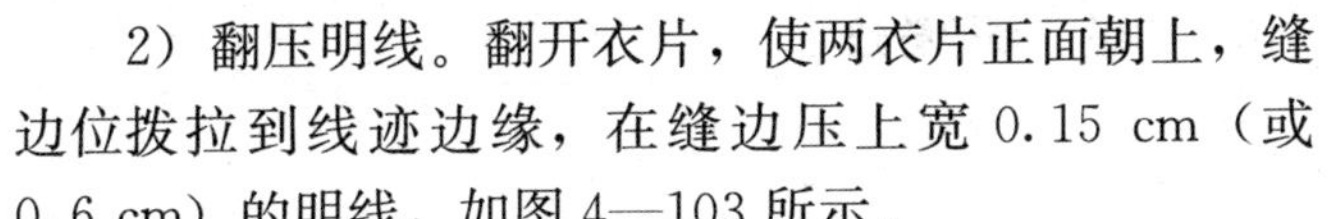

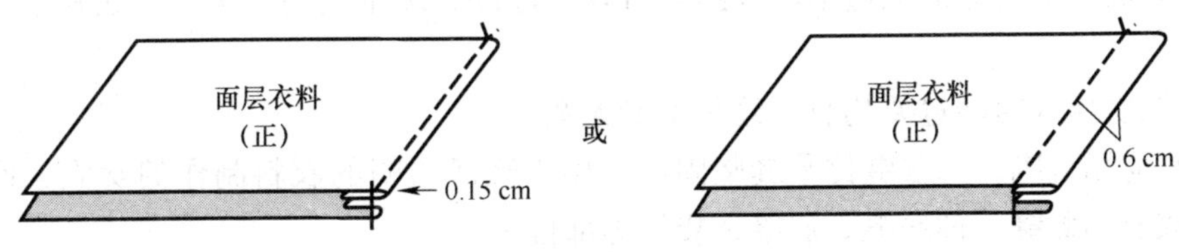

图 4—103 翻压明线

(2) 品质要求

1) 缝合时可稍微带紧下层衣料，以防衣片出现移位或起皱的现象。

2）翻折缝边时注意要将缝边拨推到线迹边缘位。同时，为了防止底层衣料反光，要将底层衣料内错 0.1 cm，如图 4—104 所示。

3）线迹起始端要倒针加固，以免线迹脱散。

4）压明线时线距要均匀，线迹要平直，不能有落坑的现象。

（3）应用范围。运反缝应用于衣领、袋盖、肩章、腰带、袖级、袋笃等缉合翻折双层衣料的衣片。

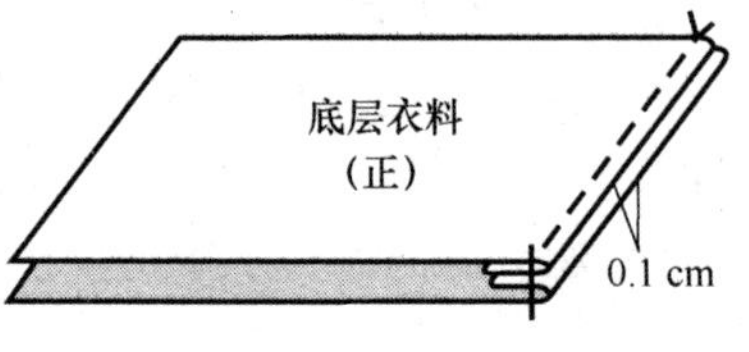

图 4—104　底层衣料内错 0.1 cm

8. 来去缝

（1）工艺步骤

1）缉合衣片。将两块衣片反面相对，正面朝外，缉合两衣片的缝边，如图 4—105 所示。

2）修剪毛边。将缝边位的毛边修直修小，缝边剪剩 0.5 cm，如图 4—105 所示。

3）翻转压线。翻开衣片，使两衣片反面朝外，缝边位拨推到线迹边缘，在衣片底层的缝边位压 0.6 cm 宽的线迹，如图 4—106 所示。

4）翻烫缝边。翻开衣片，将缝边推向一边并熨烫伏贴，再翻至正面轻熨平整，如图 4—107 所示。

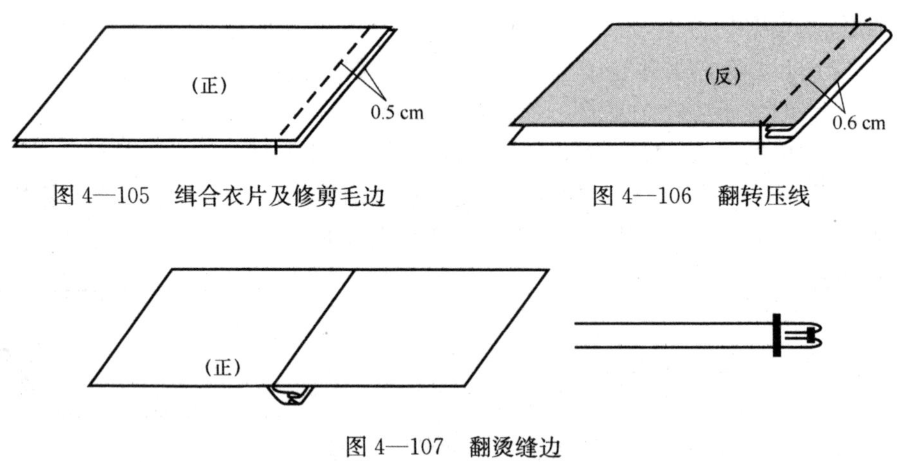

图 4—105　缉合衣片及修剪毛边

图 4—106　翻转压线

图 4—107　翻烫缝边

单元 4

（2）品质要求

1）完成后缝边处的毛边不能外露，所以在进行二次压线前必须将毛边修剩 0.5 cm 以内。

2）二次压线时线迹要均直，缝份不能太宽。

（3）应用范围。来去缝比平缝坚固，适用于轻薄透明的衣料制作的女恤、连衣裙、内衣等成衣的侧缝、袖底缝、肩缝、袋笃等部位。

9. 内包缝

（1）工艺步骤

1）包折衣片。将两块衣片正面相对，下层衣片毛边上翻 0.7 cm，包覆上层衣片的毛边，距离折边 0.6 cm 处压线固定两衣片的缝边，如图 4—108 所示。

2）翻折压线。翻折上衣片，使衣片正面朝上，距离折边 0.5 cm 处压线固定缝边，如图 4—109 所示。

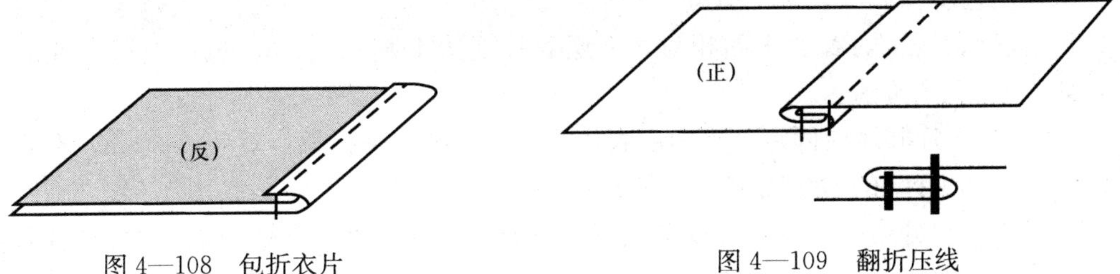

图 4—108　包折衣片

图 4—109　翻折压线

（2）品质要求

1）内包缝的外观是正面露出一行明线，反面可见两行线迹。

2）下衣片包覆上层衣片的毛边时上翻的毛边不可太宽。

3）翻折上衣片时，需将衣片拨拉至线迹边沿。

4）线迹要均直，底部线迹不可出现溜针的现象。

（3）应用范围。内包缝适用于中高档成衣的肩缝、侧缝、袖底缝等部位的缝合。

10. 外包缝

（1）工艺步骤

1）包折衣片。两块衣片底面相对，下层衣片毛边上翻 0.7 cm，包覆上层衣片的毛边，距离折边 0.6 cm 处压线固定两衣片的缝边，如图 4—110 所示。

2）翻折压线。保持上层衣片不动，拉开下层衣片，使衣片正面朝上，将缝口扣倒在衣片的正面，如图 4—111 所示，距离折边 0.1 cm 处压边线固定缝边。

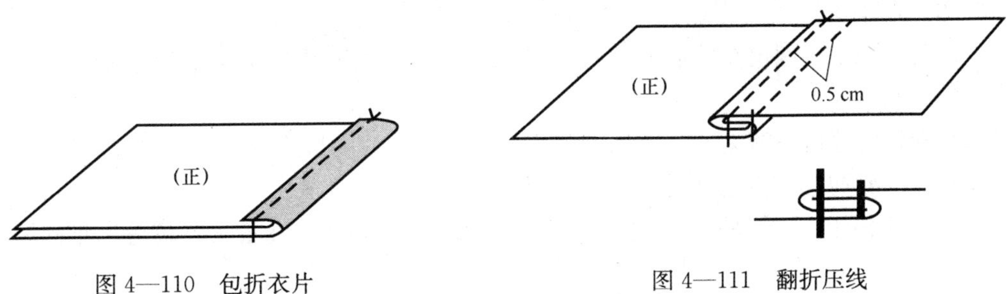

图 4—110　包折衣片

图 4—111　翻折压线

（2）品质要求

1）外包缝的外观是正面露两行线迹，其中一根是面线一根是底线。所以缉缝第一道线迹时底线必须美观，张力均衡无露珠现象。

2）下层衣片包裹上层衣片的毛边时，上翻的毛边不可过宽。

3）翻折下衣片时需将衣片翻尽到缝边位。

4）线迹要均直，完成后的两行线迹相距 0.5 cm，其中一行线迹距折边 0.1 cm，注意不能出现落坑的现象。

（3）应用范围。外包缝适用于西裤的内侧缝，以及男恤衫或夹克的侧缝、袖窿缝等部位。

11. **卷包缝**

（1）工艺步骤

1）包折衣片。两衣片正面相对，下层衣片毛边上翻 0.5 cm，包覆上层衣片的毛边，如图 4—112 所示。

2）翻折衣片并压线固定。将两层衣片的毛边再次上翻折叠，宽度 0.6 cm，在翻折的缝边上压 0.1 cm 的边线固定，如图 4—113 所示。

如果想减薄缝边的厚度，可以单独双折下衣片两次，然后包裹上衣片并压线固定，改良缝边厚度的卷包缝，如图 4—114 所示。

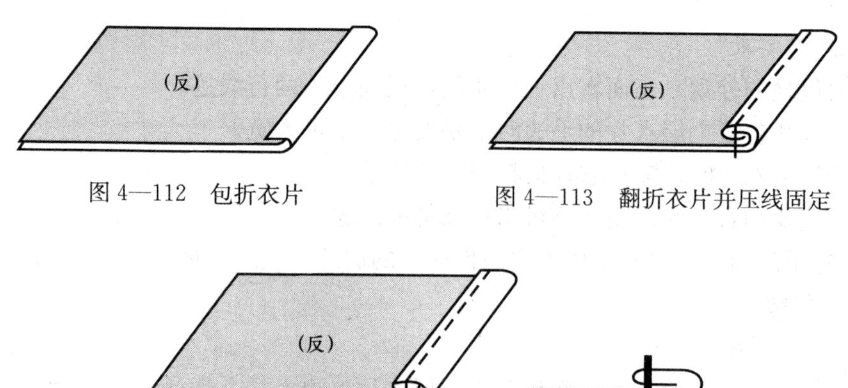

图 4—112　包折衣片

图 4—113　翻折衣片并压线固定

图 4—114　改良卷包缝

（2）品质要求。卷包缝的品质特点是由一道线缝合而成，工艺比内包缝和外包缝都简单，但不够牢固。

1）明线法是将两层布片底面相对卷包缝合；暗线法则是将两层布片正面相对做卷包缝合处理。

2）卷折的缝边不能太宽，上层衣片需塞入下层衣片的折边内，以防缝边脱散。

3）线迹要均直，距边 0.5 cm。注意不能出现落坑的现象。

（3）应用范围。卷包缝特别适宜透明薄料的合缝，可以防止缝边外透等不雅问题的产生。

12. **滚边缝**

（1）工艺步骤

1）绱面盖底法

①绱捆条于衣片正面。将捆条与衣片正面相对，以 0.6 cm 宽的缝份将捆条固定在衣片的正面，如图 4—115 所示。

②翻折捆条。向下翻折捆条包覆衣片的毛边，确保捆条宽度为 0.7 cm，并将捆条的底层毛边做收口处理，如图 4—116 所示。

③固定捆条。用灌缝法固定捆条，线迹缝合在衣片的正面即上层捆条的下沿边位，如图 4—116 所示。

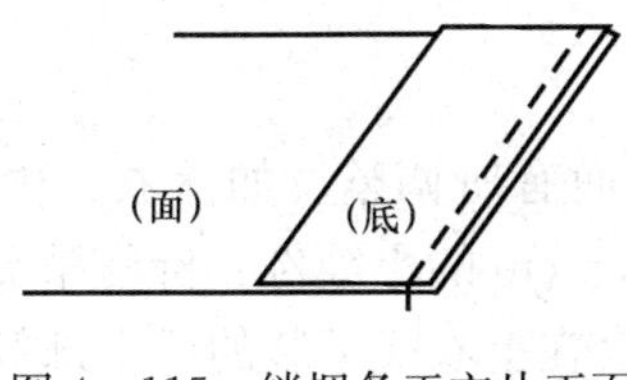

图 4—115　缲捆条于衣片正面

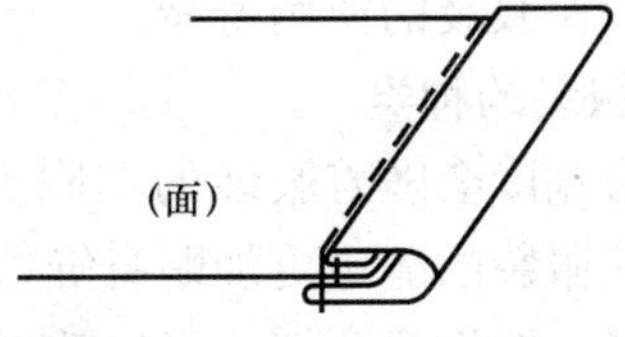

图 4—116　翻折及固定捆条

2）缲底盖面法

①缲捆条于衣片底层。将捆条与衣片底层相对，以 0.6 cm 宽的缝份将捆条固定在衣片的底层，如图 4—117 所示。

②翻折捆条。向上翻折捆条包覆衣片的毛边，确保捆条宽度为 0.7 cm，并将捆条的面层毛边做收口处理，如图 4—118 所示。

③固定捆条。用明线法固定捆条，在捆条的上层折边位缉缝 0.1 cm 的明线，如图 4—118 所示。

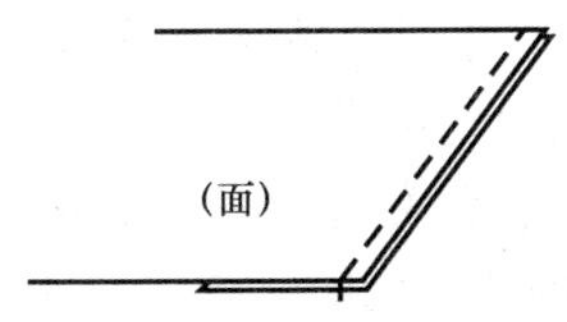

图 4—117　缲捆条于衣片底层

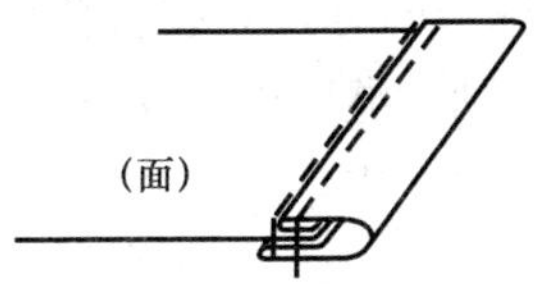

图 4—118　翻折并固定捆条

（2）品质要求

1）包覆缝边的宽度应统一，通常宽度为 0.3～5 cm 均可。

2）线迹要均直，起始端要倒针。

3）翻折捆条时，注意下层折边应略宽于上层 0.1 cm，可以防止线迹落坑。

（3）应用范围。滚包缝所用的捆条通常与衣身颜色各异，以达到较强的装饰性，适用于高档西裤的腰头、旗袍及童装的袖叉、领边、袖窿、衣摆、裙边等需要装饰摆边部位的毛边整理。

三、确定缝份宽度的因素

服装缝份宽度的确定与面料、服装、缝型的种类及缝份在服装上的应用部位有直接关系。缝份宽度直接影响到服装生产的品质及排料耗量，甚至影响服装的生产成本，以及后续服装生产的工艺外观效果和成型后的寿命长短，所以在确定缝份宽度以前，必须了解和掌握各种相关的因素，以便缝份宽度的放量更趋于合理。

1. 面料的种类

不同类型的面料，缝份宽度的放量会有所差异。厚料为了防止缝边过于厚重，缝份不宜过宽，控制在 1～1.5 cm；中等厚度的面料在加放缝份时比较随意，根据功能要求与设计效果的需求，缝份可以从 0.5 cm 到 5 cm，甚至更宽；薄纱类面料比较透明，通常会用 0.5～0.8 cm 的小缝份；组织疏松的面料容易脱散，需使用 1.5～2.5 cm 的宽缝份才能确保服装的使用寿命。

2. 服装的种类

缝份宽度会随着服装的不同类型、不同款式而有所调整。如泳衣、内衣等紧身服装，为使服装的缝边更加贴身舒适，会用 0.3～0.5 cm 的小缝份。价格昂贵的毛绒西服类、大褛、西裤等高档、经典款式的服装，通常会在上衣或下装的后中部等关键部位加大缝份，如西裤后中部的缝份放量通常为 2.5 cm，西服侧缝的缝份加 1.5 cm，西服后中部的缝份则可加大到 5 cm，有的放量甚至达到 7 cm。预留足够的缝边，方便穿着者体型肥胖后能加放服装围度的尺寸。

3. 缝型的种类

不同的缝型所需的缝份尺寸也有所不同。通常复杂的缝型所需的缝份会比较大，比如内包缝、外包缝所需的缝份会比平缝大 0.2 cm。

4. 应用部位

服装上不同的部位缝份放量也会有所差异。接缝弧度较大的地方缝份放量要小些，因为缝份太大会使缝合后的弧度产生皱褶，如袖窿、领窝线、侧臂线等弯曲缝型只需 0.6 cm 的缝份即可，只有将缝份控制在 1 cm 以内缝合后才不容易起皱或起波纹。平直的接驳部位则对缝份的放量比较随意，在 1～5 cm 范围内均可。

在大量生产中，为了提高生产效率和产品质量，一般会采用统一的缝份放量，即领脚和领窝线的缝份放量均为 1 cm，绱领后再将弧线位的缝份修剩 0.5 cm，以使领窝弧位平服。

四、选用缝型需考虑的因素

在进行生产工艺设计时，缝型的选用会直接影响到缝道的外观效果、缝型的牢固度和服装的使用寿命。通常在选择缝型时要考虑以下几点因素：

1. 面料的种类

（1）面料组织。组织紧密型的面料缝合时容易起波纹，不宜压明线，故应选用简单的平缝。疏松网状面料的毛边不适宜锁边，应选用滚边缝或卷包缝的整理方法。透明的薄型面料缝合时容易起皱抽纱，故不宜压过多的明线，缝边或内贴容易透出正面而导致阴阳色，可选用小缝份的缝型，如卷包缝和无须锁边整理的来去缝等。

（2）面料的厚度。内包缝、外包缝、卷包缝等缝型外观凸起且较厚重，不适宜太厚或太薄的面料，所以厚料和薄料都应选用简单的平缝，以免影响外观。

（3）面料的表面特征。表面有细绒毛的面料不适宜压明线，也不宜选用复杂的缝型或多行线迹的缝型，因为缝合线迹过多会损伤衣料表面的组织和绒毛的倒向，从而影响面料表面的光泽感。

（4）面料的稳定性。对于稳定性欠佳的弹性面料、组织疏松的面料，宜选用简单的平缝，尽量少压明线，以防缝边被拉长变形或起波纹而不平整。

（5）布边的形稳性。毛边容易脱散的面料，可用密线锁边法，或选用自动包折缝边和缉压多行线迹的缝型，同时还要加大缝份。不易脱散的面料可以用简单整理的工艺方法，如锁边后用平缝缉合即可。

2. 成衣种类

(1) 设计款式。如果设计款式需要突显切驳的缝边，可选用缉压明线的缝型，或选用网面绷缝、绣花缝、打揽等装饰缝。对于优雅高档的成衣如晚礼服、西服，则应尽量使用暗线缝合而成的缝型。

(2) 成衣质地与耐用性。成衣质地与耐用性能直接影响成衣的使用寿命，通常贴身的内衣需要选用贴体舒适、耐用而富有弹性的缝型，运动服则应选用具有拉伸性保险线迹的缝型。平缝外观平薄舒适、牢固耐磨，但是弹性较弱，不适宜弹性成衣，如运动服、泳衣、体操服等，这类服装宜选用富有弹性的四线锁边缝和人字形线迹。

3. 缝纫设备

(1) 设备类型。缝纫设备的类型与缝型、线迹有直接关系。如果要选用不同的缝型和线迹，必须有相应的设备，尤其是要有特种设备才能选择使用特种缝型和线迹。

(2) 设备效能。如果要选用美观性能相对较好的缝型，则要拥有效能佳、可操作性高的设备。

(3) 操作技能。工人的操作技能高低对于缝型成型的外观有明显的影响，尤其是要选择复杂的缝型，需要操作水平比较高的工人才能完成较好的外观质量。

单元测试题

一、填空题（请将正确的答案填在横线空白处）

1. 线迹主要有自绕、________和________三种基本结构。

2. 自绕是源自同一出处的一条缝线自行环绕成线圈状的基本线迹结构，这种线迹富有________，但容易________，常用于米袋、水泥袋等临时封口的缝合。

3. 互扣结构线迹的扣结点应位于面料纵切面的________，自绕或互绕结构的环绕部位则通常在面料的________。

4. 互扣是来源不同的两条缝线相互扣结成线圈状的基本线迹结构，这种线迹扁平牢固，不易________，但弹性________，常用于各类服装的缝合。

5. 线迹密度是指在规定长度内线迹的________。

6. 500 类线迹又称为________线迹。

7. 301 线迹又称为________线迹，线迹底面线扣合牢固，不易________，弹性较弱。

8. 304 线迹、308 线迹、321 线迹及 322 线迹称为________线迹。

9. 如果要缝合针织 T 恤袖口、领口滚边，西裤后裆及橡筋腰头等有弹性或需受外力的部位，应选用富有弹性，缝合强度大的________线迹较合适。

10. 如果要整理布边，应选择能有效防止毛边脱散的________线迹。

二、单项选择题（下列每题的选项中，只有 1 个是正确的，请将正确答案的代号填在横线空白处）

1. 301 线迹的结构是由________的形式构成的。

A. 自绕　　B. 互绕　　C. 互扣　　D. 互绕和互扣

2. 401 线迹的结构是由________的形式构成的。

A. 自绕　　B. 互绕　　C. 互扣　　D. 互绕和互扣

3. 101 线迹的结构是由________的形式构成的。

A. 自绕　　B. 互绕　　C. 互扣　　D. 互绕和互扣

4. 制衣业常用于单片衣料锁边的线迹是________。

A. 301 线迹　　B. 401 线迹　　C. 504 线迹　　D. 514 线迹

5. 牙剪又称为________，将布边修剪成花边状，既可以暂时防止毛边脱散，又能起装饰作用，适用于不便锁边处理的中厚料成衣以及制作布板。

A. 布剪　　B. 花边剪　　C. 线剪　　D. 缝纫剪

6. 主要用于西服的驳头衬、领衬等部位的固定，使该部位呈现出自然弯曲状的手缝线迹是________线迹。

A. 217 拱针　　B. 218 打线钉　　C. 219 纳针　　D. 220 锁扣眼

7. 对于活动大、易爆裂的部位，如裤裆、裤内侧缝、内袖缝等需要加强牢固度的部位，通常会选用________缝型。

A. 平缝　　B. 分压缝　　C. 扣压缝　　D. 单折边缝

单元 4

8. 通常用于轻薄透明的衣料制作的女恤、连衣裙、内衣等成衣的侧缝、袖底缝、肩缝、袋笃等部位的缝型是________。

A. 来去缝　　B. 内包缝　　C. 运反缝　　D. 卷包缝

三、简答题

1. 简述线迹的品质包含哪些内容。

2. 影响线迹牢度的因素有哪些？

3. 如果要整理布边来防止纱线脱散，哪一类线迹最为合适？简述原因。

4. 简述确定缝份的宽度需考虑哪些因素。

四、论述题

1. 自行设计一件成衣，并指出各个缝合部位采用了哪些类型的线迹。

2. 自行设计一件成衣，绘出各个缝合部位所用的缝型的剖面图，并请分别写出以上缝型的缝制步骤和品质要求。

3. 试述选用缝型时需考虑哪些因素。

单元测试题答案

一、填空题

1. 互绕　互扣　　2. 弹性　脱散　　3. 中央　表层或底部　　4. 脱散　较弱　　5. 数量　　6. 锁边或包缝　　7. 平缝　散脱　　8. 人字形　　9. 401　　10. 500 类

或锁边

二、单项选择题

1. C　2. D　3. A　4. C　5. B　6. C　7. B　8. A

三、简答题

答案略。

四、论述题

答案略。

第5单元

服装生产管理基础

第一节 服装生产工艺基础

→ 了解服装的发展史
→ 掌握服装的分类
→ 掌握服装生产方式的分类

一、服装工艺简介

1. 服装工艺的含义

服装生产的经营系统由人（职员）、机（设备）、料（物料）、法（方法）、环（环境）五大基本要素组成，其中法是重要的组成部分，包括信息和工艺技术。制衣生产行业的特点是劳动密集型的技艺结合半手工生产模式。

服装工艺是服装生产的技术手段，服装工艺学是分析、研究服装制作与技术管理的一门专业技能学科，包括成衣基础工艺、生产工艺和服装工艺设计等内容，与服装纸样结构、服装生产管理、制衣机械、服装材料等知识联系紧密。

2. 成衣发展史

单元 5

（1）原始阶段。服装起源于人类对御寒、护体、遮羞等概念的认识。原始部落族群为了防御大自然的侵袭，采用容易获取的兽皮、毛皮、羽毛、树叶、草蔓、藤条等天然片状物品，披挂在腰部躲避外物的伤害并抵制性诱惑，寒冬时披上保暖厚实的猎物皮毛御寒或遮风挡雨，从而形成了人类最原始的服装，如图 5—1、图 5—2 所示。

图 5—1　草编蓑衣

图 5—2　冬用毛皮衣

在生产力低下，或遭遇天灾时，原始部落试图借助外界神奇的力量来对付自然灾害、敌人和猛兽的攻击，把诸如贝壳、石头、羽毛、兽齿、叶子、果实等戴在身上，并相信这些护身符具有肉眼看不见的超自然力量，以保护善的灵魂并使恶的灵魂不能近身，如图 5—3 所示。

原始社会后期，在部落围猎活动中做出突出贡献者，族长会将野兽的兽骨、兽齿做成项链，或将兽皮充当衣物授予此人。穿戴这类动物饰品或皮毛者被赋予了无比的荣耀和相应的身份。此外，原始居民身上做各种穿戴和绘画的文身装饰，以吸引异性的注意，是自我身份的象征，如图 5—4 所示。

图 5—3　驱邪服饰

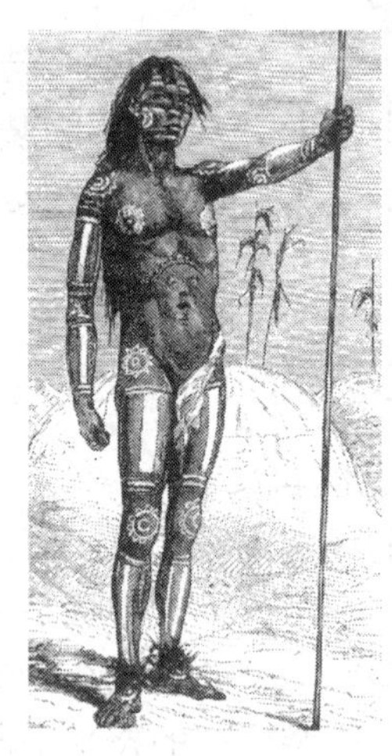

图 5—4　澳洲土著人的文身

（2）古代成衣阶段。原始社会后期，欧洲先民尼安德特人以及克罗马农人等为了对付冰河的寒冷，开始使用动物骨作针，用动物筋、藤条作线，将树叶、兽皮串连成片状物包裹身体，制成毛皮衣物抵御风寒。北京周口店猿人洞穴、浙江余姚河姆渡新石器时代遗址发现的管状骨针和绕线棒等物，都说明那时已产生最原始的衣服制作工艺形式。

14 世纪，人类发明了铜针以取代骨针。直至 18 世纪末，服装工艺一直沿用手工制作，如图 5—5、图 5—6 所示。

图 5—5　原始手工缝制皮衣

图 5—6　原始缝制工具

（3）近代成衣阶段。19 世纪初，英国人托马斯·逊特发明了第一台手摇链式缝纫机，至此，服装加工从纯粹的手工操作步入人力机械操作阶段，服装制作的形式也进入了成衣生产机械化的阶段。此时，服装生产仍以量体裁衣的家庭式作坊为主，如图 5—7、图 5—8 所示。

（4）现代成衣阶段。19 世纪末，300～600 r/min 的马达驱动缝纫机问世，成衣生产进入了一个崭新的阶段，实现了全机械的生产操作模式。20 世纪 40 年代起，电动缝纫机转速提高到 3 000 r/min 以上，成衣生产进入了机械高速化、自动化及专门化的大批量生产阶段，如图 5—9 所示。

图 5—7　中式量裁服饰

图 5—8　欧式量裁服饰

图 5—9　大批量工业化生产

二、服装类型

基于服装不同的织造方式、品种、用途以及原材料，服装分类也各有不同。常见的分类方法大致有以下几种。

1. **按功能分类**

（1）内衣：文胸、内裤、汗衫、保暖内衣、腰封、衬裙等。

（2）外衣

1）职业服：工人服、经理服、领班服、总管服等。

2）运动休闲服：网球服、泳衣、练功服、体操服等。

3）社交礼服：西服、婚纱、晚礼服、旗袍、舞台服等。

4）室内家居服：睡衣、睡裙等。

5）功能性服装：宇航服、消防服、潜水服、飞行服、登山服等。

2. **按织造工艺分类**

（1）梭织服装。由梭子牵引着纬纱在经纱之间穿行织制而成的梭织面料缝制成的服装，梭织织布机和梭子分别如图 5—10、图 5—11 所示。

（2）针织服装。通过纱线串套成线圈状纹理织制而成的针织面料缝制成的服装。针织服装按照不同的生产组织方式可分为纬编和经编两种，其组织结构如图 5—12、图 5—13 所示。针织织物根据不同的编织方法，分为圆机产品和横机产品。

1）圆机产品。指先用圆形针织机织成圆筒形坯布，然后再通过裁剪和缝合制成的棉针织产品，如图 5—14 所示。

2）横机产品。指通过手摇横机或电脑横机，将纱线直接编织成衣片，再用缝盘机组合成的毛针织产品，如图 5—15、图 5—16 所示。

（3）非织服装。由纤维交叠压制成的面料制成的服装，通常为一次性服装，如旅游性纸内裤、医用防护服等，如图 5—17 所示。

图 5—10　梭织织布机

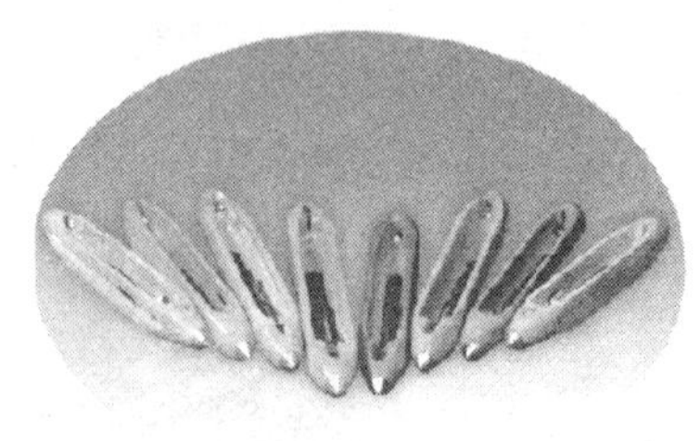

图 5—11　梭子

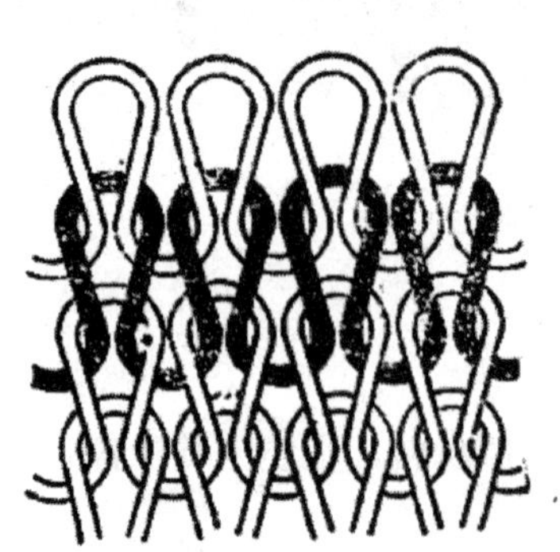

图 5—12　纬编

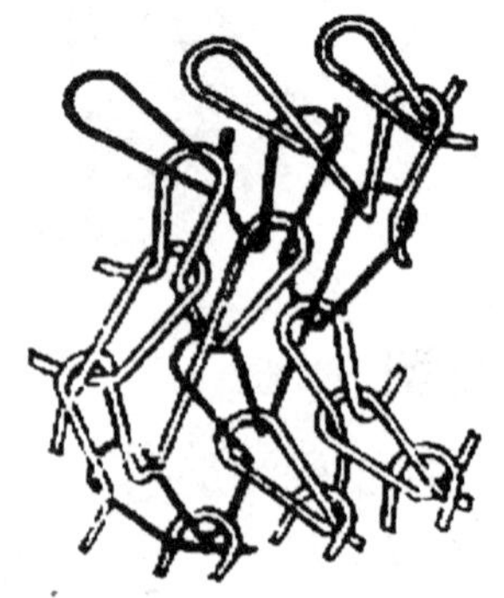

图 5—13　经编

图 5—14　圆形针织机

图 5—15　横机

图 5—16　缝盘机

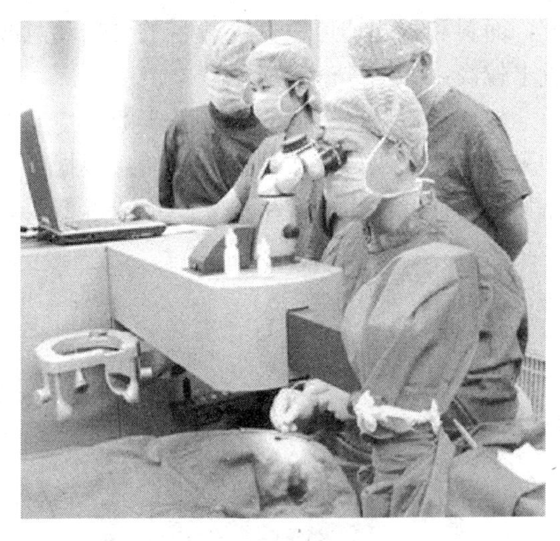

图 5—17　医用防护服

单元 5

3. 按年龄与性别分类

(1) 童装：婴儿服、中小童服、大童服。

(2) 成人装：男装、女装。

(3) 老年装：男装、女装。

4. 按穿着组合分类

(1) 连体服：工人裤、连衣裙、泳衣、练功服、潜水服等。

(2) 套装：两件套西裙装、三件套西服等。

(3) 外套：大衣、风衣、雨衣、披风等。

(4) 上衣：衬衫、T 恤、罩衫等。

(5) 背心：休闲马甲、汗衫、西式背心、毛背心等。

（6）半身裙：一步裙、A 字裙、圆台裙、螺丝裙、拖尾裙等。

（7）裤子：裙裤、萝卜裤、紧身裤、喇叭裤、直筒裤等。

5. 按民族分类

（1）中国民族服：汉族服、藏族服、白族服、傣族服、黎族服、苗族服等。

（2）外国民族服：墨西哥服、印第安服、印度服、朝鲜服、日本和服等。

6. 按服装的厚薄和衬垫材料分类

（1）单衣类：衬衫、罩衣、T 恤等。

（2）夹里类：含里西服、夹克衫、大衣等。

（3）夹棉类：棉衣、羽绒服、丝棉服等。

三、服装生产方式

1. 按制作类型分类

按照不同的制作类型，服装可分为以下两种生产方式。

（1）量体裁衣，又称为洋裁。穿着者到家庭作坊式的服装店里找裁缝师量身定做而成，面料和款式均可根据穿着者的要求随意改变，式样独特，但制作过程漫长，且人工成本较高，如图 5—18 所示。

（2）成衣生产。成衣生产是工业化生产模式的体现。服装企业根据地域消费者的体型采集通用尺码，汇成尺码表，然后根据市场需求提前下订单进行大批量生产，再投入市场销售。此法生产效率高，生产成本低，如图 5—19 所示。

图 5—18　量裁旗袍

图 5—19　成衣生产西服

2. 按款式类型分类

按照不同的款式类型，服装可分为以下四种生产方式。

（1）固定款式。款式长期固定不变，如军服、西服等，如图 5—20 所示。

（2）半固定款式。款式基本不变，细节部位进行细微的调整，如牛仔装、校服，如图 5—21 所示。

（3）时款成衣。款式、面料和色泽随着流行趋势的变动或者市场客户的需求而变化多样，例如时尚女装、童装等，如图 5—22 所示。

（4）高档时装。根据某个特定的活动而特别设计和量体裁衣定制成的礼服类，单件裁剪，款式独一无二，整个制作过程漫长，成本昂贵，如图 5—23 所示。

图 5—20　军装（固定款式）

图 5—21　校服（半固定款式）

图 5—22　女装与童装（时款成衣）

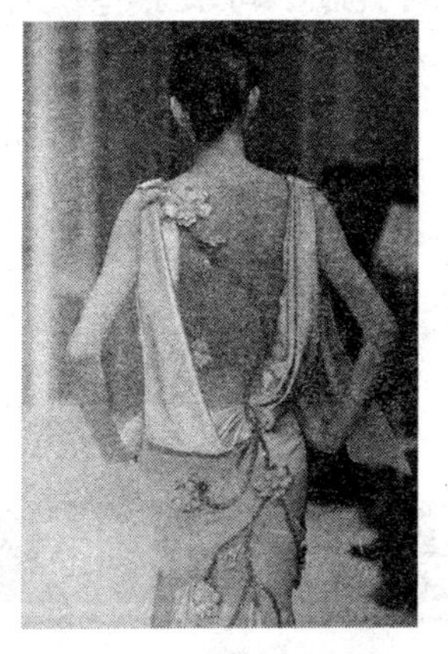

图 5—23　礼服（高档时装）

3. 按织造类型分类

按照不同的成型方式，服装可分为以下三种生产方式。

（1）全成型产品。全成型产品是指采用新颖的专用设备生产并一次成型的服装，颈部、腰部、臀部等部位均无接缝。无缝产品舒适、贴体，主要用于生产高弹性针织内衣、内裤和高弹性运动装等，图 5—24 是一次成型的无缝内衣。

（2）半成型产品。生产时，首先通过横机操作，将纱线直接织成片状衣片，然后用缝盘机将衣片进行缝盘组合即可，无须裁剪。通常用于毛针织产品。图 5—25 是将织片缝盘成型的毛衫。

（3）裁剪成型产品。在生产过程中，首先将面料裁剪成需要的裁片，然后锁边并缝合成服装，广泛用于梭织、棉针织和非织类产品。图 5—26 是裁剪成型的 T 恤 POLO 衫。

图 5—24　全成型产品

图 5—25　半成型产品

图 5—26　裁剪成型产品

四、常见尺码及换算关系

1. 1′（英尺）＝12″（英寸）
2. 1″（英寸）＝8/8″（读作“8 分”）＝2.54 cm（厘米）
3. 1/8″＝0.3 cm
4. 2/8″＝0.6 cm
5. 1 y（码）＝3′＝36″＝91.44 cm
6. 1 m（米）＝3′3″（读作“3 英尺 3 英寸”）＝39 3/8″（读作“39 英寸 3 分”）

第二节　服装生产流程

→ 掌握服装生产流程
→ 了解服装产业链与相关行业
→ 了解国内制衣业的现状与现代成衣生产的发展趋势

一、服装生产流程

1. 产品开发

产品开发主要是指产品设计，包括市场需求调研、流行趋势信息的收集、款式设计与筛选、样板试制、试装修改等，如图 5—27、图 5—28 所示。

图 5—27　款式设计

图 5—28　样板试制

2. 生产前准备

生产前准备包括样板批复、颜色与尺码分配、用料预算、物料采购与检验、划样、物料测试及预缩整理、生产计划安排、核准板产前板的制作、技术文件的制订、流水线的编排等技术准备工作。

3. 正式投产

（1）裁剪工艺。包括排板、放码、铺料、裁布、捆扎、验片、粘衬、配料等，如图 5—29、图 5—30 所示。

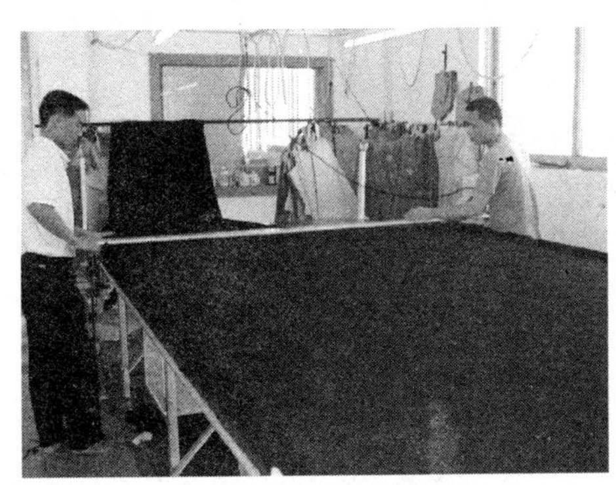

图 5—29　铺料

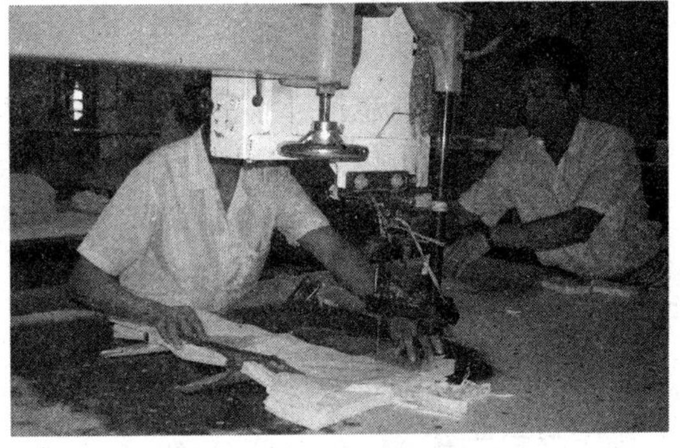

图 5—30　裁布

（2）缝制工艺。包括点位、缝制、中熨、检验等，如图 5—31 所示。

4. 生产后整理

生产后整理包括洗水、绣花、印染、锁眼钉扣、整烫、折叠、包装、入库储存、运输发货等，如图 5—32 所示。

图 5—31　缝制

图 5—32　包装

5. 服装品质检验

（1）检验内容

1）计量内容。包括尺寸、重量、缩水率等度量检验。

2）计数内容。包括不合格数、返修数、破洞数、色差数、报废数等数量统计检验。

（2）检验类型。服装的检验类型包括：初查、中查、尾查和出货检查。

二、服装产业链与相关行业

服装产业链主要分为纺织业、服装贸易业、制衣业、服装零售业及其余相关产业。

1. 纺织业

纺织业包括棉花种植或化纤生产、纺织印染以及辅料的生产等。

2. 服装贸易业

服装贸易业包括客户开发、订单开发、服装产品开发、面料开发、订单接洽、订单资料管理、样板试制、样板复核、物料采购跟单、生产跟单、船务跟单等。

3. **制衣业**

制衣业包括服装款式开发、样板试制、样板审核与修改、面辅料采购与检验、服装加工、服装洗水或印染绣后整理等。

4. **服装零售业**

服装零售业包括服装物流管理、服装供应链与连锁店管理、服装品牌策略、服装市场调研、大众媒体宣传等。零售产业链中如果有健全的网络体系，包括零售销售网、特许经营加盟等，则能增大产业链条的长度和强度，带动产业链上各个环节的飞速发展，为相关产业制造发展的机会。

5. **其余相关产业**

除以上各行业外，与服装产业链相关的行业还包括服装设备制造业、纸品业、服装配饰、辅料生产五金业和注塑业等相关产业。

在整个服装生产过程中，需要用到的原材料以及涉及的相关行业见表 5—1。

表 5—1　　制衣业与相关行业一览表

服装生产用原材料	相关行业
面料、里料、缝纫线、衬布、饰带、肩垫	纺织业
纽扣、拉链、钩、扣、衣架、包装袋、夹子、珠针	五金业/注塑业
印标、印花	印刷业
染色、绣花	纺织业/染整业
纸袋、纸箱、薄绵纸、唛架纸	纸品业
衣车、机针等零部件、缝合辅件、夹具	机械制造业

三、国内外制衣业的发展现状

1. **国外制衣业的发展现状**

——设备先进，技术领先；

——物料新颖，种类多样；

——注重流行，重视品牌；

——管理科学化，生产自动化。

2. **国内制衣业的发展现状**

——经验管理为主，工艺复杂；

——交货期不准，质量不稳定；

——生产现场标识不清晰，环保意识薄弱，污染大；

——信息网络不全难共享，产销脱节库存多；

——订单量少品种多，生产周期短而频；

——原材料成本高、人工涨，利润少、竞争大；
——从来料加工向品牌战略和集团化经营过渡；
——新材料、新技术和高新人才的需求日渐增长。

四、现代成衣生产发展趋势

1. 生产快速反应

随着市场需求逐步向个性化、全球化发展，同行之间的竞争越来越激烈，订单批量越来越小，款式转变越来越多样，生产交货期越来越短，人才越来越紧缺，原材料价格和人工成本越来越高，利润空间越来越小……这些都促使企业不得不重整资源，投资高新设备，向快速反应的生产模式发展。高新设备如图 5—33、图 5—34 所示。

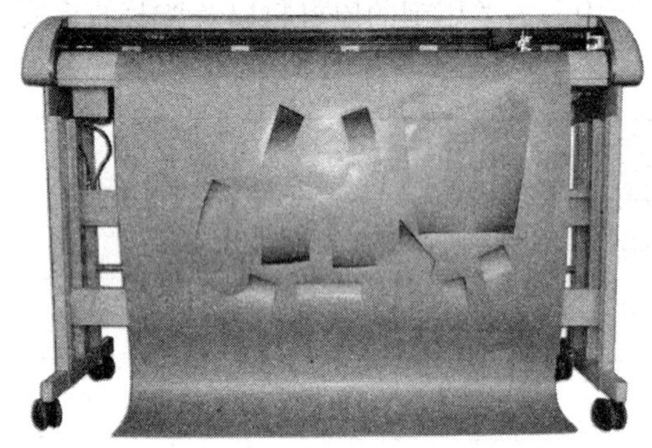

图 5—33　唛架刻绘机

图 5—34　全自动裁床

2. 信息技术的广泛应用

计算机及服装 CAD 等专业软件，为服装的造型设计、配色、选料、划样、放码推板、试穿修改、排料等提供了非常快捷的系统操作，各种自动排料/拉布/剪切系统、色差疵点分辨系统、计算机控制缝制系统等大量应用于生产过程中。此外，企业的生产管理与控制、订单管理与销售连网等建立了企业内部与外部的信息平台，达到资源共享互惠互利的效果，从而推动了现代成衣生产方面的高新技术发展，如图 5—35 至图 5—38 所示。

图 5—35　服装 CAD 辅助设计

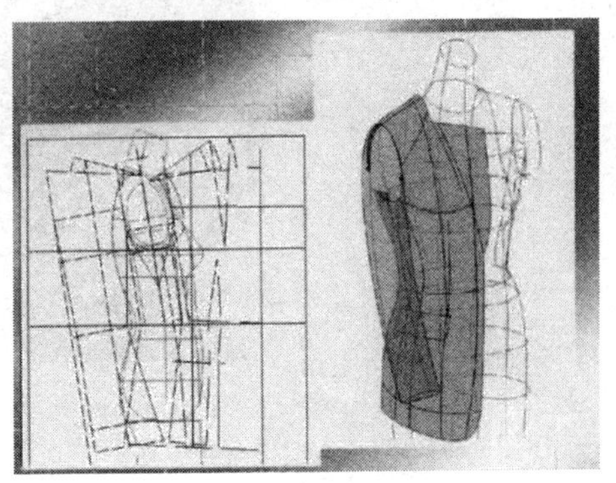

图 5—36　电脑打样

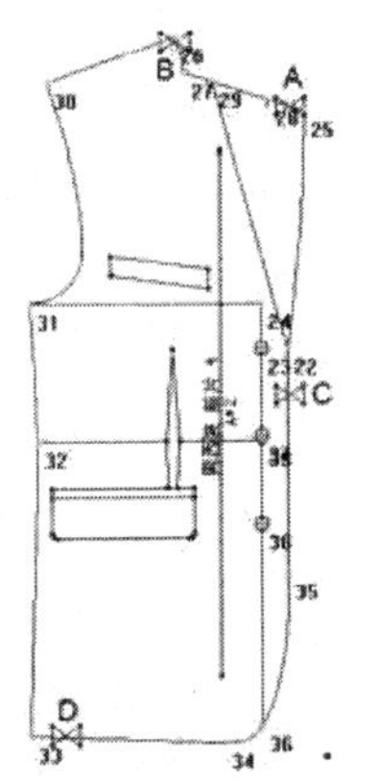

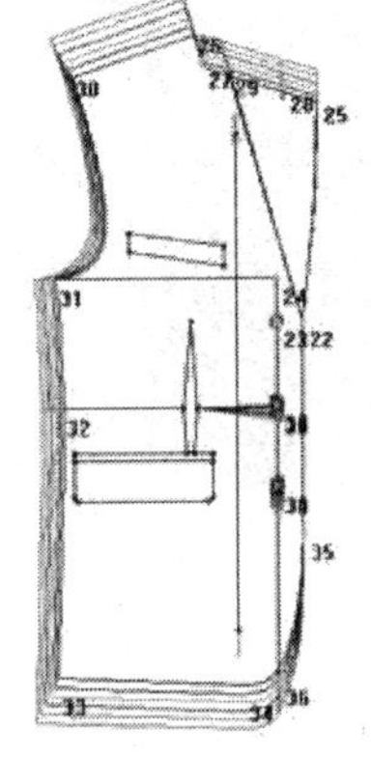

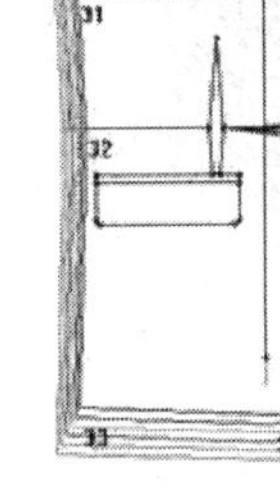

图 5—37　电脑放码

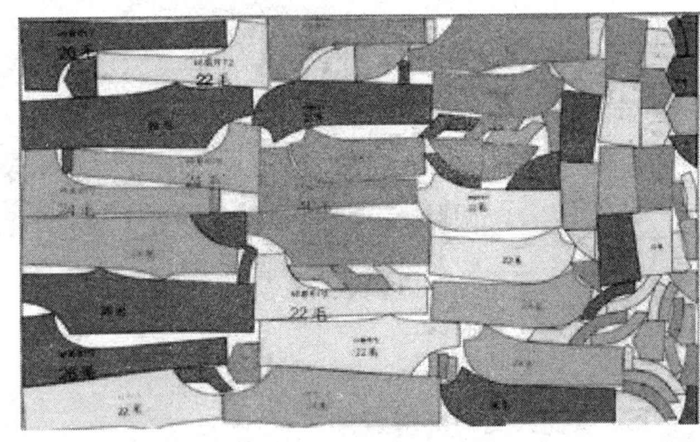

图 5—38　电脑排版

3. 新技术的应用与创新

防油污、抗静电、防辐射、保暖、夜光、香味、免烫、环保等新型面料的开发以及新技术的应用，可以快速提高服装的附加值，促进功能型、生态型服装的发展，从而促进现代成衣业的发展，使服装更具有实用性和创新性。

4. 自动生产高速发展

世界各大设备制造商都致力于研究缝纫机的自动切线装置（能提高生产效率 20%）和电脑数控缝纫机等，使缝制工序更加程序化和标准化。

企业为了提高自身的竞争力，重视原有生产流程的优化与重组，敢于尝试新型生产模式，加大投入半自动、全自动设备以改善生产提高效率（见图 5—39、图 5—40）。服装加工技术和新型设备的研发，促进了服装加工工艺向生产自动化的方向发展。

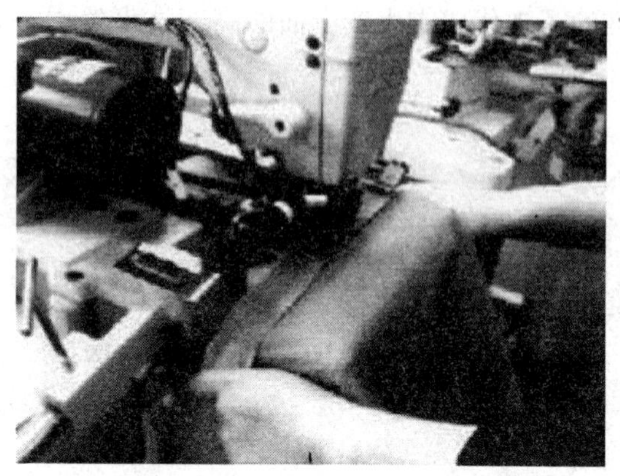

图 5—39　半自动环裤脚机

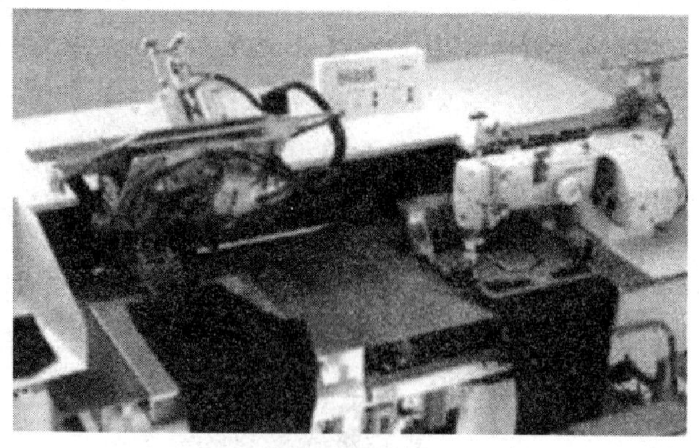

图 5—40　全自动绱后袋机

5. 重视人文与环境管理

在劳动力尤其是高端人才越来越稀缺的环境下，企业管理越来越倾向于人性化，同时更关注社区周边环境的保护和绿色环保生产模式的改进，为可持续发展的成衣业奠定良好的基础。

单元测试题

一、填空题（请将正确的答案填在横线空白处）

1. 成衣生产的经营系统由________、________、________、________、________五大基本要素组成。

2. 制衣生产行业的特点是________型的技艺结合半手工生产模式。

3. 服装起源于人类对________、________、遮羞等概念的认识。

4. 按照不同的制作类型，服装可分为________和________两种生产方式。

5. 按照不同的款式类型，服装可分为固定款式、半固定款式、________和________四种生产方式。

6. 按照不同的成型方式，服装可分为________、________和________生产方式。

7. 服装产品的检验类型主要包括初查、中查、尾查和________。

8. 服装产业链主要分为纺织业、________、________和服装零售业及其余相关产业。

9. 针织织物根据不同的编织方法，分为圆机产品和________产品。

二、单项选择题（下列每题的选项中，只有1个是正确的，请将正确答案的代号填在横线空白处）

1. 由梭子牵引着纬纱在经纱之间穿行织制而成的面料缝制成的产品称为________服装。

A. 针织　　B. 梭织　　C. 非织　　D. 刺绣

2. 1英寸等于________厘米。

A. 2　　B. 2.5　　C. 2.54　　D. 3

3. 服装检验内容主要包括________内容。

A. 尺寸和数量　　B. 疵点和规格　　C. 品质和外观　　D. 计量和计数

4. 与制衣业相关的行业中，生产包装袋、纸箱、薄绵纸、唛架纸等包装材料的行业是________。

A. 纺织业　　B. 五金业　　C. 印刷业　　D. 纸品业

5. 半成型产品首先通过横机操作，将纱线直接织成片状衣片，然后用缝盘机将衣片进行缝盘组合即可，无须裁剪。通常用于________。

A. 毛针织产品　　B. 棉针织产品　　C. 梭织产品　　D. 非织产品

6. 从不同的款式类型而言，根据某个特定的活动而特别设计和量体裁衣制成，款式独一无二，制作过程漫长而成本昂贵的服装称为________。

A. 定制成衣　　B. 时款成衣　　C. 高档时装　　D. 礼服

7. 针织服装按照不同的生产组织方式，可分为________。

A. 量体裁衣和成衣生产　　B. 纬编和经编

C. 圆机产品和横机产品　　D. 全成型产品、半成型产品和裁剪成型产品

8. 将面料裁剪成需要的裁片，然后锁边并缝合成的服装称为________。

A. 裁剪成型产品　　B. 全成型产品　　C. 圆机产品　　D. 横机产品

三、简答题

1. 简述国内制衣业的发展现状。

2. 简述服装按照织造工艺分为哪几种类型。

四、论述题

1. 试述制衣企业通用的服装生产流程主要包括哪些方面。

2. 试述现代成衣生产的发展趋势。

单元测试题答案

一、填空题

1. 人（职员）　机（设备）　料（物料）　法（方法）　环（环境）　2. 劳动

密集　3. 御寒　护体　4. 量体裁衣　成衣生产　5. 时款成衣　高档时装　6. 全成型产品　半成型产品　裁剪成型产品　7. 出货检查　8. 服装贸易业　制衣业　9. 横机

二、单项选择题

1. B　2. C　3. D　4. D　5. A　6. C　7. B　8. A

三、简答题

答案略。

四、论述题

答案略。

第6单元

服装再造工艺

第一节　面料再造工艺概述

→ 了解面料再造工艺的含义
→ 熟悉面料再造的工艺手法
→ 掌握再造工艺的功用性分类

一、面料再造工艺的含义

1. 面料再造工艺的定义

面料再造，是指根据设计需要，对成品面料进行二次工艺处理，使之产生新的艺术效果的工艺手法。一件服装美观效果的体现，与装饰工艺分不开。面料再造工艺能给服装添加附加值，并能满足不同消费者的需求。

2. 面料再造的外观形式

面料再造的外观形式可以分为以下两类。

（1）平面再造。包括传统的编结、织绣、滚边、收省、绗缝、平面绣花、印花、扎染、蜡染、手绘、喷绘、洗水、镶拼、镂空等平面工艺。

（2）立体再造。包括钉珠、缠绳、立体绣花、缀饰、褶裥、皱饰等立体工艺。

二、面料再造工艺的手法

根据不同的再造工艺手法，面料再造工艺可以分为四种。

1. 基型法

基型法主要有皱饰和钩编两种。皱饰法是通过堆积、抽褶、层叠等褶裥处理手法，直接在面料上做工艺变化，从而达到特定的设计效果。钩编法是将各种线、绳、带条、装饰花边等用钩织或编结等手法制成需要的衣片外形，形成凸凹、交错、连续、对比的视觉效果。

2. 增型法

增型法用单一或两种以上的材质在面料上进行粘贴、热压、车缝、补、挂、绗绣等工艺手法，形成立体的、多层次的设计效果，如订珠、烫贴亮片、贴花、铆钉等缀饰工艺，以及盘绣、绒绣、刺绣、绗缝等绣花工艺在面料上的装饰应用。

3. 减型法

减型法对现有面料进行镂空、磨损、烧花、烂花、抽丝、剪切、磨砂等工艺处理，形成错落有致、亦实亦虚的怀旧效果，风格独特，个性突出，通常在服装局部或整体设计中采用。

4. 综合法

综合法采用多种加工手法进行工艺再造，如剪切和叠加、绣花和镂空等，同时灵活运用多种设计方法，使面料形式更丰富，肌理和视觉效果更突出。

三、面料再造工艺的功用性分类

根据服装的实用性与装饰性功能，面料再造工艺主要分为构造性工艺、装饰性工艺和综合性工艺。

1. 构造性工艺

构造性工艺直接决定衣服的外形与合体度，如果拆除构造性工艺，会直接影响成衣的整体结构。常见的构造性工艺有缝道与省道两种，如图 6—1、图 6—2 所示。

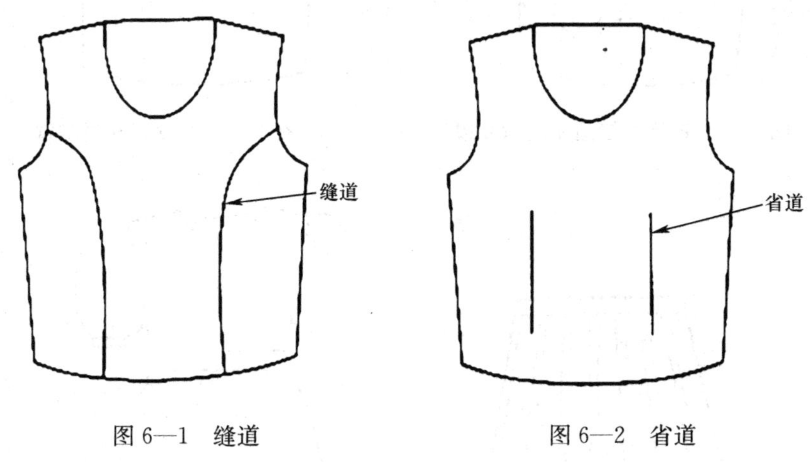

图 6—1　缝道　　图 6—2　省道

2. 装饰性工艺

装饰性工艺通常独立加装在服装上，可以随意拆除，拆除后既不会影响衣服的合体度，也不会损坏成衣的结构。常见的装饰性工艺有绣花、印花、蕾丝花边、蝴蝶结、穗带等，如图 6—3、图 6—4 所示。

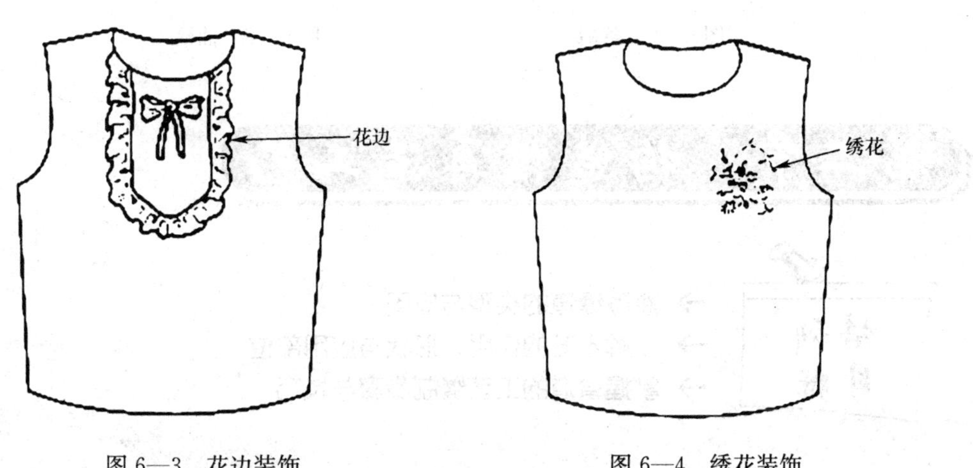

图 6—3　花边装饰　　图 6—4　绣花装饰

3. 综合性工艺

综合性工艺是构造性工艺与装饰性工艺相结合的再造工艺，既形成了成衣的结构，又具有明显的装饰作用。如在缝道中加装花边、条褶，或在腰间抽褶等再造手法，都属于兼具构造性与装饰性的综合性工艺，如图 6—5 至图 6—8 所示。

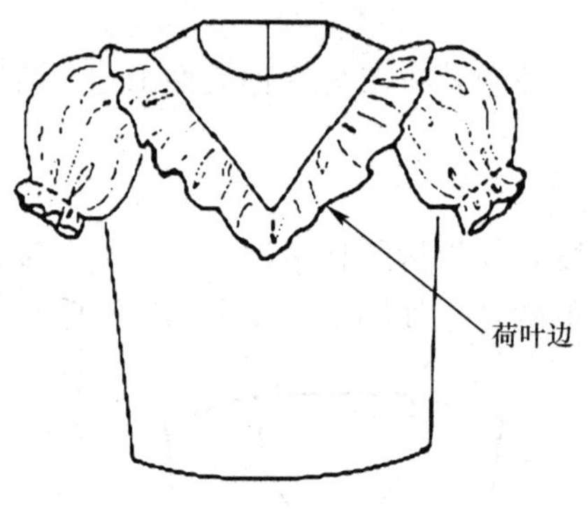

图 6—5　镶嵌在缝道中的荷叶边

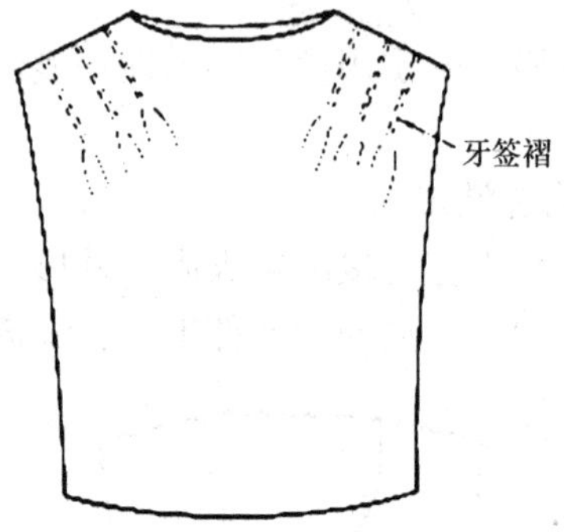

图 6—6　牙签褶充当胸省

图 6—7　条褶

图 6—8　抽褶

单元 6

第二节　构造性再造工艺

- 熟悉缝道的类型与应用
- 了解省道的作用、形状与应用部位
- 掌握省道的工艺缝制步骤与技巧

一、缝道

缝道是指通过连串线迹将两层或两层以上的物料缝合成服装的衣片配置结构。根据应用在服装上的外观效果，缝道可以分为以下三大类。

1. 暗线缝

衣片使用暗线缝接缝后，表面没有明线外露，缝道外观隐秘优雅，属于构造性工艺，兼具装饰性效果。常见的缝型有平缝、来去缝等，常用于女装半身裙、男恤、女恤、连衣裙等各种衣物的接缝位，如图 6—9、图 6—10 所示。

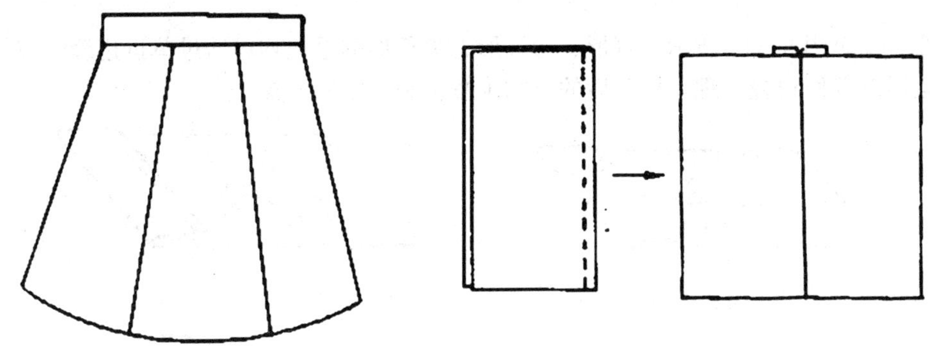

图 6—9　暗线缝在裙身侧缝的应用

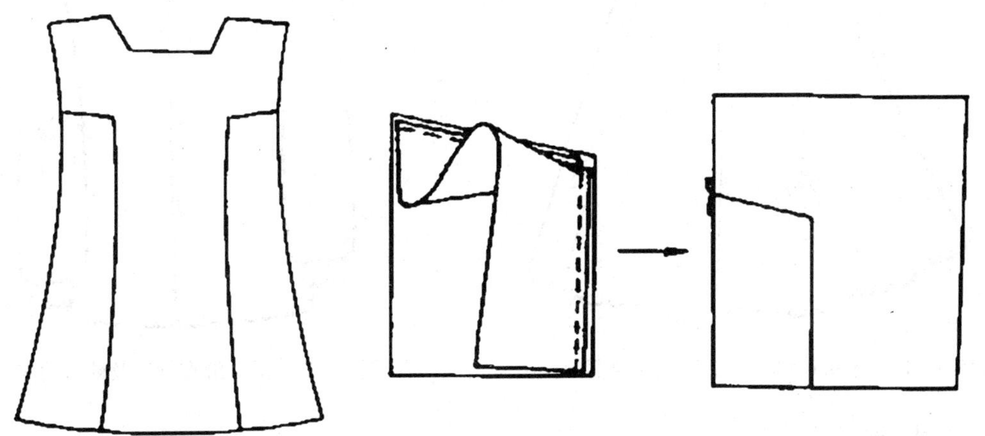

图 6—10　暗线缝在公主线中的应用

2. 明线缝

衣片使用明线缝接缝后，缝道的表面有明线装饰，能使缝道更突出明显，属于构造性工艺，同时有很强的装饰效果。常见的缝型有翻缝、扣压缝、内包缝、外包缝等，常用于衬衫的坎肩缝、夹克衫的装袖缝、牛仔裤的后约克和后中缝等部位，如图 6—11 所示。

3. 修边缝

修边缝是用于衣领、袖级、前襟、肩带、袋盖、衣摆折边或转角位的工艺整理方法，

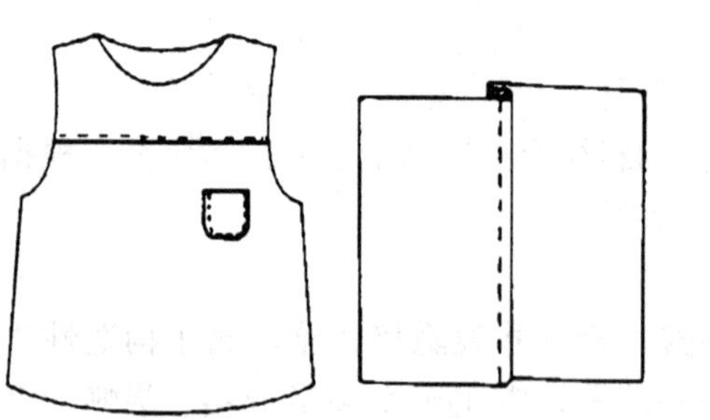
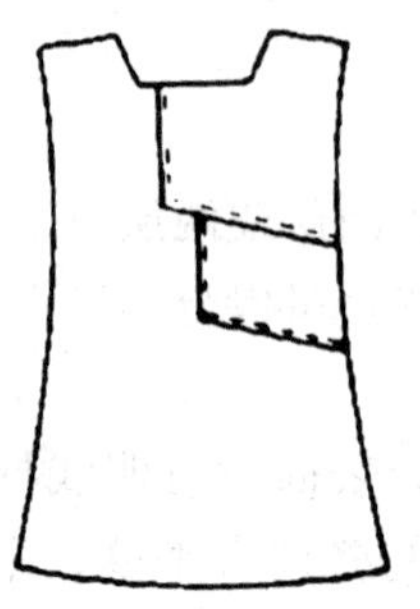
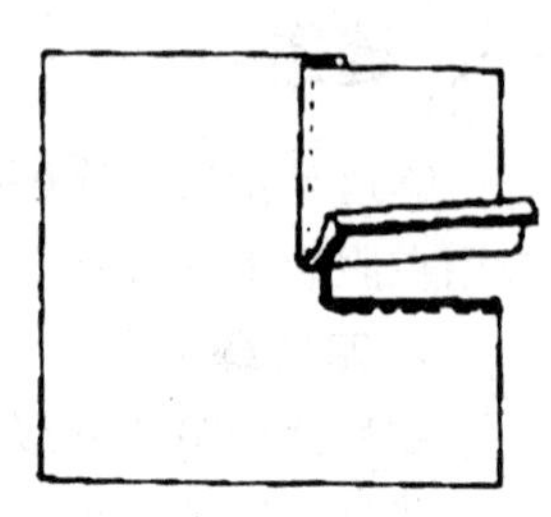

图 6—11　明线缝在服装中的应用

如图 6—12 至图 6—15 所示。直形、弯弧形、尖角形的毛边均可通过单折边缝、双折边缝、运反缝等修边缝整理，整理后的衣物工整美观、牢固耐穿。

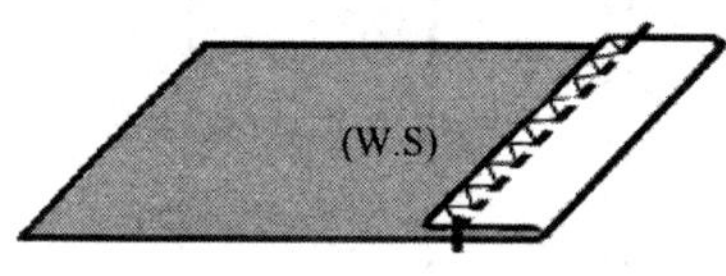

图 6—12　单折边缝

图 6—13　双折边缝

图 6—14　单折边缝和双折边缝在裙摆的应用

图 6—15　运反缝在领边及袖口的应用

二、省道

省道是指收去衣服上多余衣料的楔形折叠部位，能使服装轮廓清晰、曲线明显，使服装更合体贴身，如图 6—16、图 6—17 所示。

1. 省道的作用

通过省道收去衣服多余的衣料，能起到以下几点作用。

（1）配合穿着者的体型收省，能使服装更贴身，突显穿着者的曲线身型。

（2）收去衣服上多余的衣料，能使衣服穿起来更舒适、合体。

（3）作为服装设计中的一部分内容，能起到一定的装饰性作用。

（4）突显衣服外形的轮廓，增强衣服立体感。

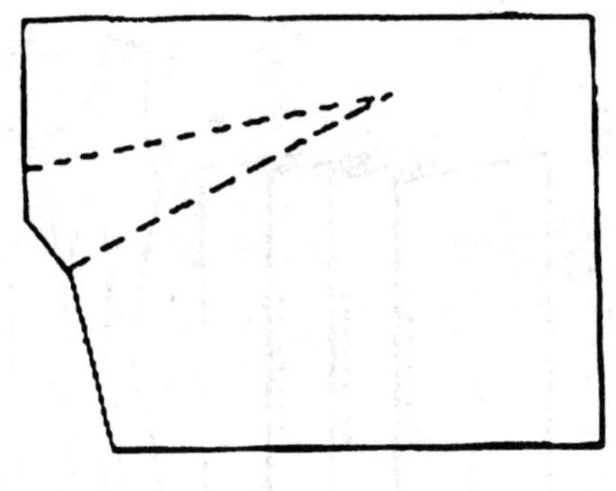

图 6—16　缝合前的平面效果

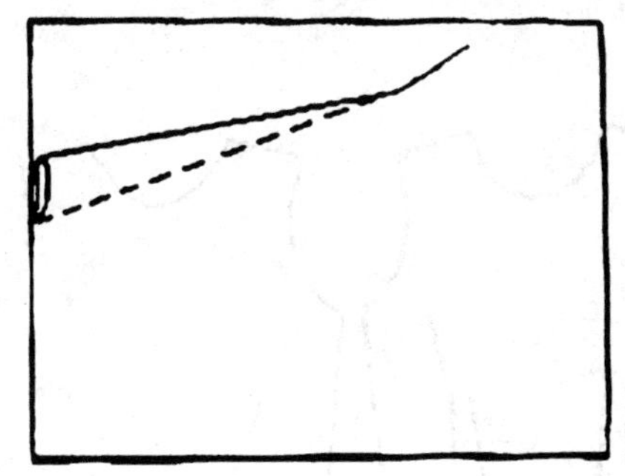

图 6—17　缝合后的立体凸面效果

2. 常见的省道形状

省道的形状通常随着身体部位的不同而改变，常见的省道形状有：笔直形的锥形省、中间大两头小的钉子省、弯曲的弧形省、钻石型的橄榄省、可活动伸展的开花省等，如图 6—18 至图 6—22 所示。

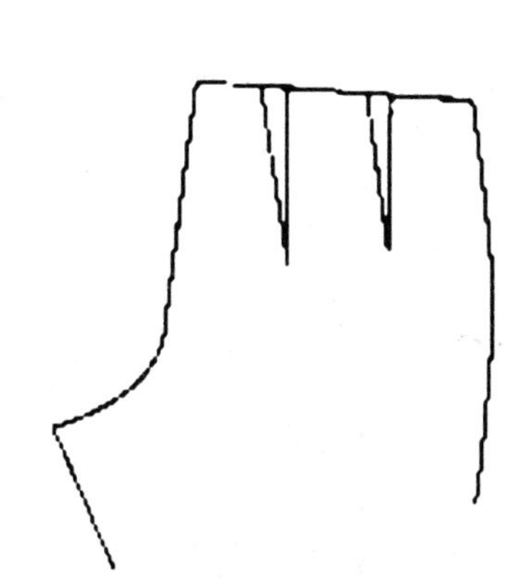

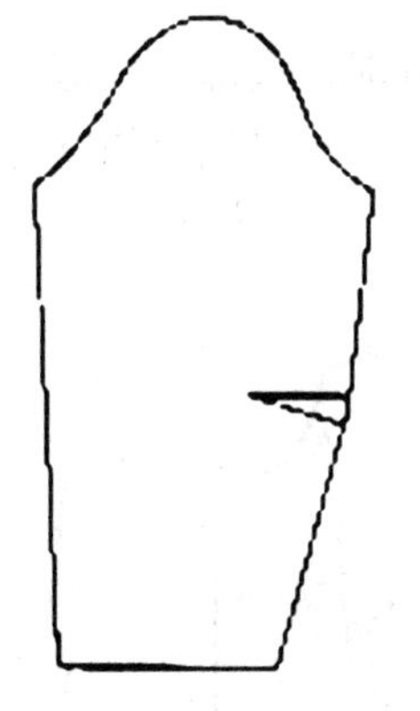

图 6—18　锥型省

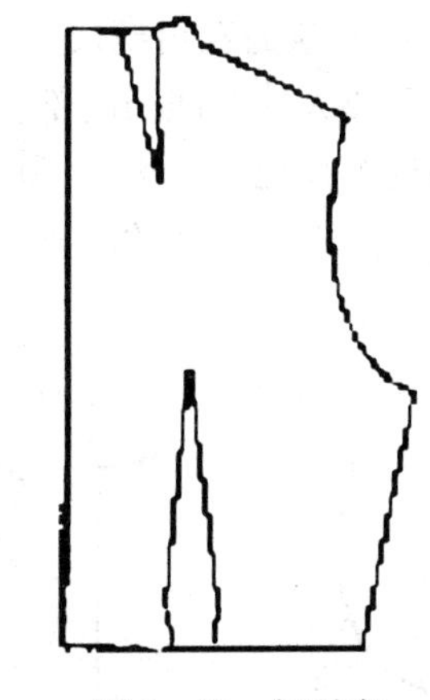

图 6—19　钉子省

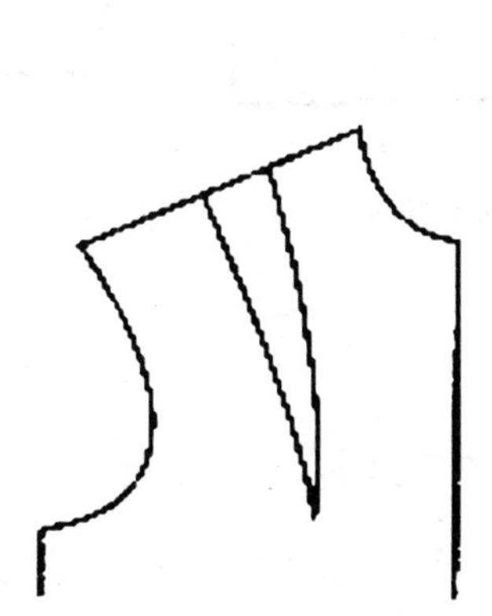

图 6—20　弧形省

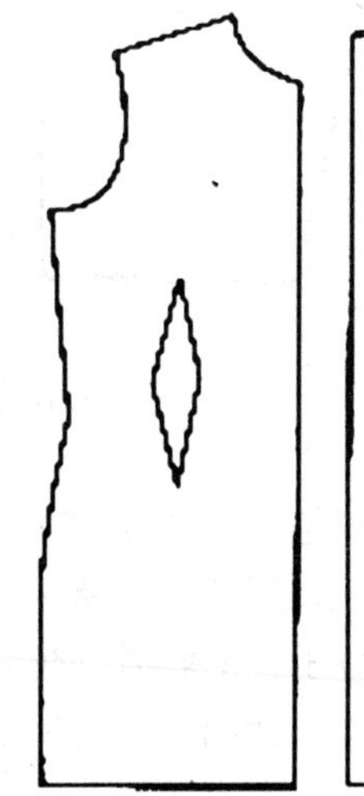

图 6—21　橄榄省

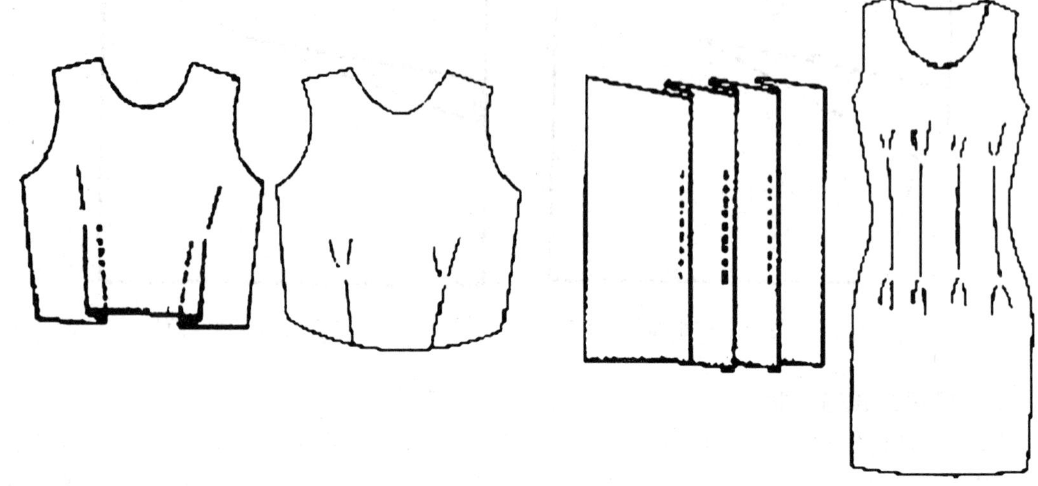

图 6—22　开花省

3. 省道的应用部位

只要人体有凹凸的部位，如胸部、臀部、腹部、腰部、手肘、后背肩胛骨以及前肩凹陷处等部位的衣物都可以加收省道，以使衣物贴身舒适。常见的收省部位有：

（1）上衣前片的收省部位，如图 6—23 所示。

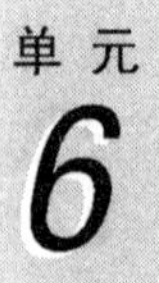

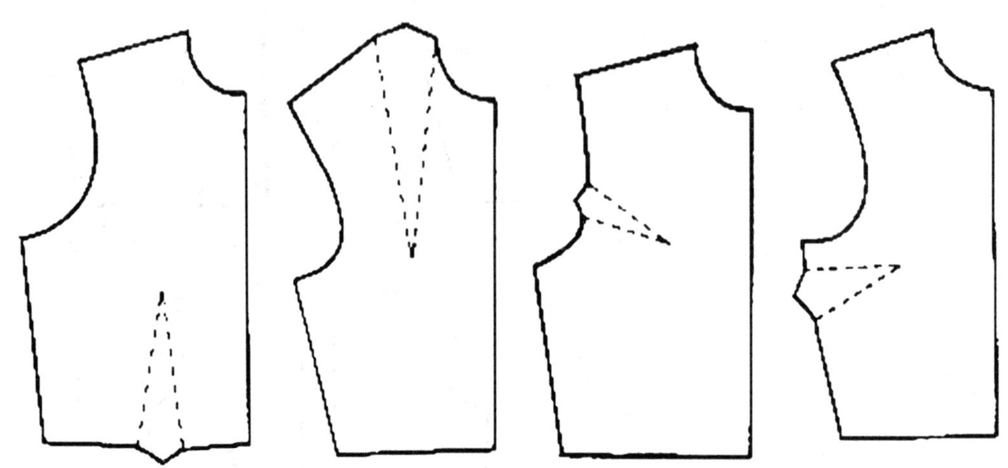

图 6—23　上衣前片的收省部位

（2）上衣后片的收省部位，如图 6—24 所示。

（3）衣袖的收省部位，如图 6—25 所示。

（4）下装（半身裙或裤子）的收省部位，如图 6—26 所示。

（5）连衣裙的收省部位，如图 6—27 所示。

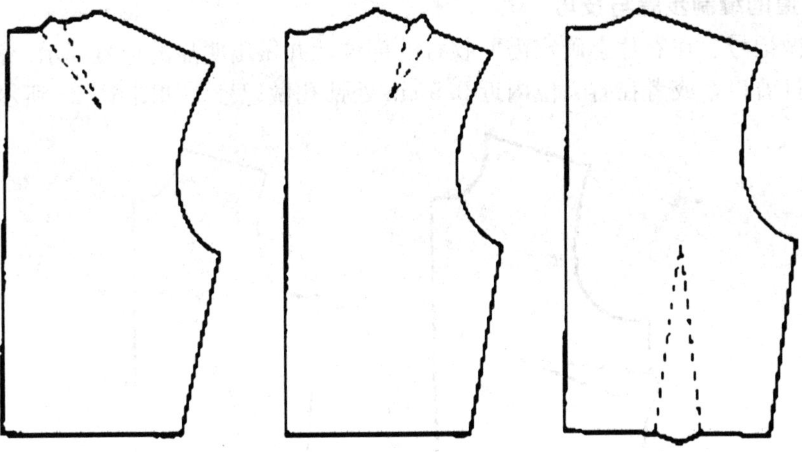

图 6—24　上衣后片的收省部位

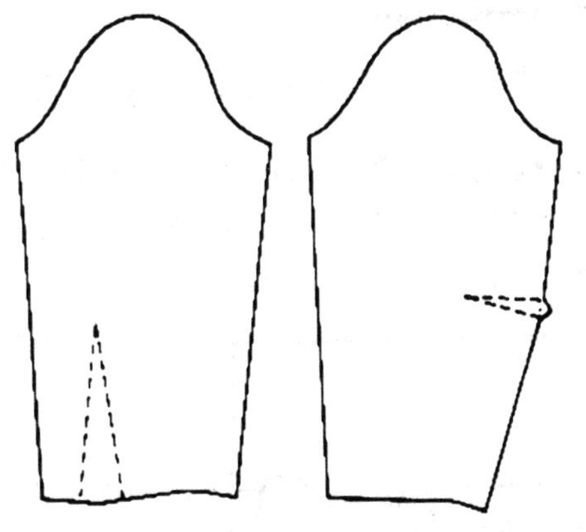

图 6—25　衣袖的收省部位

单元 6

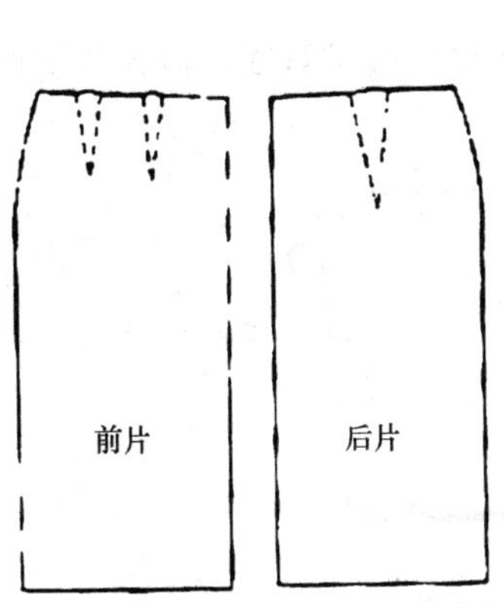

图 6—26　半身裙的收省部位

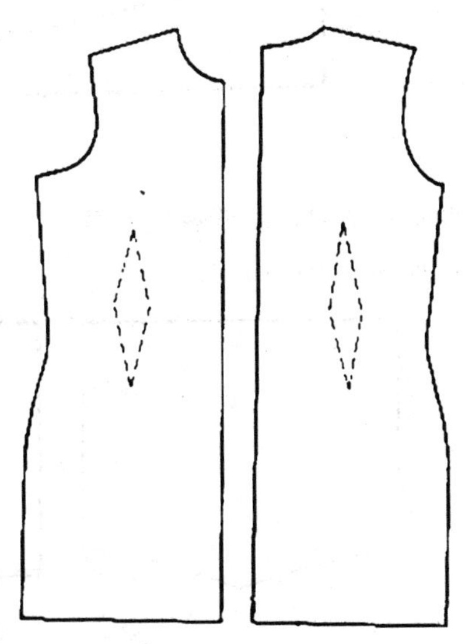

图 6—27　连衣裙的收省部位

4. 省道的缝制步骤与技巧

（1）做记号。在衣片上确定需要收省的部位，并做出明显的记号标示。例如在衣片的边沿位打剪口，或者在省尖位内近 0.5 cm 处钻孔做记号，如图 6—28 所示。

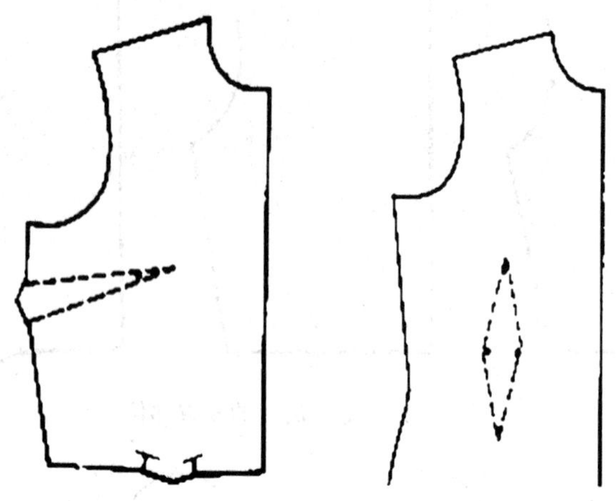

图 6—28　在前衣片的腰部做腰省记号

（2）缝合。缝合直形省道时，首先将衣片对折，省道的刀口位并齐，然后由刀口位朝着省尖缝合，起始端倒针。注意靠近省尖 1 cm 处时，尽量靠近衣片的折边缉缝直线，并溜针脱线，留出较长的线尾，待打结后再将线尾剪剩 1.5 cm 即可，如图 6—29 所示。

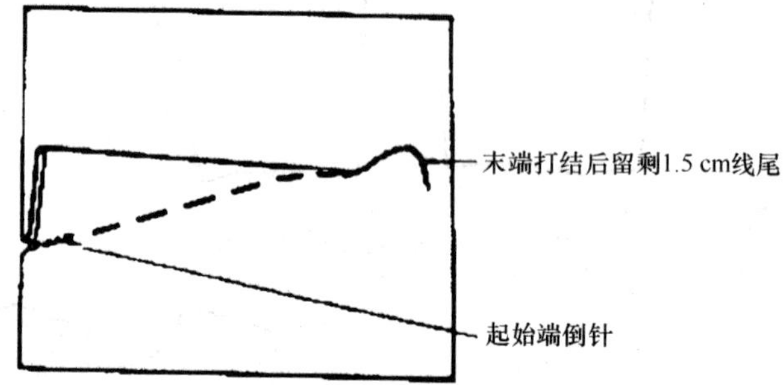

图 6—29　直形省道缝合法

缝合弯形省道时，缉缝省尖的最后三针要与面料折边呈直线，以免省尖凸起而影响外观效果，如图 6—30 所示。

图 6—30　弯形省道缝合法

缝合斜纹方向的省道时，可在省道的底部加缝一条定位带，以防省道被拉伸变形而起波纹或不平伏，如图 6—31 所示。

透薄面料由于底层衣料容易显露到外层，同时也容易被拉扯变形，所以通常不加省道。如果基于设计效果确实需要加收省道，可以在省道的底部添加窄条形的定位带。

厚重型面料例如大褛、西服等成衣，在缝合省道时有三种常用的方法，如图 6—32 所示。

● 方法一：收省后剪开省道并熨烫，以减薄省道的厚度。

● 方法二：在省道的底部垫一层布条一起缝合，然后修剪布条的省尖部位并分缝劈烫。

● 方法三：仅在省尖处加缝小布片，省道的中间部位剪开并劈烫，此方法既可减薄省道的厚度，又可防止省尖位由于过于厚重而影响外观。

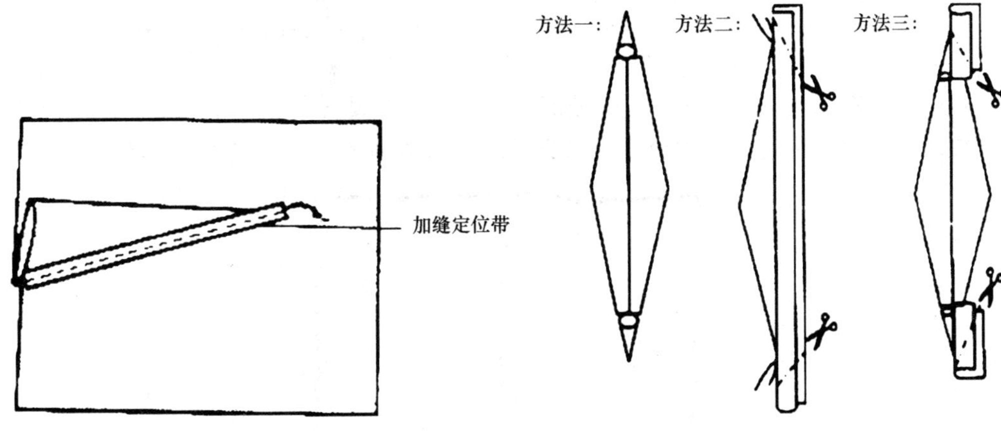

图 6—31　斜纹方向的省道缝合法　　图 6—32　厚重型面料的省道缝合法

（3）熨烫。熨烫省道时，将衣片的底部朝上，用熨斗尖部拨平省道。通常纵向的省道向中线烫倒，横向的省道向上烫倒，如图 6—33 所示。

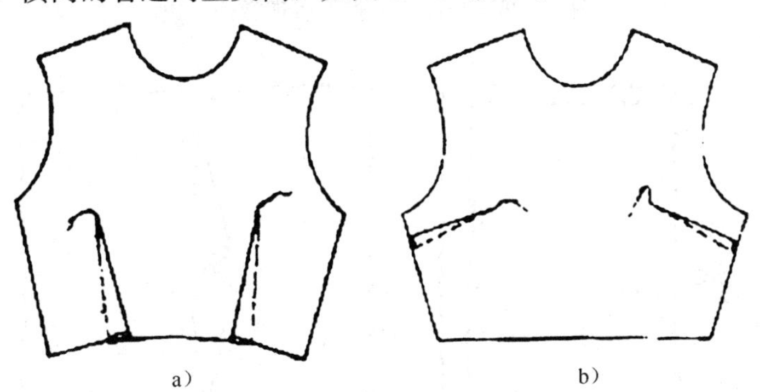

图 6—33　普通省道的熨烫方法

a）纵向省道向中线烫倒　b）横向省道向上烫倒

熨烫厚料的省道时，含里料或不易散口的服装需剪开省道再劈烫开缝，如图 6—34 所示；毛边容易脱散的面料可在省道下垫层布条一起缝合，然后再将省道和布条分缝烫平，如图 6—35 所示。

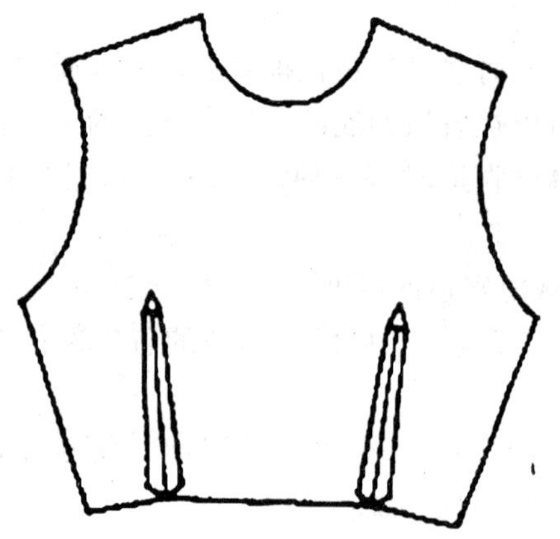

图 6—34　厚料省道剪开熨烫

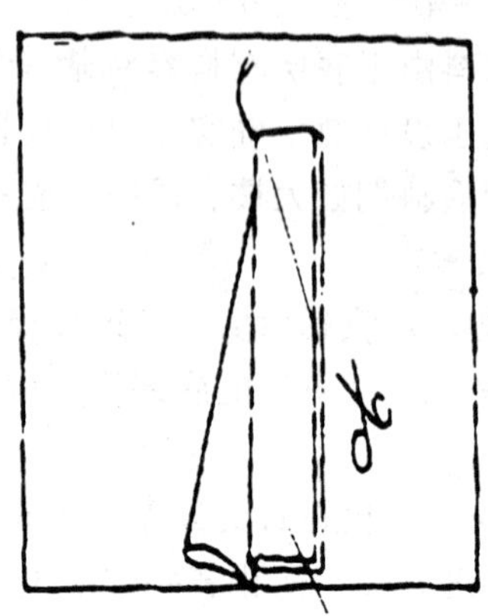

图 6—35　厚料省道垫布条熨烫

长而浅的榄型省道直接倒向一边熨烫平整即可，如图 6—36 所示。短而深的榄型省道熨烫时在省道中央打一个剪口，再将省缝往一边烫倒熨平整，如图 6—37 所示。

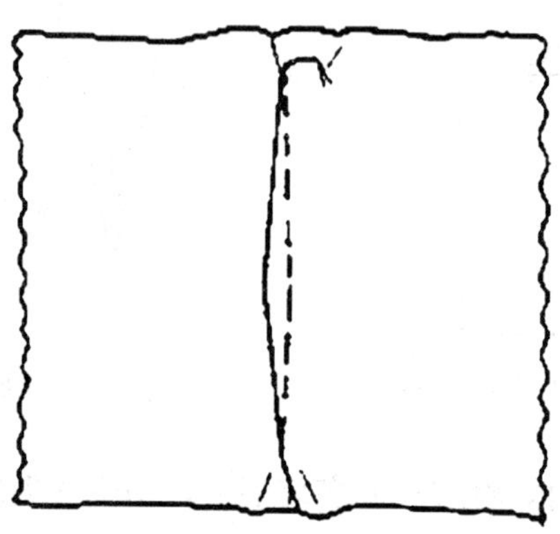

图 6—36　长而浅的榄形省道烫倒一边

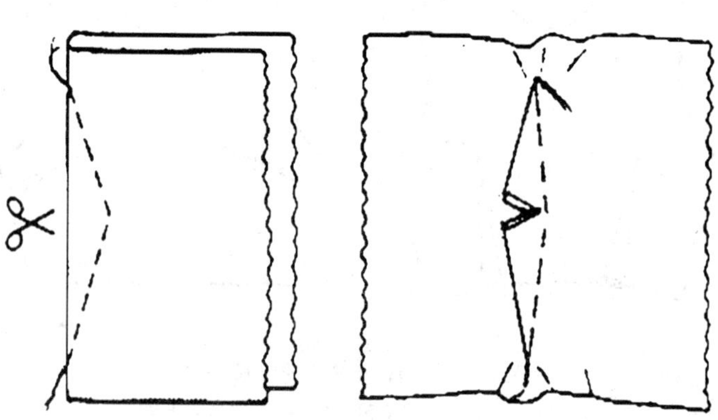

图 6—37　短而深的榄形省道打剪口再烫平

第三节　装饰性再造工艺

→ 掌握活褶的种类与缝制方法
→ 掌握条褶的种类与缝制方法
→ 掌握褶皱的种类与缝制方法
→ 掌握绗缝的种类与缝制方法

一、活褶

将衣物按照一定的设计要求多层折叠而成的可活动的褶裥，称为活褶，如图 6—38 所示。

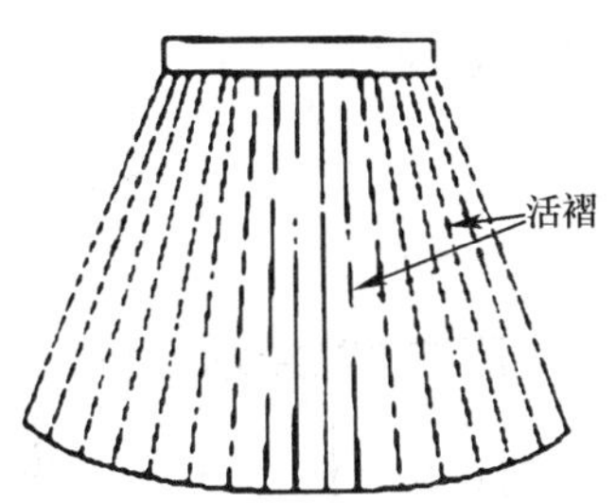

图 6—38　活褶在服装中的应用

1. 活褶的作用

（1）可使服装的活褶部位具有扩张延展性，使穿着者活动自如。

（2）活褶作为特别的款式设计，使服装具有流线型垂直线条的效果。

2. 活褶的种类与应用

常见的活褶主要分为：排褶、工字褶、风琴褶等。

（1）排褶，又称为刀褶，分为直线形和射线形两种，如图 6—39、图 6—40 所示。

排褶通常向左或向右单向排列折叠，相叠深度 1～5 cm，可活动，折边平滑整齐，适用于各种合成面料。如果相叠深度大于或等于 5 cm，则活褶数量通常控制在 1～2 个。

图 6—39　直线形排褶

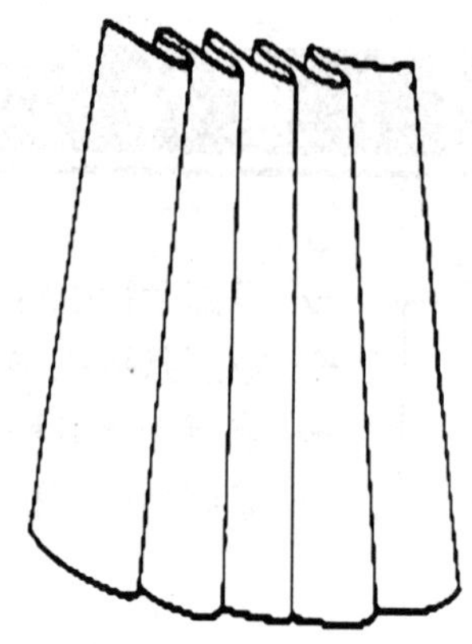
图 6—40　射线形排褶

（2）工字褶。工字褶是由两个相对折叠的活褶组成“工”字形状的箱型褶裥，分为外工字褶和内工字褶。

外工字褶通常是由两个相对折叠的活褶在服装的表面拼合而成，外观呈箱型的方块状，如图 6—41 所示。

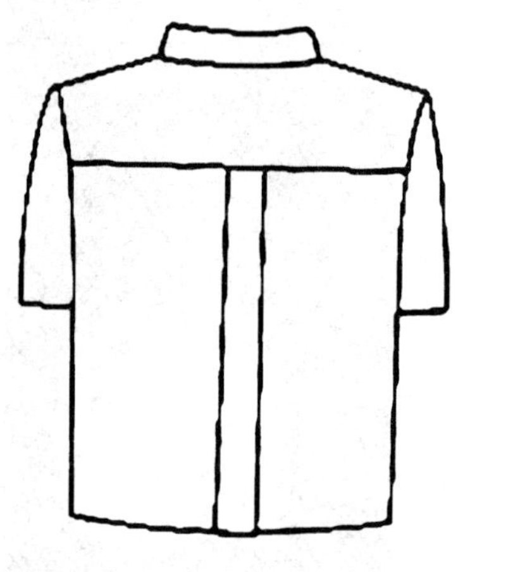

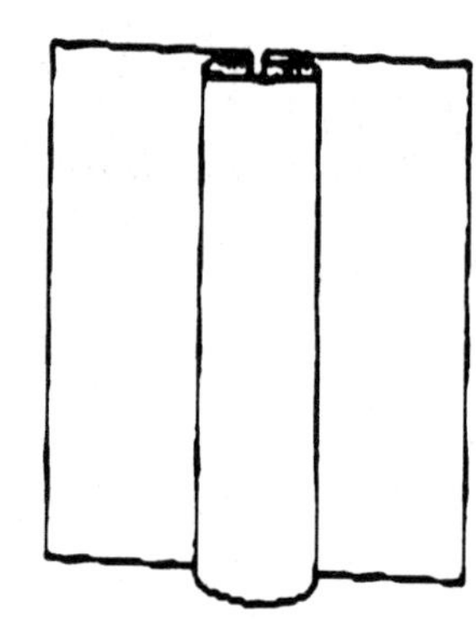
图 6—41　外工字褶

内工字褶由两个相对折叠的活褶在服装的内层相合而成，如图 6—42 所示。

脚褶又称为踢褶，属于内工字褶。脚褶通常出现在下装的前中部、后中部或侧缝的下部位，可以增宽脚围，使穿着者行走舒适自如。如图 6—43 所示，在裙衩的底部加缝一块底布，在裙衩的顶部加缝三角线迹固定底布。

工字褶适用于中等厚度面料制成的半身裙前后中缝、衬衫后中缝等部位，但不宜用于极富弹性的面料。

（3）风琴褶。风琴褶分为直线形风琴褶和扇形风琴褶两种。

直线形风琴褶的褶裥是分布均匀、相互平行、呈凹凸状的直线型活褶，适用于轻薄衣料的服装，多用于袖身、裙身等直形或圆筒形的部位，如图 6—44 所示。

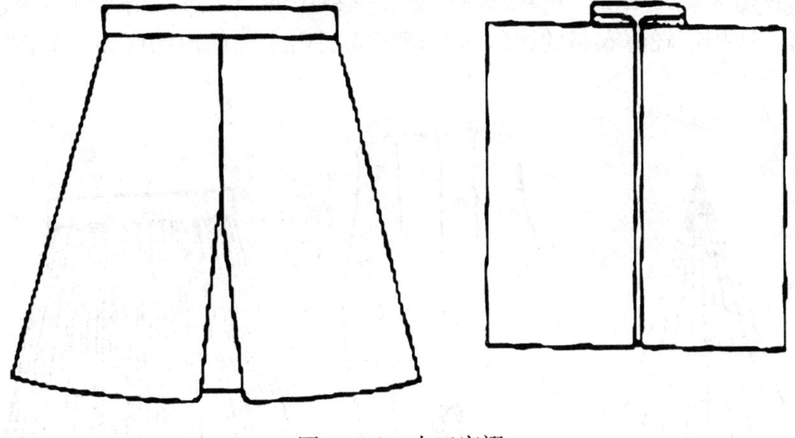

图 6—42　内工字褶

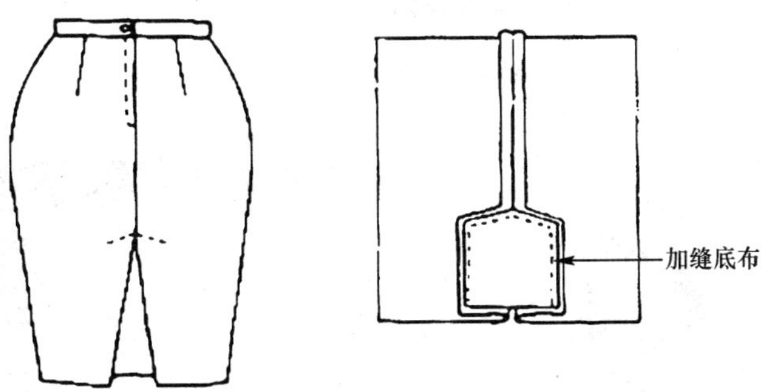

图 6—43　脚褶

单元
6

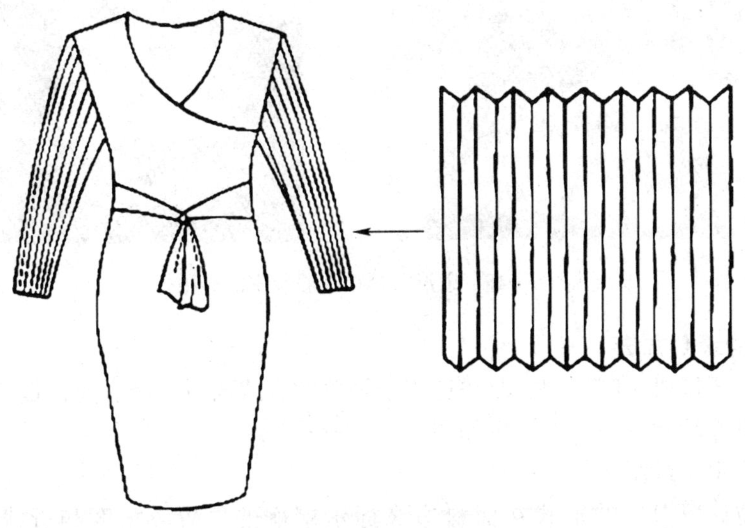

图 6—44　直线形风琴褶

扇形风琴褶又称为扇褶，褶裥形状犹如云缝射出的阳光般，是分布均匀、呈凹凸状的扇形活褶，适用于轻薄衣料的服装，多用于宽摆裙或圆柱形的服装，如图 6—45、图 6—46 所示。

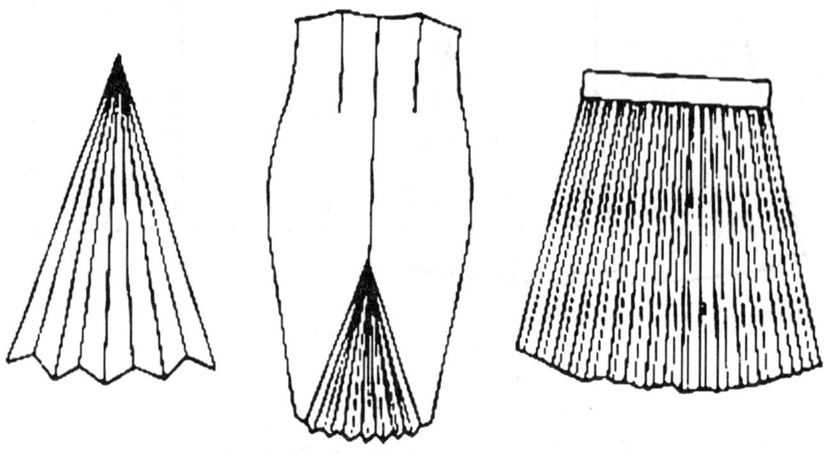

图 6—45　扇形风琴褶

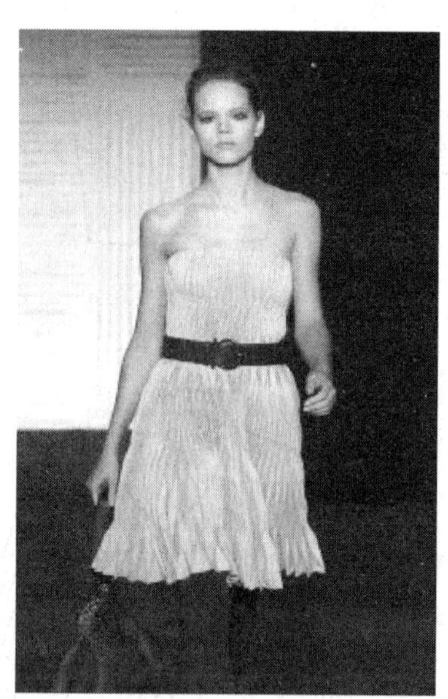

图 6—46　扇形风琴褶在服装中的应用

3. 活褶的缝制方法

方法一：压褶机压制定型。此法适用于轻薄的合成面料，制衣业批量订单生产通常会选用此法制作活褶。面料打褶机如图 6—47 所示。

方法二：手工缝制法。

（1）定位。以刀口的形式在面料边缘标示褶裥的位置、宽度和折线的位置，图 6—48所示为两个活褶的标示位置。

图 6—47　面料打褶机

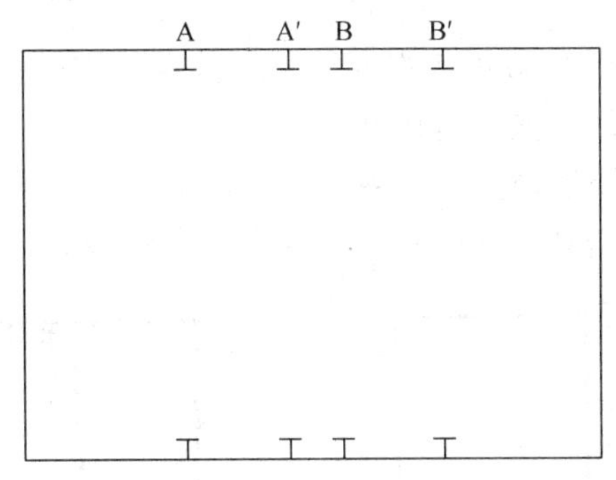

图 6—48　两个活褶的标示位置

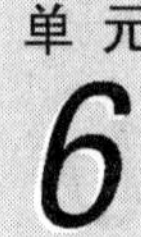

（2）折烫褶裥。沿着刀口折叠褶裥成型并熨烫平整，如图 6—49 所示。如果褶裥折叠的方向不是垂直方向，可在面料底层的折线处加粘牵带，使折线明显，并防止面料拉伸变形，如图 6—50 所示。

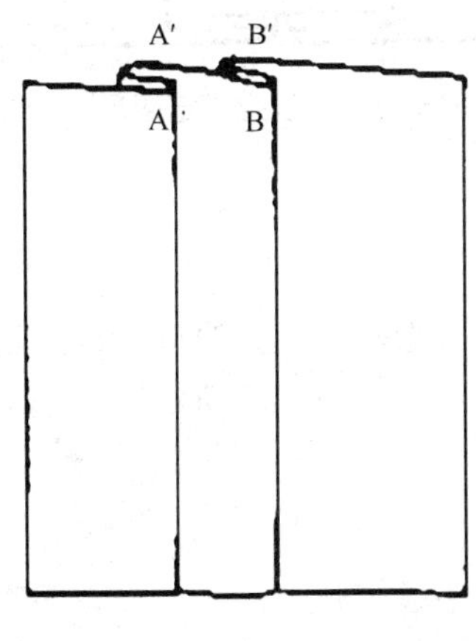

图 6—49　折烫活褶

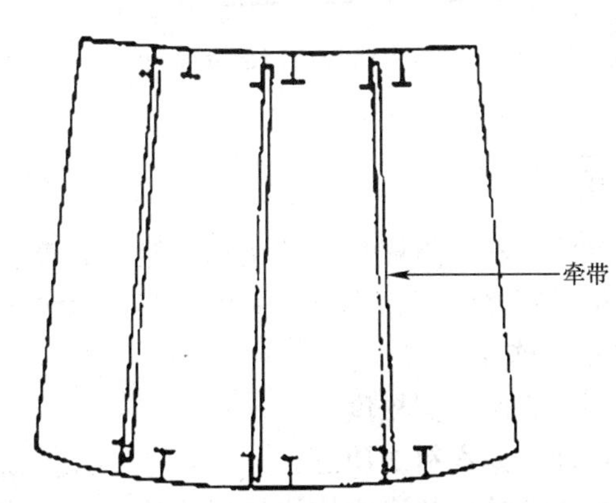

图 6—50　斜纹活褶底层加粘牵带

（3）缝合整理。在活褶的内褶边压上边线，或在活褶的正面压线固定，以使活褶伏贴平整，防止褶裥松散变形而影响外观，如图 6—51、图 6—52 所示。

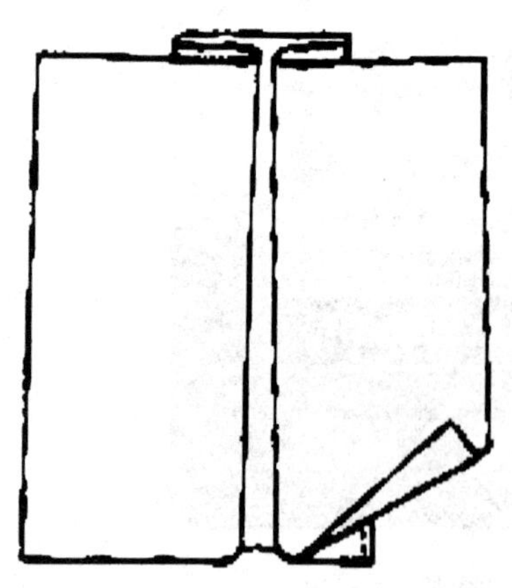
图 6—51　活褶内褶边位压线固定

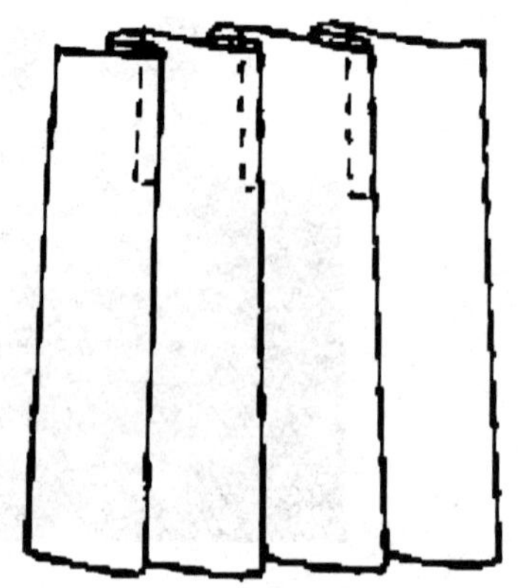
图 6—52　活褶正面压线固定

缝制大折裥的裙子时，为防止褶裥变形，只需在裙摆的内层钉几个暗扣将裙褶固定，即可使褶裥保持均匀活络又平挺伏贴。

缝制腰部有工字褶的下装时，建议剪去褶顶内层部分的面料，再压线固定，可避免腰部过于臃肿而影响穿着外观，如图 6—53、图 6—54 所示。

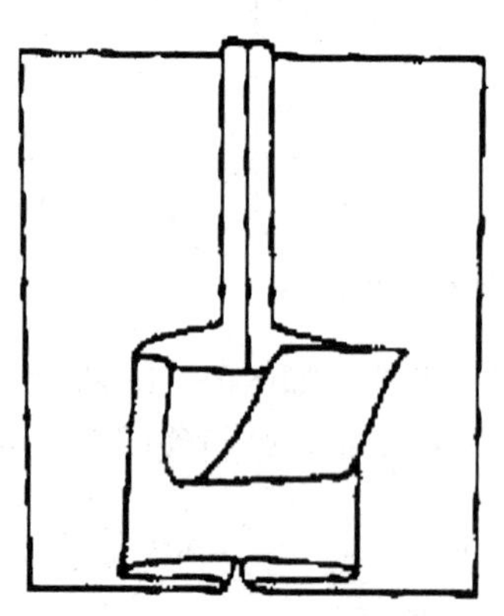
图 6—53　剪去褶顶内层部分面料

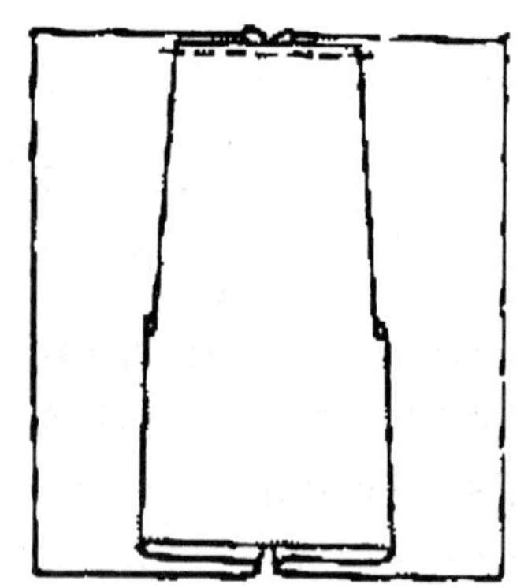
图 6—54　压线固定褶顶

二、条褶

条褶是将衣料覆折成排的小褶裥，然后沿着褶裥边缘从上至下纵向缉缝一道线迹固定而成。褶与褶之间互相平行，平均分布，无法活动，如图 6—55 所示。

1. 条褶的作用

（1）调整衣服的宽松度。

（2）增加轻薄衣料的质感。

（3）令素色的服装表面增添异域特色。

2. 条褶的种类和用途

条褶通常是将面料沿着一定的方向折叠后，沿着折叠部位缉线固定，使面料表面具有均匀的平行线或十字交叉线条的独特效果。常见的条褶包括：牙签褶、暗条褶、分隔条褶、管条褶、十字条褶、活条褶和弯条褶等。条褶一般无法张开延伸，缝合条褶后的衣片尺寸通常不会变动。

（1）牙签褶。牙签褶又称为针型塔克。牙签褶通常成组出现且平均分布，每个褶的折叠宽度通常为 0.3～0.5 cm，褶间距宽 0.3～1 cm，如图 6—56 所示。牙签褶适用于比较薄软或比较厚重的面料，但不适用于组织紧密的梭织面料，以免出现缩皱的现象。

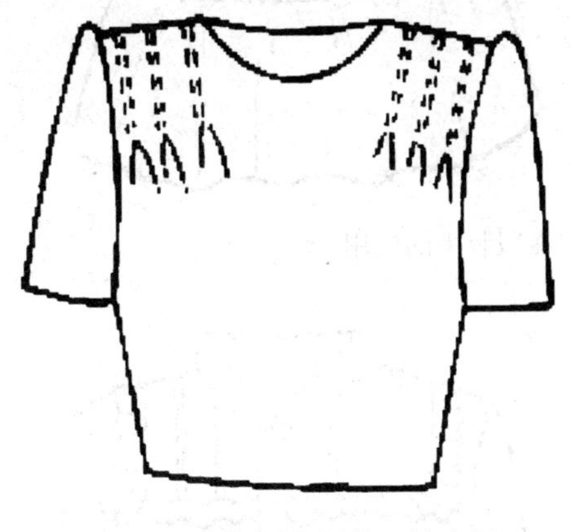

图 6—55　条褶在服装上的应用

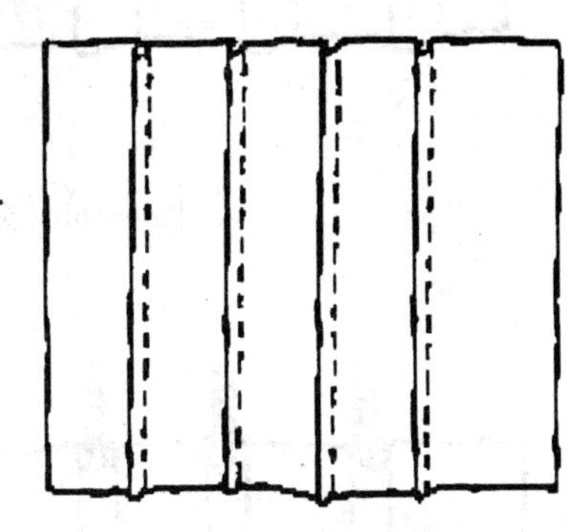

图 6—56　牙签褶

（2）暗条褶和分隔条褶。暗条褶每个褶的折叠宽度大约为 1～5 cm，褶与褶之间紧密排列，褶间无距离，如图 6—57 所示。

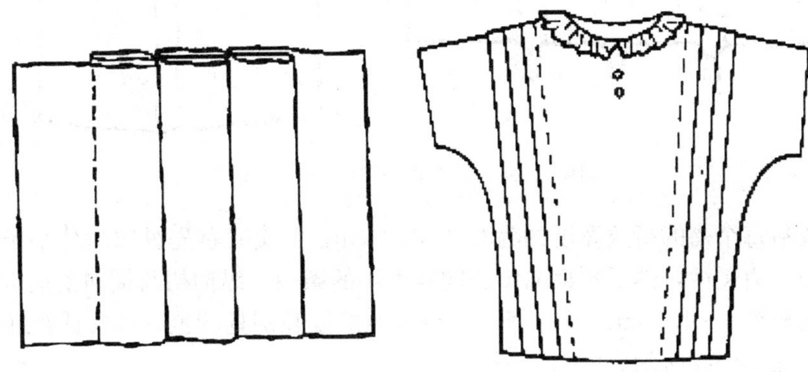

图 6—57　暗条褶

分隔条褶每个褶的折叠宽度约为 1～3 cm，褶间距离约为 0.5～2 cm，通常也是纵向缉缝牢固，无法活动。分隔条褶用于装饰素净衣料可增添异域风格，用于中等厚度的疏松的梭织面料，可以改变手感和硬挺度，如图 6—58 所示。

（3）管条褶和十字条褶。管条褶通常会在褶芯内藏入绳子，以达到凸起的效果，所以又称为蕊褶，如图 6—59 所示。

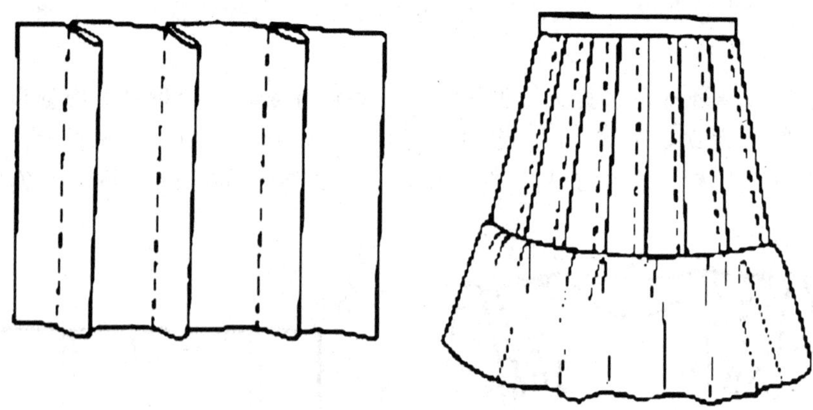

图 6—58　分隔条褶在服装中的应用

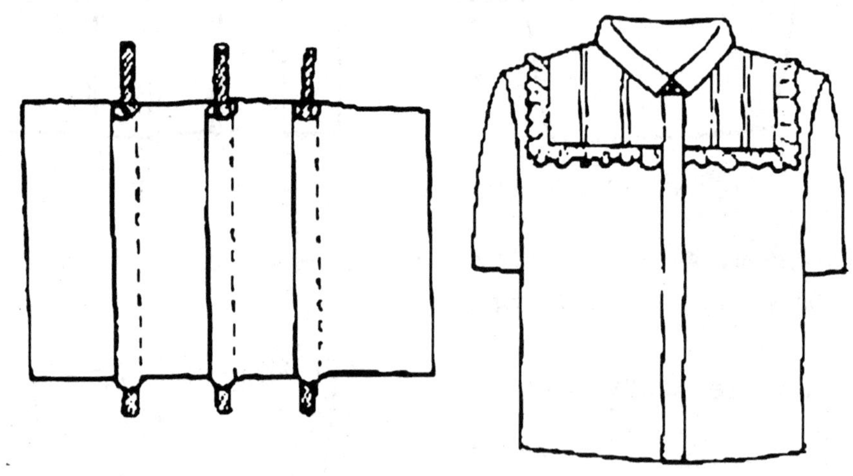

图 6—59　管条褶在服装中的应用

十字条褶每个褶的折叠宽度约为 0.3～0.5 cm，缝制时首先纵向缉缝小条褶，接着将条褶倒向一边熨烫，然后再横向缉缝同样大小的条褶。纵向褶与横向褶呈直角，各褶之间的交点相距 1～1.5 cm。十字条褶可令素色的服装别具特色，非常适宜在轻薄衣料上缝制，如图 6—60 所示。

（4）活条褶。活条褶又称为释放式条褶，采用两个或两个以上的条褶收去服装某部位多余的面料，在面料的正面、反面均可进行活条褶的折褶缝合，折叠宽度为 0.6～1.5 cm。缝合活条褶时，一般从某个缝边开始起针，仅缝合一定的长度后（如 3～15 cm）止针。活条褶呈现半活络的伸展状态，有水平向、垂直向或射线状多种形式，应用部位如图 6—61 至图 6—63 所示。活条褶独特的设计装饰，可以使应用部位达到宽松和隆起的效果，适用于轻薄至中等重量的衣料。

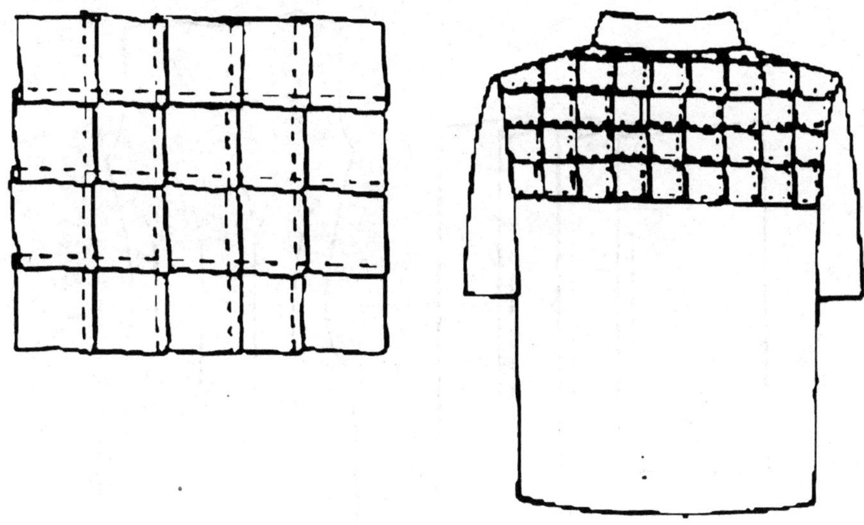

图 6—60　十字条褶在服装中的应用

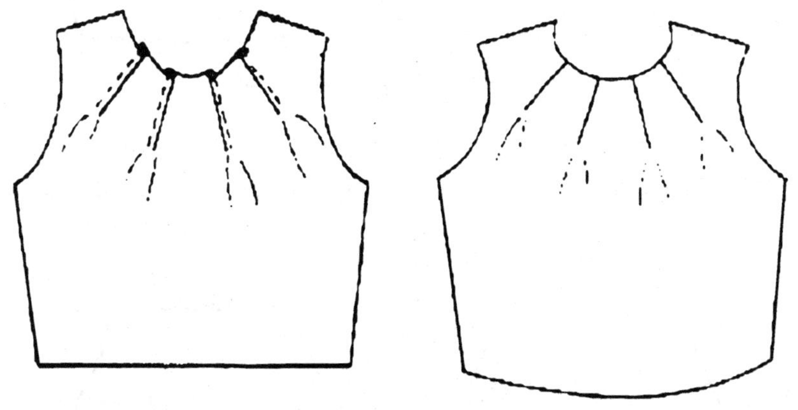

图 6—61　活条褶在领窝部位的应用（正反面均可）

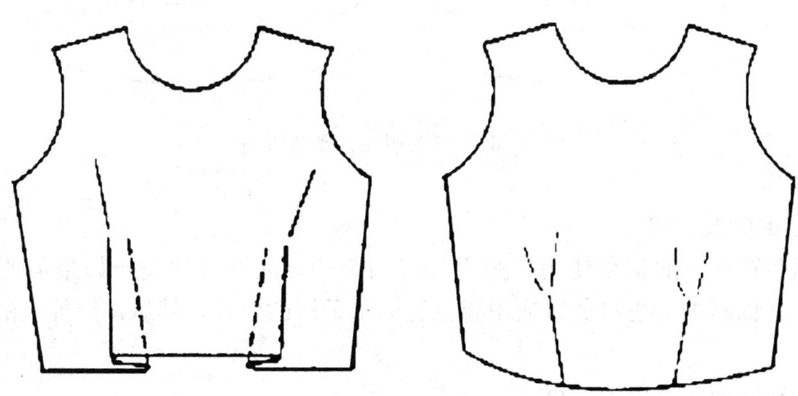

图 6—62　活条褶在衣摆部位的应用

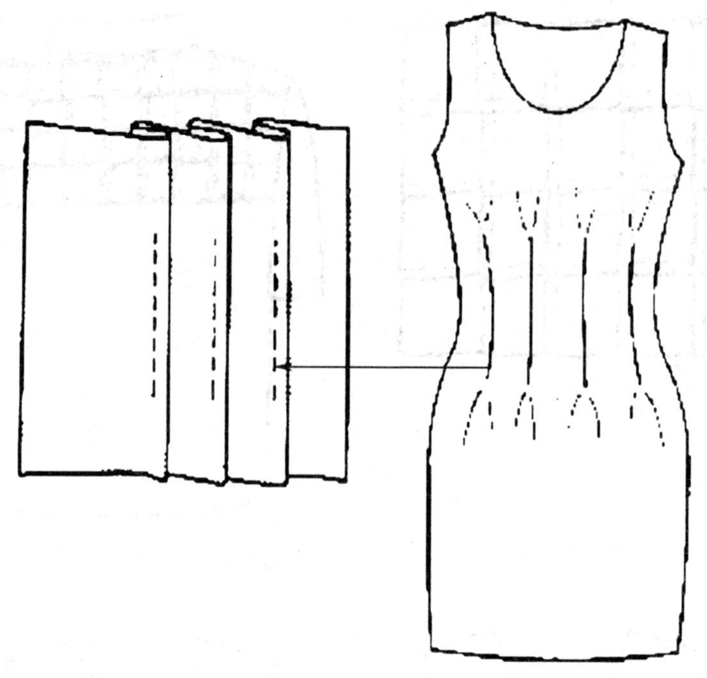

图 6—63　活条褶在腰部的应用

（5）弯条褶（见图 6—64）。弯条褶根据款式需要而弯曲覆折，褶宽通常控制在 1 cm以内。裙摆的围度越大，则弯条褶的折叠宽度必须越窄，否则褶位容易扭曲变形。

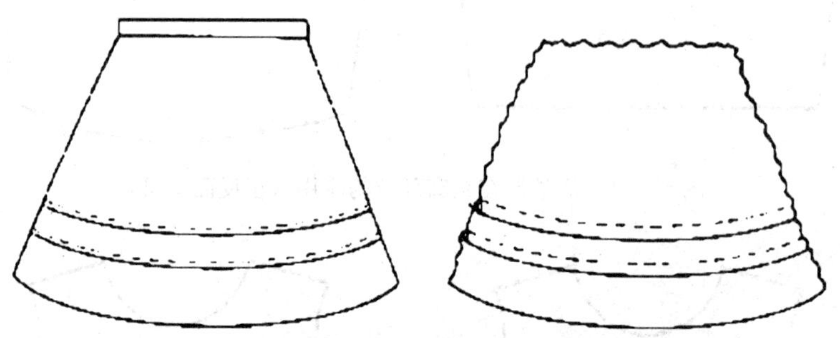

图 6—64　弯条褶在裙摆的应用

3. 条褶的缝制方法

在大量生产中，通常会使用拉筒附件缝制条褶，简便又快捷。如果需要用手工缝制，首先要在面料的毛边打剪口或用褪色笔标示条褶的位置，然后按照标示的位置折叠并缉缝条褶。

缝制条褶时应注意以下几点。

（1）由于缝合条褶的线迹会外露，所以应尽量使用配色线缉缝条褶。

（2）为防止线迹缩皱和破坏面料，应选用细针和细线进行缝合。

（3）适当调密线迹的密度，可以防止线迹脱散或起珠。

（4）缝制数量比较多的条褶时，可先预裁一块比衣片大的面料，在面料上缝制好一定数量的条褶后，再将纸样摆放在面料上做二次裁剪，如图 6—65 所示。

（5）窄小的条褶倒向一边熨烫，细条褶熨烫至竖起，宽阔的条褶可以在内折边缉线固定，或像处理工字褶一样向两边分中熨烫平整，如图 6—66 所示。

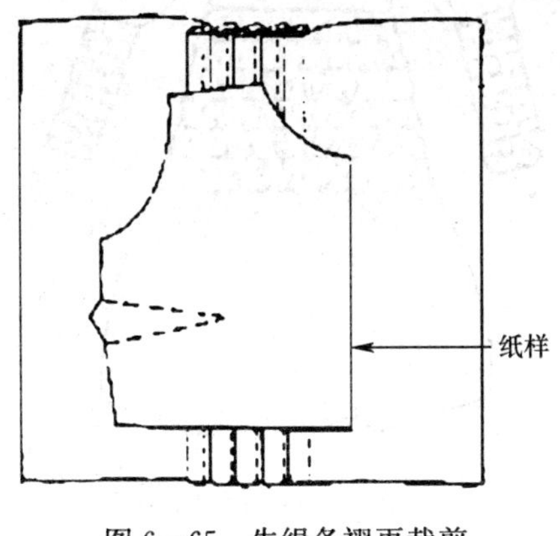

图 6—65　先缉条褶再裁剪

图 6—66　宽条褶分中熨平

三、褶皱

褶皱法是通过挤、压、聚、拧等方法，将面料再定型的工艺方法。不同的打褶方法，会产生不同的视觉效果，多用于女装、童装等时装中。

1. 褶皱的种类

（1）抽褶。抽褶是将布片堆拨成一串串细小的褶皱，使面料表面呈现不规则外观，从而缩短面料长度的工艺整理方法。通常用线或绳索缩聚面料其中一端而形成褶裥。抽褶效果应用广泛，通常应用于裙腰顶部、袖头顶部、袖口下沿、衣摆下口等大幅的衣片，如图 6—67 所示。

（2）缩皱。缩皱是在面料的表面缩缝多行平行装饰线迹，形成多行小细褶的效果，并以此调整服装宽松度的一种工艺方法。缝制缩皱时通常用橡筋线做底线，形成细小均匀的褶皱，如图 6—68 所示。

（3）荷叶边。荷叶边又称为皱饰花边，通常是先将一片长形布条进行抽褶处理，然后再将缩好抽褶的荷叶边装缝在服装的某个部位，如图 6—69 所示。加缝了荷叶边的部位能达到延伸加长的效果。

（4）打揽。先将长形面料进行缩皱或手工抽褶，然后在面料中间每隔一定的距离将几个活褶固定后车在一起，形成独特的图案线迹效果，如图 6—70 所示。

2. 褶皱的工艺特点及缝制方法

（1）抽褶。抽褶的工艺方法主要有手工法和机械法两种。

1）手工法。手工抽褶法分为线迹抽褶法和管绳抽褶法两种。

方法一：线迹抽褶法。

线迹抽褶法是先在需要抽褶的面料毛边位缝上一道线迹，线迹的起始端打结或倒

图 6—67　抽褶　　图 6—68　缩皱

图 6—69　荷叶边　　图 6—70　打揽

缝牢固，然后抽紧另一端线尾，将面料向线迹的固定端堆拨，当达到所需尺寸时锁紧线尾，再平均分布小褶裥，如图 6—71 所示。如果用平车缩缝，要先调疏调松线迹的密度和张力，以便后续抽褶工艺的操作。

线迹抽褶法适用于轻薄柔滑的面料，通常应用在袖头、袖口、袋口等小裁片。薄纱类面料宜用单线抽褶法，中等偏厚的面料为防止抽缩时线迹被拉断，最好使用双线抽褶法，如图 6—72 所示。双线抽褶法形成的小褶裥更均匀细密，线迹也不容易被拉断。抽褶长度视设计效果而定。

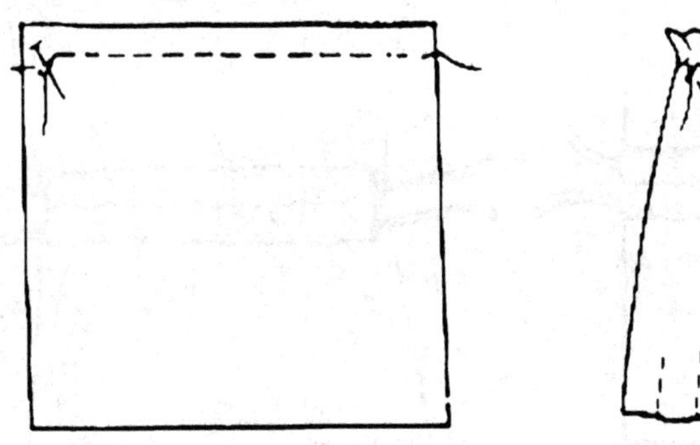

图 6—71　单线抽褶法

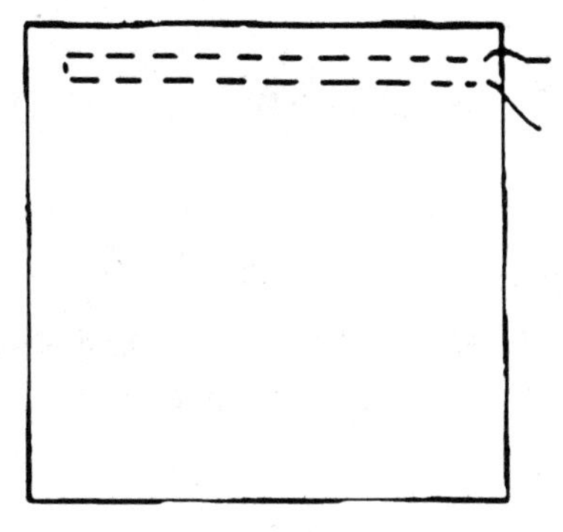
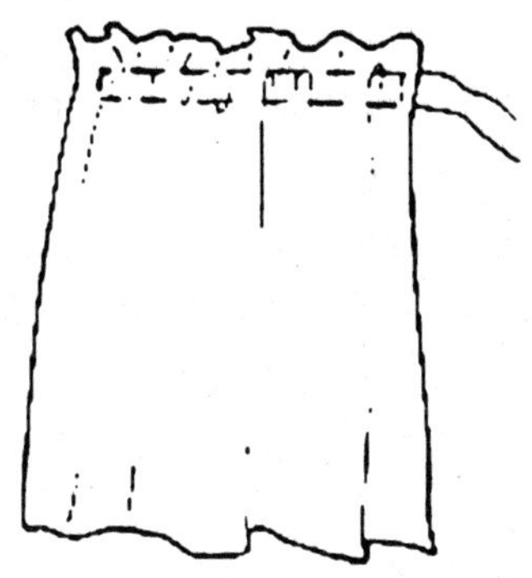

图 6—72　双线抽褶法

方法二：管绳抽褶法。

管绳抽褶法是在需要抽褶的部位包覆绳索并环折缝出一个或两个管状缝道，然后固定绳子的一端，抽紧另一端，将面料向固定端堆拨成均匀的小褶裥。管绳抽褶法适用于中等及厚重型的面料、垂坠感强的面料以及需要制作大幅褶裥的衣片，如图 6—73、图 6—74 所示。

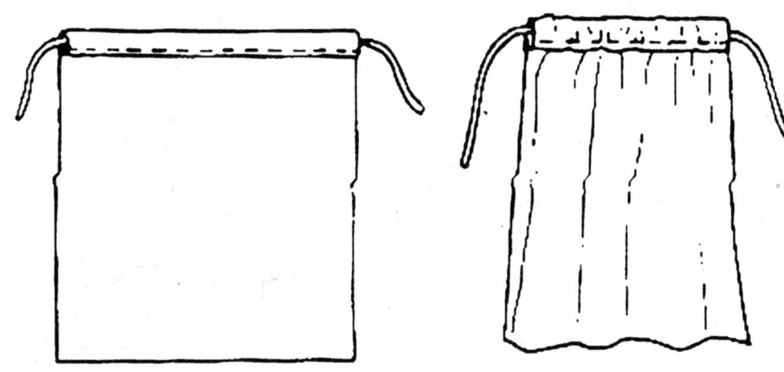

图 6—73　单绳抽褶法

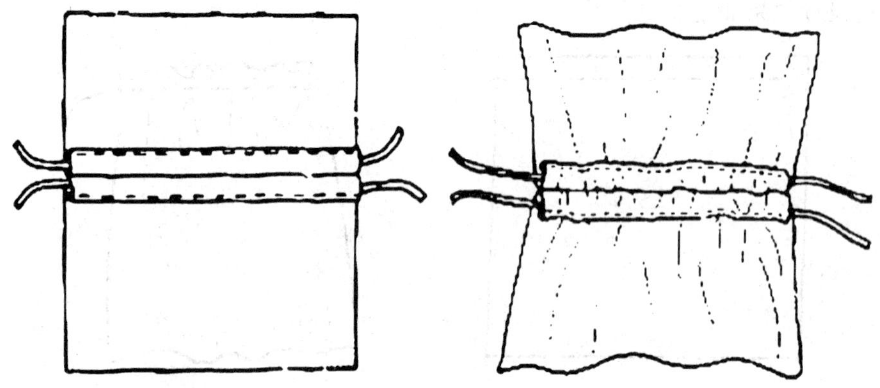
图 6—74　双绳抽褶法

2）机械法。机械抽褶法分为特种压脚法和差动输送法两种。

方法一：特种压脚法。

用于抽褶的特种压脚的后半部比前半部薄 0.1 cm，较薄的部分与送布牙之间形成空隙，使面料积聚于压脚的后半部而形成小褶裥，如图 6—75 所示。

特种压脚抽缩的褶皱尺寸较细小，褶裥效果无手工法明显，不同面料的质地、厚度、重量和种类的抽褶效果各不相同，故正式投产前应先试板，以便确认抽褶效果和面料抛量的多寡。因为特种压脚输送力度较薄弱，无法抽聚厚重型面料，所以特种压脚法只适合轻质面料的抽褶。

方法二：差动输送法。

差动输送法是使用有前后送布牙的设备，如图 6—76 所示。调节两组送布牙的转动速度，将靠近操作者的送布牙调快送布速度，远离操作者的送布牙放慢送布速度，从而缩聚面料形成褶裥。此法适用于轻薄和中等厚度的面料抽褶。

图 6—77 所示为抽褶在服装上的应用效果。

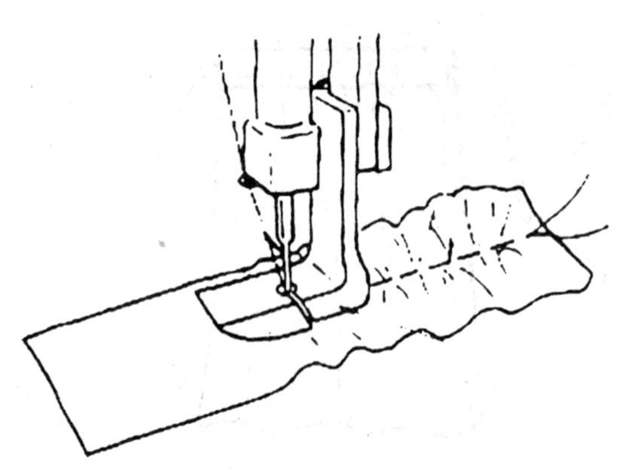
图 6—75　特种压脚法

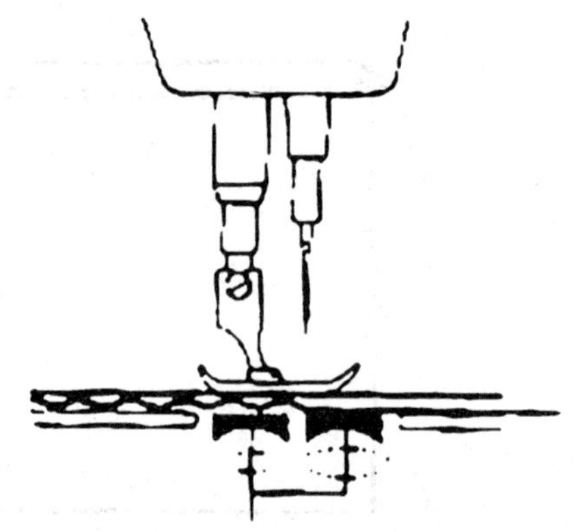
图 6—76　差动输送法

图 6—77　抽褶在裙子上的应用

(2) 缩皱。缩皱是通过缩缝多行线迹形成独特的皱褶表面。缩皱通常具有伸缩性，故缩皱制成的服装通常为均码。缩皱适用于轻薄衣料。

缩皱主要分为橡筋缩皱、方形缩皱和条褶缩皱三种形式。

1) 橡筋缩皱。橡筋缩皱分为橡筋底线法和橡筋扁带法两种工艺方法。橡筋底线法是用橡筋线做底线，用平缝线迹或链式线迹在面料上做缩缝处理。橡筋扁带法是用平缝线迹（见图 6—78)、链式线迹或人字形线迹（见图 6—79）将橡筋扁带固定在面料的底部，使面料缩聚成许多小褶裥并具有伸缩性。橡筋缩皱通常用于服装的胸、腹、臀等部位。

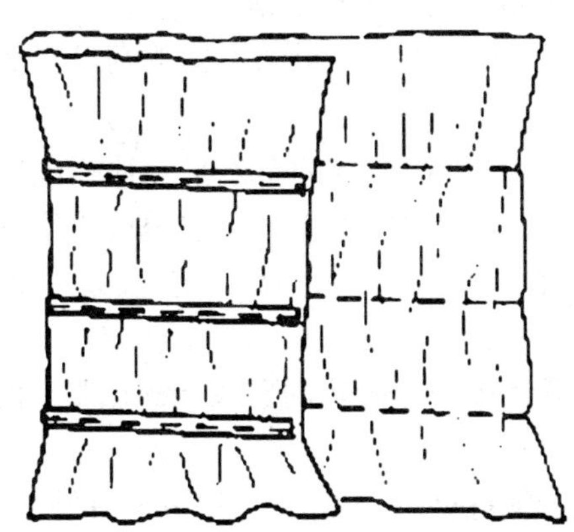

图 6—78　平缝线迹固定橡筋扁带

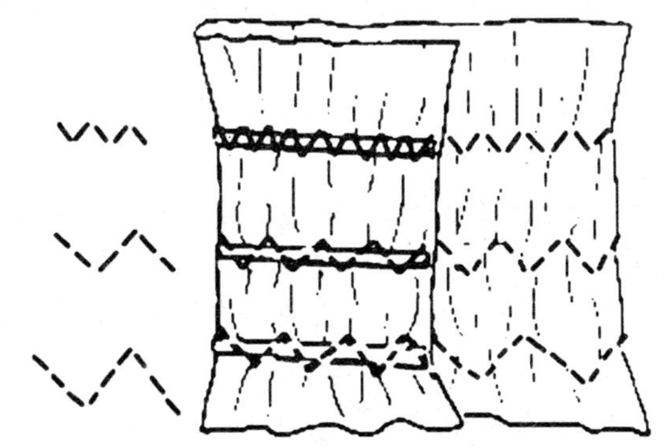

图 6—79　人字形线迹包封橡筋扁带

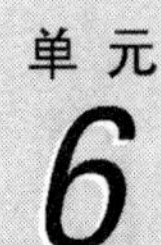

2) 方形缩皱。方形缩皱是用橡筋线做底线，在轻薄面料的纵向和横向均缉缝多行平行的线迹，使横向和纵向的线迹均具有伸缩性，线迹相互交错成非常特别的四方形装饰图案，如图 6—80 所示。

3) 条褶缩皱。条褶缩皱同样是用橡筋线做底线，在打了褶裥的条褶边缘缉缝一道边线而成。由于在面料的特定部位打了条褶，所以缩皱效果明显，如图 6—81 所示。

缩皱的拉伸性通常受以下几个因素的影响。

● 线迹密度：在合理的范围内，线迹密度越密，则缩皱的拉伸性越佳。

● 橡筋的品质：包括橡筋的宽窄、所含筋量以及橡筋的回弹性等，橡筋的质量越好，则缩皱的拉伸性越佳。

● 线迹行数与间距：在不影响面料强度的情况下，线迹行数越多，线迹的间距越密，则缩皱的拉伸性越佳。要注意的是线迹的行数应与面料的质感配合得当，才能发挥缩皱良好的拉伸性能，否则会因缩皱过度而使面料伸展不开。

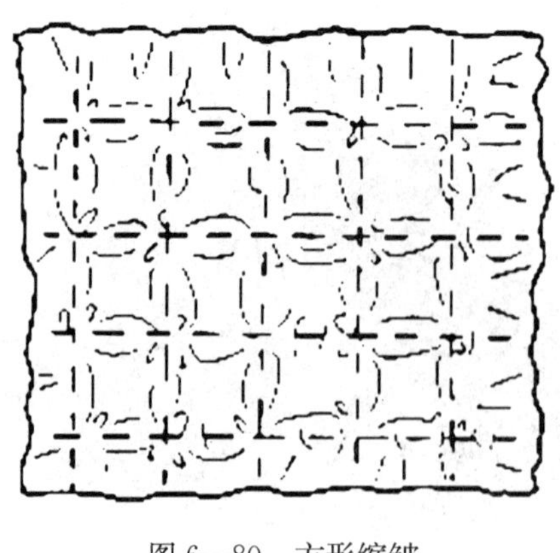
图 6—80　方形缩皱

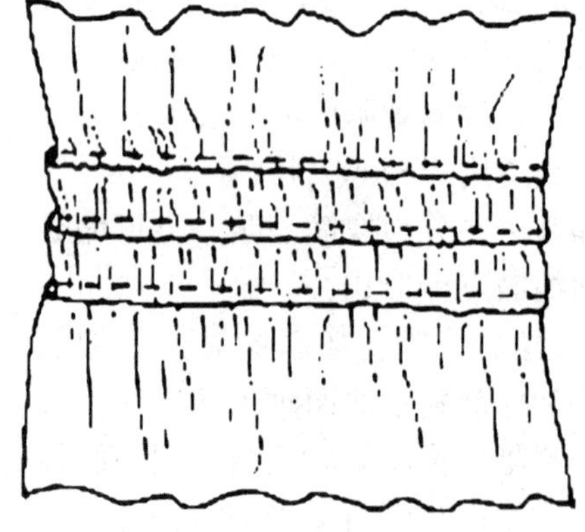
图 6—81　条褶缩皱

（3）荷叶边。荷叶边能加长或延伸服装的某个部位，如袖口、领边、裙摆等，同时有很强的装饰性能。荷叶边分为直荷叶边和圆荷叶边两种，均适用于柔软轻质的衣料。荷叶边与缩皱的区别在于：荷叶边只有一行抽褶，而缩皱则有多行抽褶。

1）直荷叶边。直荷叶边是由长形布条抽褶而成，分为平头荷叶边、露头荷叶边和双头荷叶边。

①平头荷叶边。平头荷叶边又称为齐边荷叶边，是将抽缩好的布条平整地折缝在服装的某个边沿位，如图 6—82 所示。其制法是：先将布条的外沿进行卷边或锁密珠整理，接着将布条抽褶至所需尺寸，然后将缩好抽褶的荷叶边接缝于服装适当的部位。

②露头荷叶边。露头荷叶边是将缩好抽褶的布条以外露小牙边的形式接缝在服装的某个边沿位，如图 6—83 所示。

③双头荷叶边。双头荷叶边是先在布条中央进行缩缝处理，然后将缩好碎褶的布条以中分的形式固定在服装的某个中间部位，如图 6—84 所示。

图 6—85、图 6—86 所示为荷叶边在服装上的应用。

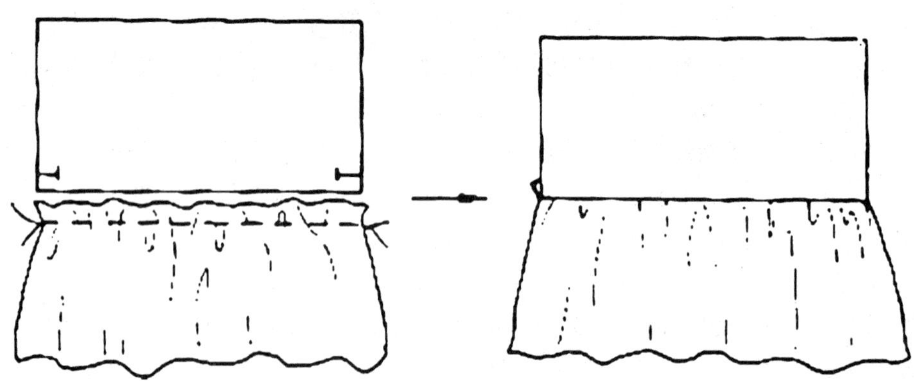
图 6—82　平头荷叶边

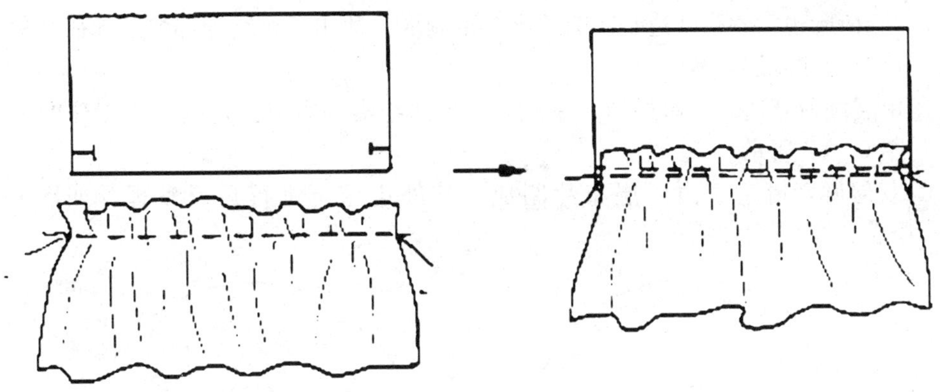

图 6—83　露头荷叶边

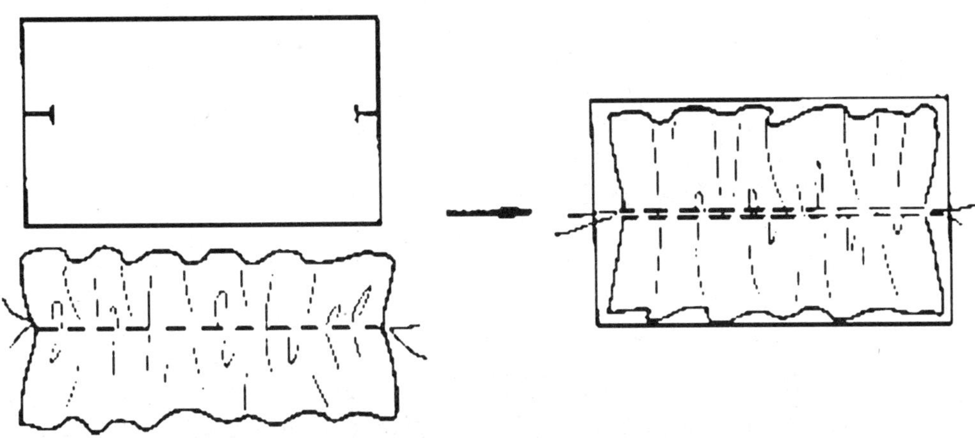

图 6—84　双头荷叶边

图 6—85　平头荷叶边在服装上的应用

图 6—86　双头荷叶边在服装上的应用

2）圆荷叶边。圆荷叶边是由圆环形布条制成，适用于领线等部位。圆荷叶边分为单层圆荷叶边和双层圆荷叶边。

①单层圆荷叶边。由单层布片制成，其外边缘需要做双折边缝或锁密珠的毛边整理，如图 6—87 所示。

②双层圆荷叶边。由两层布片制成，其外边缘可进行运反整理，如图 6—88 所示。

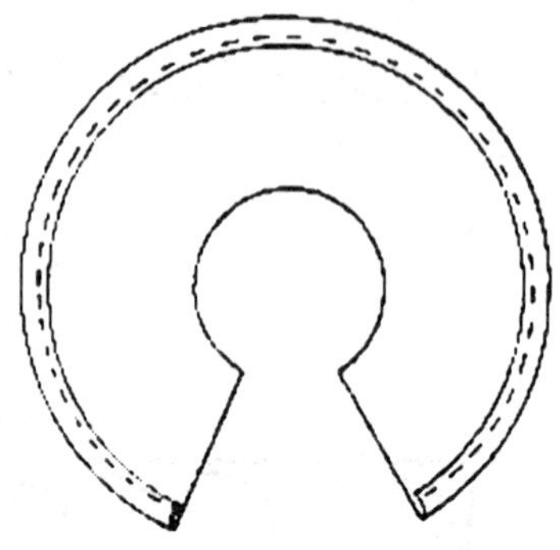

图 6—87　单层圆荷叶边

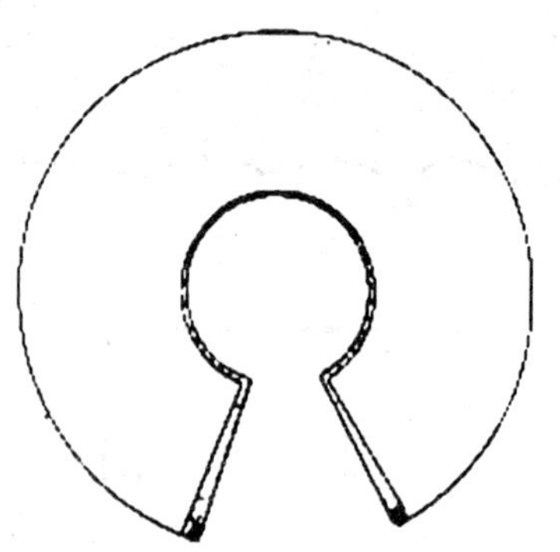

图 6—88　双层圆荷叶边

当需要较长的荷叶边或希望荷叶边的褶裥波纹更多、更明显时，可接缝多片圆环形布条，也可以用螺旋式的方法裁剪荷叶边布条，如图6—89所示。

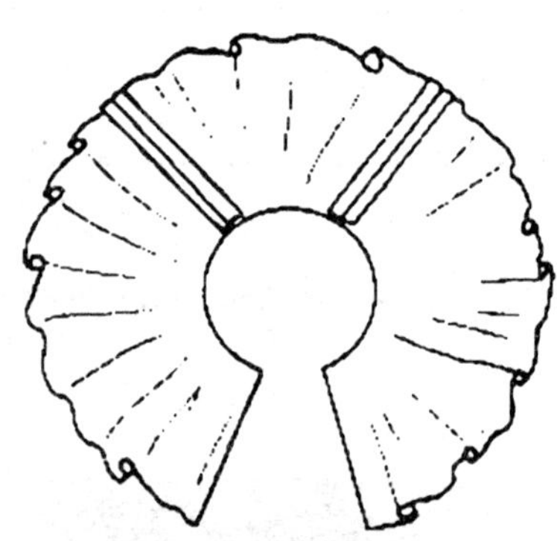

图 6—89　多片圆环形布条

（4）打揽。打揽是在衣料表面用不同的色线缉缝精美的线迹，以便将衣料缩成所需的长度。打揽线迹外观各异，装饰性强，常见的有浪形线迹和榄形线迹，如图 6—90、图 6—91 所示。根据不同的制作方法，打揽可分为手工打揽和机械打揽两种。

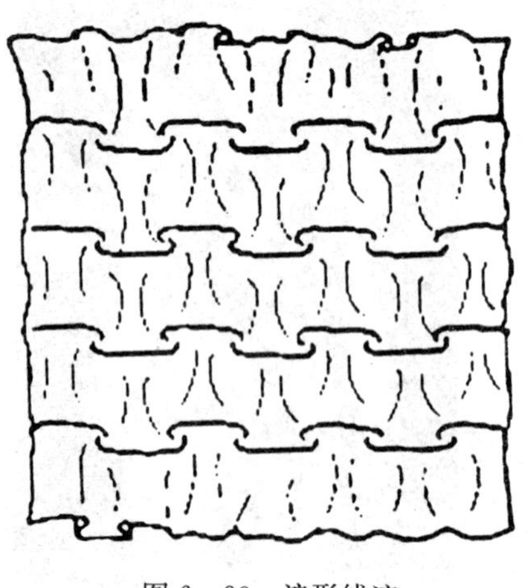

图 6—90　浪形线迹

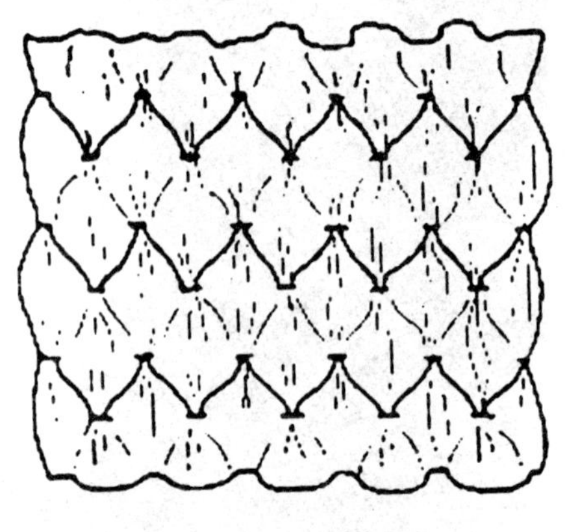

图 6—91　榄形线迹

1）手工打揽。手工打揽通过手针完成，完成后无伸缩弹性，适用于不易被拉扯的衣服部位，如袖头等，如图 6—92 所示。

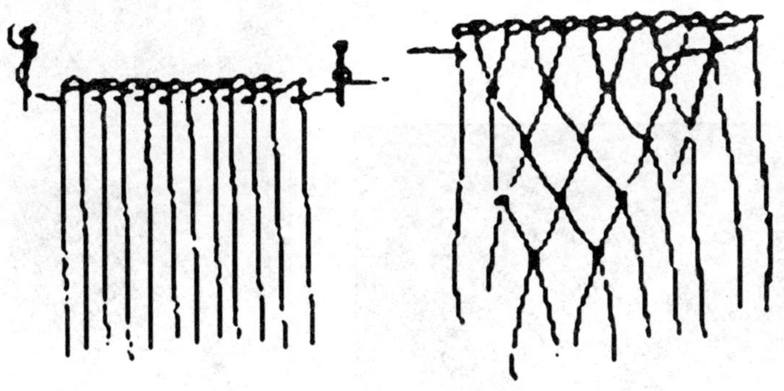

图 6—92　手工打揽

2）机械打揽。机械打揽是用特种设备直接在面料上缝合多行装饰缩缝线迹而成。轻质型的皱布最能发挥打揽的效果。机械打揽通常应用于上衣约克、衫身前胸、腰围、袖头等部位，其制法是：先在面料上缩缝数行平行的缩皱线迹，线迹宽度交错相距 0.5 cm和 1.5 cm，然后用绣花机在相距 0.5 cm 的两行窄的线迹之间缉缝五彩装饰线迹。机械打揽通常需要在底部垫衬布，以使输送平滑，面料不易缩聚，同时能更好地承受机针穿刺和机车拉伸的外力作用，如图 6—93 所示。

缩皱与打揽的区别在于：缩皱是以平行线迹缩缝面料，而打揽则会在两行缩皱线迹间绣上各种彩色的绣花线迹。

机械打揽制成的服装具有一定的伸缩性，可作为均码服装适合各种体型的穿着者。图 6—94、图 6—95 分别为打揽在面料和服装上的应用效果。

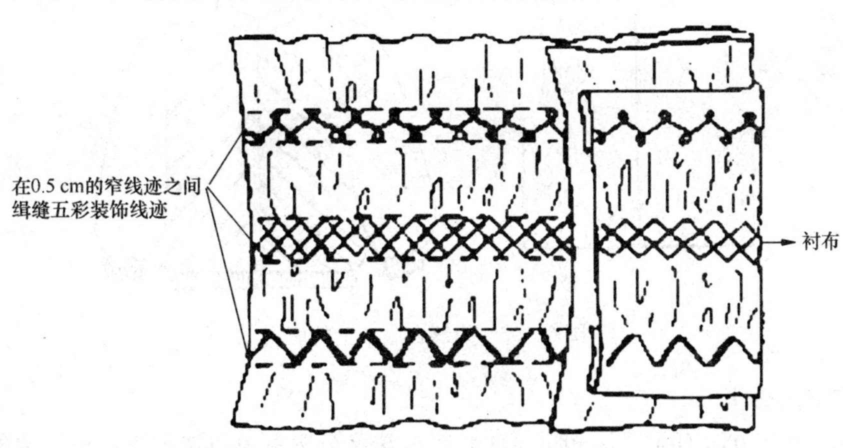

图 6—93　机械打揽

图 6—94　打揽在雪纺面料上的应用

图 6—95　打揽在服装上的应用

四、绗缝

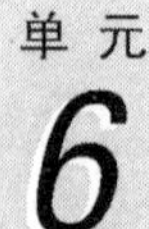

绗缝是在两层织物中间加入适当的填充料后，用手工或衣车在裁片表面缉缝浪形、菱形或其他式样的明线迹，用多层重叠的衣片将羽绒、丝绵等填充料夹缝在一起，增加衣物厚实、温暖感的同时，产生浮雕的丰满效果，具有一定的装饰性，如图 6—96 所示。

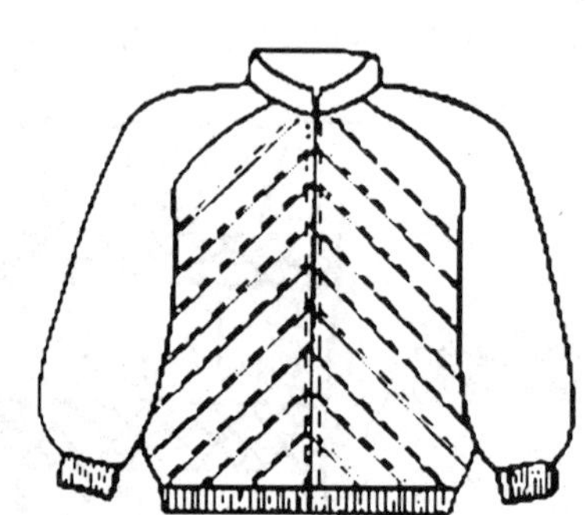

图 6—96　绗缝在服装上的应用

1. 绗缝的分类

绗缝的工艺方法有手工法和机械法，机械法又分为绗绣机法和平缝机法两种。

（1）手工法。手工法是早期家庭式作坊的绗缝工艺，通常将夹着填充料的多层面料用手针线迹固定。此法费时，现在已经很少使用。

（2）绗绣机法。绗绣机法是使用专门的绗绣机（见图 6—97）缉缝出预先设定好的线迹。此法简单便捷，效率快，质量高，是羽绒服企业批量生产的首选方法。绗绣机法的各种绗缝效果如图 6—98、图 6—99 所示。

（3）平缝机法。平缝机法通常需要先在布面画出准备缉缝的图案，然后用平缝机缉缝而成。这种方法要求缝纫线必须有足够的韧性和耐高温性，以便穿越数层布片而不会断线。只有偶尔接到羽绒服类订单的企业才会使用这种方法。

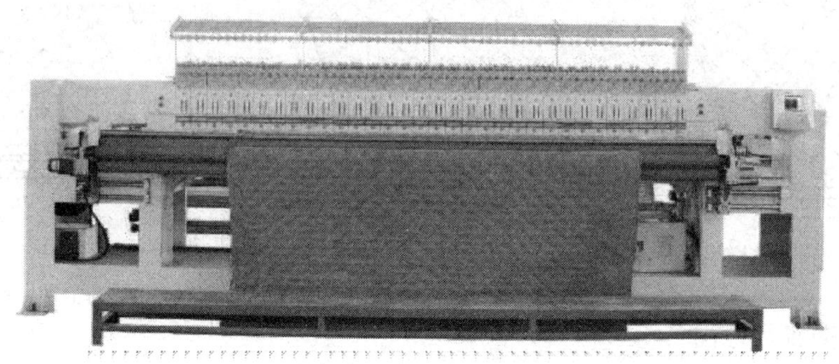

图 6—97　绗绣机

图 6—98　骨纹线迹绗缝效果

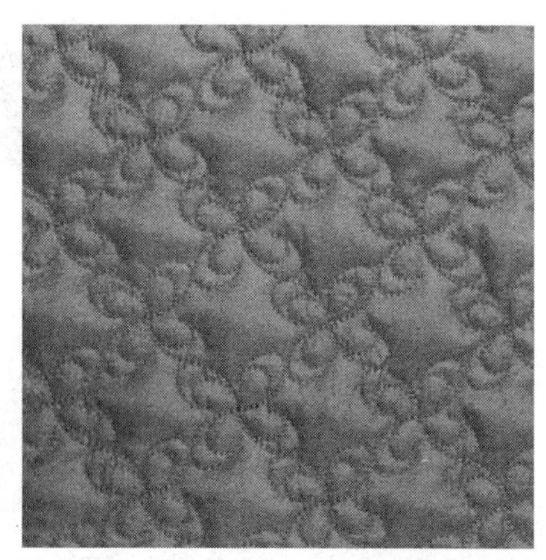

图 6—99　梅花线迹绗缝效果

2. 绗缝的缝制方法

（1）手工绗缝通常是在填充料上铺上里料，然后用手针纳上数行针线，再铺上面料固定周边毛边后，与其余衣片缝合成衣。完成后的服装表面不露出绗缝线迹。

（2）绗绣机绗缝的操作非常简单，只需在设备上选定需要的线迹图案即可。绗绣机生产出的均是整幅面料的产品，直接裁剪缝合即可。

（3）平缝机绗缝相对比较复杂，其缝制步骤包括：

步骤一：预裁出需要绗缝的衣片，一般裁出的衣片会比实际纸样周边大 3～5 cm。

步骤二：设定绗缝线迹，或在衣片上画出准备绗缝的位置和图案。

步骤三：使用平缝机，按照预定的轨迹绗缝。

步骤四：根据实际纸样修剪多余的毛边和露出的填充料。

步骤五：缝合成衣。

含有里料的服装，必须将里料、填充料与面料一起绗缝固定，常用的绗缝方法有一次性绗缝法（见图 6—100）和分步绗缝法（见图 6—101）。分步绗缝法是先绗缝面料和填充料，然后再沿着衣片的边沿固定里料。

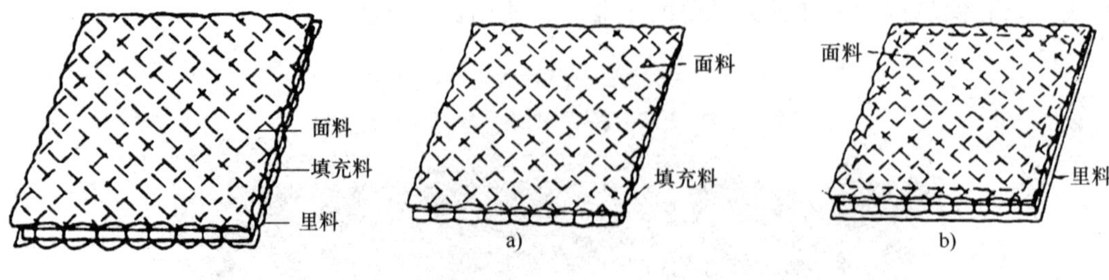

图 6—100　一次性绗缝法

图 6—101　分步绗缝法

a）先绗缝面料和填充料　b）再沿着边沿固定里料

3. 绗缝的应用范围

绗缝工艺通常用于夹棉马甲、羽绒服、厚外套、夹克衫、风衣、滑雪衫等冬用服饰，以及空调被套、冬用床罩等床上用品，如图 6—102 所示。

图 6—102　绗缝在床上用品中的应用

单元测试题

一、填空题（请将正确的答案填在横线空白处）

1. 面料再造是指根据设计需要，对成品面料进行________工艺处理，使之产生新的艺术效果的工艺手法。

2. 根据不同的再造工艺手法，面料再造工艺可以分为基型法、________、________、综合法四种。

3. 面料再造工艺的基型法主要有________和________两种。

4. 构造性工艺直接决定衣服的外形与合体度，如果拆除构造性工艺，会直接影响成衣的________。

5. 根据应用在服装上的外观效果，缝道可以分为________、________和________三大类。

6. 褶皱法是通过挤、压、聚、拧等方法，将面料再定型的工艺方法。褶皱的种类包括________、________、荷叶边和打揽四种。

7. 机械抽褶法分为特种压脚法和________法两种。

8. 缩皱是通过多行缩缝线迹形成独特的皱褶表面。缩皱通常具有________性，所以缩皱制成的服装通常为均码。

9. 缩皱主要分为________、方形缩皱和________三种形式。

10. 直荷叶边是由长形布条抽褶而成，分为________荷叶边、________荷叶边和________荷叶边。

二、单项选择题（下列每题的选项中，只有1个是正确的，请将正确答案的代号填在横线空白处）

1. 面料再造的立体工艺包括________。

A. 编结、织绣、滚边、省道　　B. 绗缝、绣花、印花、扎染、蜡染

C. 手绘、洗水、镶拼、镂空　　D. 钉珠、缠绳、立体绣花、缀饰

2. 面料再造工艺的减型法是对现有面料进行________等工艺处理，形成错落有致、亦实亦虚的怀旧效果。

A. 镂空、烧花、抽丝、剪切　　B. 烧花、磨砂、盘绣、绒绣

C. 刺绣、绗缝、粘贴、热压　　D. 订珠片、贴花、铆钉缀饰

3. 根据服装的实用性与装饰性功能，面料再造工艺分为________和综合性工艺。

A. 平面法、立体法　　B. 构造性工艺、装饰性工艺

C. 缀饰工艺、绣花工艺　　D. 增型法、减型法

4. 常见的活褶主要有：排褶、工字褶、________等。

A. 条褶　　B. 牙签褶　　C. 风琴褶　　D. 抽褶

5. 缝制缩皱时通常用________做底线，形成的褶皱细小均匀。

A. 丝线　　B. 橡筋线　　C. 绣花线　　D. 涤棉线

6. 手工抽褶法分为________两种方法。

A. 手工抽褶法和机械抽褶法　　B. 单线抽褶法和双线抽褶法

C. 线迹抽褶法和管绳抽褶法　　D. 单绳抽褶法和双绳抽褶法

7. 用于抽褶的特种压脚的后半部比前半部薄________，较薄的部分与送布牙之间形成空隙，使面料积聚于压脚的后半部而形成小褶裥。

A. 0.1 cm　　B. 0.5 cm　　C. 1 cm　　D. 1.5 cm

8. 圆荷叶边通常是由________布条制成，适用于领线等部位。

A. 长形　　B. 方形　　C. 菱形　　D. 圆环形

9. 单层圆荷叶边的外边缘需要做________等毛边整理。

A. 抽褶或打揽　　B. 双折边缝或锁密珠

C. 运反或加贴　　D. 缩皱或绗缝

三、简答题

1. 简述省道的缝制步骤。

2. 简述厚料和薄料在缝制省道时的不同工艺技巧。

3. 简述活褶的手工缝制方法。

4. 缝制条褶时应注意哪些事项？

5. 简述橡筋缩皱的两种工艺方法。

6. 缩皱的拉伸性通常会受哪些因素的影响？

7. 简述荷叶边与缩皱的区别。

8. 简述缩皱与打揽的区别。

四、论述题

1. 以图文的形式试述各种常见抽褶的缝制工艺。

2. 以图文的形式试述平缝机绗缝的缝制方法。

单元测试题答案

一、填空题

1. 二次　2. 增型法　减型法　3. 皱饰　钩编　4. 整体结构　5. 明线缝　暗线缝　修边缝　6. 抽褶　缩皱　7. 差动输送　8. 伸缩　9. 橡筋缩皱　条褶缩皱　10. 平头　露头　双头

二、单项选择题

1. D　2. A　3. B　4. C　5. B　6. C　7. A　8. D　9. B

三、简答题

答案略。

四、论述题

答案略。

第7单元

服装品质检验

第一节　服装品质概述

→ 了解服装品质的内涵及品质控制的含义
→ 熟悉服装检验的分类
→ 掌握服装品质检验的内容

一、服装品质

1. 服装品质的内涵

品质是衡量产品耐用程度、满意程度、使用意图程度的标尺。服装品质是满足顾客对服装的质量要求所应达到的各项指标，包括有形的产品质量（性能、舒适性、寿命、安全性、外观等）和无形的软性服务（售前/售后服务、交货准时率、价格与优惠幅度、产品推介方式、满意度调查与投诉处理技巧等）。产品品质是企业的生命，是推动企业发展的力量之源。

2. 品质控制的含义

品质控制（Quality Control，简称 QC）包含两层意思：一是产品的质量检查，二是反馈信息并采取措施。通过品质控制，能及时检查并发现问题，分析问题产生的原因，从而采取处理办法。

服装品质检验是品质控制中的主要内容。企业的验货员是通过检验来判断货品是否合格通过，以免客户收到不合格的产品，而 QC 员除了检验产品，工作重点更在控制，目的是控制产品的质量达到客户标准，使企业获得良好的产品品质、企业声誉及形象。

下面重点介绍服装品质检验的分类和内容。

二、服装品质检验

1. 服装品质检验的分类

在整个服装生产过程中，根据不同阶段需要完成的服装检验工作不同，服装品质检验类型主要分为初查、中查、尾查和出货检验。不同的企业对验货内容、程序及标准均有不同的规定。

（1）初查。即产前检验，是货品刚刚开始投入生产就进行检验的早期检验，包括面辅料检验、纸样检查、裁片检查等。初查能尽早发现问题并预防后续生产问题的发生，所以是最关键的检查，对不符合要求的物料等不予投产使用。

（2）中查。即半成品检验，是在生产线上抽取 10%的半成品或成品进行的中期检验。包括衣领、袖级、明襟、口袋、腰头、拉链、褶裥等部件的检验。通常每个颜色检查 10 件以上，并要求齐码检查。

（3）尾查。指当成品完成熨烫、包装并有 80%以上的产品已经装箱结束后所展开的尾期检验，是对成品进行 100%检验，包括色泽、外观、款式、尺寸、工艺等检验。成品检查应做好熨烫、洗水、包装等，以便检查整烫、洗水效果和包装方法是否正确。

（4）出货检验。即成品出厂抽检。通常抽取货品总数量的一定比率，抽检结果作为能否出货的依据。在抽箱时，要注意每个颜色、每个尺码以及所有箱号的头、中、尾都要抽到，以此把关能否达到客户要求、顺利出货。

2. 服装品质检验的内容

服装品质检验主要包括服装的规格检验和质量检验两大方面的内容。其中质量检验包括外观、工艺、手感、色泽等总体效果的品质检查。

（1）服装规格检验。不同款式的服装检验规格时量度部位会有所差异，图 7—1 所示为几种款式服装不同部位的测量方法。

图 7—1　服装的各部位测量方法

进行服装规格检验时，通常会获取一份客户提供或企业与客户双方认可的尺寸允差表，这是确定服装各部位尺寸能否合格通过检验的一份标准。每个企业的尺寸允差标准都有所差异。梭织、针织服装各个量度部位的尺寸允差数值样例分别见表 7—1、表 7—2。

表 7—1　　梭织服装各部位的允差值

部位	测量方法	允差值（无须洗水）(cm)	允差值（需洗水）(cm)
胸围	袖窿下 2.5 cm 平度（全围计算）	±1	±1.2
腰宽	袖窿下最细处横向量度（全围计算）	±1	±1.2
下摆	下摆处横向量度（全围计算）	±1.2	±1.8
衣长	后领窝中点量至下摆	±1	±1.2
袖长	肩顶点至袖口量度	±0.6	±1
袖窿长	袖窿处直线量度	±0.6	±0.6
袖身宽	袖窿底至袖中线垂直量度（全围计算）	±0.6	±1
袖口	袖口处平度（全围计算）	±0.3	±0.6
肩宽	左肩顶点至右肩顶点横向量度	±0.6	±1
领围	绕领窝一周量度	±0.6	±1
前胸宽	前幅两袖窿最细处横向量度	±0.6	±1
后背宽	后幅两袖窿最细处横向量度	±0.6	±1
腰围	扣好纽扣或裤钩平行裤头量度，由裤头中间横度（全围计算）	±1	±1.2
臀围	裤头摊平由裤裆上 7.5 cm“V”度（全围计算）	±1.2	±1.8
裤腿围	摊平裤筒，由裤裆底处横向量度，或裤裆底下 7.5 cm 横向量度（按照制单要求全围计算）	±0.6	±1
前裤裆（连裤头）	由前幅裤裆底量度到裤头顶端（度量部位自然平放）	±0.6	±0.6
后裤裆（连裤头）	由后幅裤裆底量度到裤头顶端（度量部位自然平放）	±0.6	±1
外长	裤平摊，由裤脚口量度至裤头顶端	短裤±0.6 长裤±1	短裤±1 长裤±1.2
内长	裤平摊，由裤脚口量度至裤裆底	短裤±0.3 长裤±0.6	短裤±0.6 长裤±1
裤脚口	裤脚口处平摊横向量度	±0.3	±0.6
拉链长度	由拉链底封尾处量度至拉链口封口处	±0.3	±0.6
拉链门襟	由门襟中线量度至弯线处	±0.3	±0.3
裤耳（长/宽）	由起点到裤耳顶横向量度	±0.3	±0.3
袋口长	袋口处平摊两点横向量度	±0.3	±0.6
袋口宽	袋口处平摊两点横向量度	±0.3	—
裤头高	裤头底到顶端点直量度	±0.3	—

单元 7

表 7—2 针织服装各部位的允差值

部位	允差值（cm）	部位	允差值（cm）
衣长（肩顶度）	1.5	领宽	0.5
胸宽（袖窿下 1 cm 度）	1	前领深	0.5
腰宽	1	后领深	0.5
脚宽	1	领高	0.5
肩宽	1	拉链长	0.5
印绣花位置距离	1	脚高	0.5
袖长	1.5	裤腰宽	1
袖身宽	1	裤腰高	0.5
袖口宽	1	裤长	1.5
袖头高	0.5	前裤裆长	1
袖窿宽	1	后裤裆长	1
袋口长/宽	0.5	裤臀围宽	1

（2）服装质量检验

1）总体要求

①面料、辅料品质优良，符合客户要求，大货得到客户认可。

②款式、配色准确无误。

③尺寸在允许的误差范围内。

④做工精良。

⑤产品干净、整洁、外观好。

2）外观要求

①门襟顺直、平服、长短一致。明襟平服、宽窄一致，里襟不能长于门襟。

②拉链平服不起浪、均匀不起皱、不豁开。纽扣顺直均匀、间距相等。

③线迹均匀顺直，缝份不反吐、左右宽窄一致。

④开叉顺直、无搅豁。

⑤袋盖、贴袋方正平服，前后、高低、大小一致。里袋高低、大小一致，方正平服，袋口没有豁口。

⑥领嘴大小一致，驳头平服、两端整齐，领窝圆顺，领面平服、松紧适宜，外口顺直不起翘，底领不外露。

⑦肩部平服，肩缝顺直，两肩宽窄一致、拼缝对称。

⑧袖子长短一致，袖口大小、宽窄一致，袖级高低、长短、宽窄一致。

⑨背部平服、缝位顺直，后腰带水平对称、松紧适宜。

⑩底边圆顺、平服，橡根、罗纹宽窄一致，罗纹要对条纹车缝。

⑪各部位里料大小、长短应与面料相适宜，不吊里、不吐里。

⑫车在衣服外面两侧的织带、花边、花纹要对称。

⑬加棉填充物要平服，压线均匀，线路整齐，前后片接缝对齐。

⑭分清面料的绒毛方向，绒毛的倒向应整件同向。

⑮从袖里封口的款式，封口长度不能超过 10 cm，封口一致，牢固整齐。

⑯格子、条纹面料的纹路要对准确。

3）工艺要求

①车线平整，不起皱、不扭曲。双线部分要用双针车车缝。底面线均匀，不跳针、不浮线、不断线。

②画线、做记号不能用彩色画粉，所有唛头不能用钢笔、圆珠笔涂写。

③面、里布不能有色差、脏污、抽纱、不可恢复性针眼等现象。

④电脑绣花、商标、口袋、袋盖、袖级、褶裥、钻眼、魔术贴等，定位要准确、定位孔不能外露。

⑤电脑绣花要求图案清晰，线头剪清、反面的衬纸修剪干净，印花要求清晰、不透底、不脱胶。

⑥所有袋角及袋盖如有要求打枣，打枣位置要准确、端正。

⑦拉链不得起波浪，上下拉动畅通无阻。

⑧颜色浅且透色的里布，里面的缝份要修剪整齐，线头要清理干净，必要时可加衬以防透色。

⑨里布为针织布料时，要预放 2 cm 的缩水率。

⑩两端的帽绳、腰绳、下摆绳在充分拉开后，两端外露部分应为 10 cm 或以上，两头车住的帽绳、腰绳、下摆绳在平放状态下应平服，不宜外露太多。

⑪钻眼、撞钉等要位置准确、不可变形，要钉紧、不可松动，特别是面料较稀的品种，要反复查看。

⑫四合纽要位置准确，弹性良好、不变形，不能转动。

⑬所有裤袢、扣袢之类受力较大的袢子要倒针加固。

⑭所有尼龙织带、织绳剪切要用热切或烧口，以免散开、拉脱。

⑮上衣口袋布、腋下、防风袖口、防风脚口要固定。

⑯裙类的腰头尺寸严格控制在±0.5 cm 之内。

⑰裤类的后裤裆暗线要用粗线合缝，裆底要回针加固。

第二节　服装品质检验常见疵点

→ 熟悉服装常见的疵点及服装疵点的分类

→ 掌握服装质量控制要求

一、服装疵点类型

1. 疵点按严重程度分类

根据服装品质检验标准中疵点的严重程度和出现的部位，通常可以将服装疵点分为A类与B类。

(1) A类疵点。A类疵点是指出现在衣身、裤身、袖子的正前方或正后方，影响商品销售、消费者不易自行修复的严重缺陷，或主要规格超出极限偏差的疵点。如左右衣片有色差，毛面料顺逆向不一致，条格对位处超出规定，对称部位超出标准，粘合衬脱胶、渗胶，缺扣、掉扣，扣眼没开，锁眼断线，扣与眼不对称；缝纫吃势严重不均，缺件，开线、断线，破洞，熨烫变色，水斑、极光、污渍；绣花周围起皱、漏绣露印，链子品质不良，金属件锈蚀，整烫不平，洗水后出现的黄斑、白斑、条痕明显等。

(2) B类疵点。B类疵点是指出现在衣身、裤身、袖子的外侧或内侧、肩部、边脚、里层、袋布等部位，程度比A类疵点轻微的缺陷，如洗水后出现的黄斑、白斑、条痕轻微，线迹不顺直、不等宽，钉扣不牢，缝纫吃势略有不匀；整烫折叠不良，里子与面料松紧程度不适宜等。

2. 裁剪疵点

★ 倒顺毛。

★ 布底当布面。

★ 对称的裁片同向。

★ 面料疵点。

★ 中边色差/头尾色差。

3. 粘衬疵点

★ 粘衬脱胶。

★ 粘衬起泡。

★ 粘衬渗胶。

4. 缝制工艺疵点

★ 破洞（见图7—2）。

★ 线迹密度不均（见图7—3）。

★ 断线（见图7—4）。

★ 接驳明线（见图7—5）。

★ 脱线（见图7—6）。

★ 起皱（见图7—7）。

★ 袋口外翻（见图7—8）。

★ 裤腿扭斜（见图7—9）。

★ 浮面线（见图7—10）。

★ 浮底线（见图7—11）。

★ 跳线。

★ 漏针。

★ 起毛屑。

★ 缝份反吐。

★ 衣领、袋盖反翘。

★ 左右不对称。

★ 线迹不顺直。

★ 面里缝件不平服。

★ 袋角、袋底、摆角、方领不方正。

★ 绱袖吃势不匀。

★ 绱袖、绱领歪斜。

★ 对条对格不准确。

★ 针孔外露。

★ 零部件位置不准。

★ 双轨线迹（断线后接驳线重合不正）。

★ 商标错位。

★ 圆领、圆袋角、圆袖头、西服圆摆不圆顺。

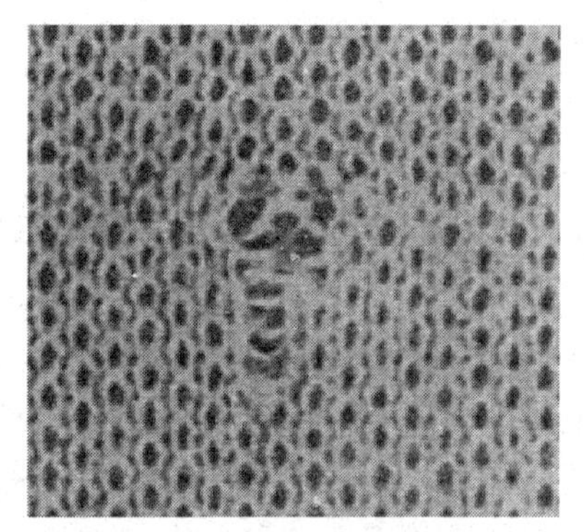

图 7—2　破洞

图 7—3　线迹密度不均

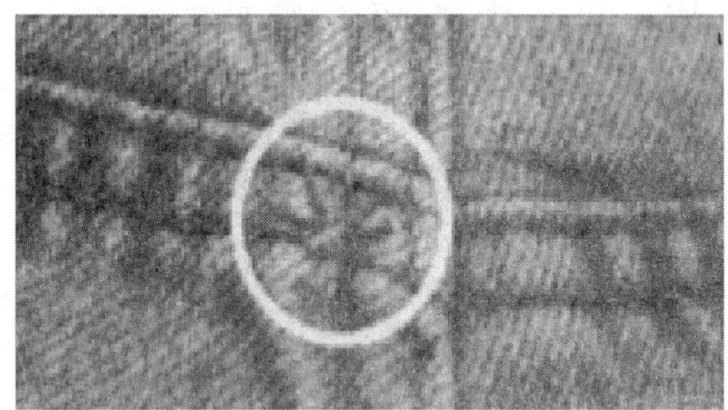

图 7—4　断线

图 7—5　接驳明线

图 7—6　脱线

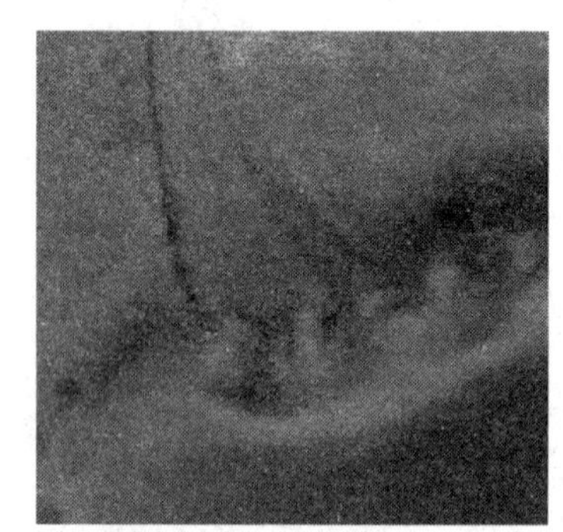

图 7—7　起皱

图 7—8　袋口外翻

图 7—9　裤腿扭斜

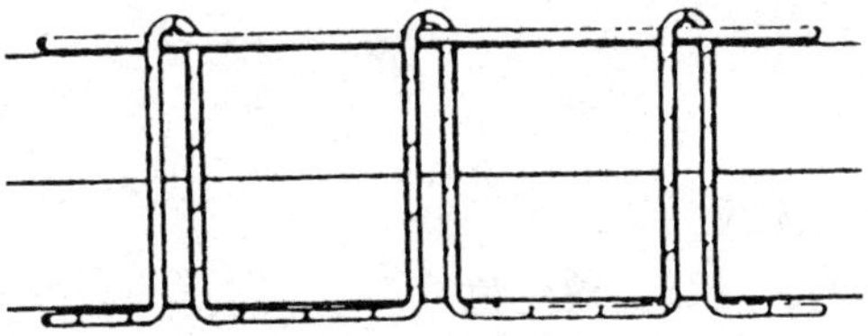

图 7—10　浮面线

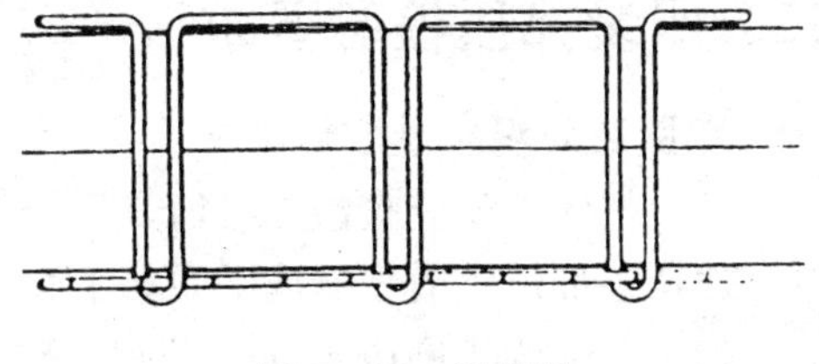

图 7—11　浮底线

5. 后整理疵点

（1）整烫

★ 烫焦变色。

★ 死痕。

★ 极光。

★ 漏烫。

（2）线头

★ 死线头（后整理修剪不净）。

★ 活线头（修剪后的线头粘在成衣上，没有清除）。

（3）污迹

★ 钢笔/圆珠笔迹。

★ 划粉痕。

★ 脏迹。

★ 锈迹。

★ 油渍。

★ 布头印迹。

★ 水印。

（4）钉扣

★ 扣眼歪斜。

★ 四合纽松紧不宜。

★ 钉扣不牢。

★ 丢工缺件。

6. 服装外观缺陷

★ 破损（见图 7—12）。

★ 领圈豁、领面松、领面紧、领脚断点。

★ 两袖前后摆动不一致，后袖山起皱。

★ 裤腰腰口不平，左右腰头高低不一致。

★ 裤子的门襟、里襟长短不一致，拉链起拱不平伏。

★ 插袋口外翘不平整。

★ 衣摆起波纹、吊里。

★ 上衣塌胸、后叉外翘。

★ 裤中缝歪斜。

★ 裤子前裆起皱、吊裆。

★ 裤脚口外翘不平服。

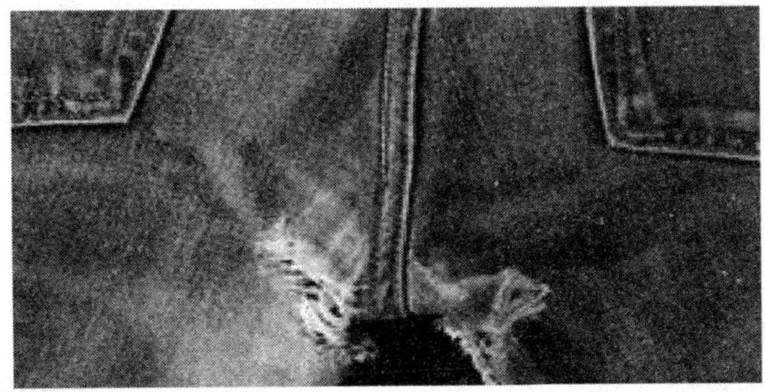

图 7—12　破损

二、服装品质检验要求

1. 服装外观质量控制要求

（1）整体外观应整洁无脏污，无粉印水花，无线头等。

（2）各部位熨烫平挺或平服，不允许有极光、烫黄、烫变色等。

（3）各部位线迹应平服、顺直、牢固，缝纫及锁眼用线与面料相符，不允许有断线、开线及部件脱落等缺陷。

（4）面料质量要符合各类出口服装的标准要求，规格尺寸准确度应符合合同或标准的规定。

（5）对格、对条、对花的部位要符合合同的标准或成交样品的规定。

2. 服装生产质量控制要求

（1）布匹入厂后要抽查布幅宽度、色差及布疵等。

（2）辅料入厂后要立即清点有无错漏。

（3）查看纸样、排图及复生产板。

（4）要准确计算用料及排图。

（5）裁床要有质检员验排图，检查拉布时应注意是否已避开布边的针孔、封度是否足够或起波浪的布边有无预留出来等问题，并检查裁片的正面与底部是否与实样相符。

（6）抽查扎样裁片，检查数量是否正确、有无扎错码和色差等问题。

（7）车间要有中查质检员查看半制品及主要工序，在上里料前必须 100%查验面料与里料半成品，需要重新配片或返工的衣片要确定返修完成、清理线头与染物（以免透明）后，才能上里料。

（8）车间成品必须 100%检查完毕，才能交给后整部门。

（9）打套结或钉纽的位置要准确，特别是钉扣铆钉要换充孔和打纽模具，充孔不能过大，打纽模具要与纽扣吻合，要经常调校冲床压力，并保持上下模的中心点对称。薄的面料要加层布片或衬布再钉扣。打开纽扣时不能用力以免扯破面料。

（10）在制品、半制品及成品不能放在地上，工作场所要保持清洁。

（11）所有线头、污渍及粉笔划痕要彻底清除干净。

（12）包装前必须做最后检查，查看所有辅料有无缺漏，衣服有无布疵、色差、污渍、断线、跳线、珠路不良、针眼及倒针不牢等问题。

（13）包装要整齐美观，纸箱要坚固合尺寸，不能太大或太小，装箱表上的资料要清晰正确，同时应与箱内物品相符，无错色、错码、错搭件数等。

单元测试题

一、填空题（请将正确的答案填在横线空白处）

1. 服装品质是满足顾客对服装的质量要求所应达到的各项指标，包括有形的产品质量和无形的________。

2. 品质控制包含两层意思：一是________，二是反馈信息并采取措施。

3. 在整个服装生产过程中，根据不同阶段需要完成的服装检验工作不同，服装产品检验主要分为________、________、________和出货检验。

4. 里布为针织布料时，要________2 cm 的缩水率。

5. 质量检验包括________、工艺、手感、色泽等总体效果的品质检查。

6. 初查包括面辅料检验、纸样检查、________等内容。

7. 中查通常每个颜色检查________件以上，并要求齐码检查。

8. 有形的产品质量包括________、舒适性、________、________、外观等内容。

9. 无形的软性服务包括售前/售后服务、交货准时率、________、产品推介方式、满意度调查与________等内容。

10. 品质是衡量产品________、________、使用意图程度的标尺。

二、单项选择题（下列每题的选项中，只有 1 个是正确的，请将正确答案的代号填在横线空白处）

1. 中查是在生产线上抽取________的半成品或成品进行的中期检验。

A. 5%　　B. 10%　　C. 15%　　D. 20%

2. 尾查是当成品完成熨烫、包装并有________的产品已经装箱结束后所展开的尾期检验。

A. 40%以上　　B. 50%以上　　C. 60%以上　　D. 80%以上

3. 服装品质检验主要包括服装的________两大方面的内容。

A. 规格检验和质量检验　　B. 数量检验和品质检验

C. 外观检验和做工检验　　D. 产品检验和服务检验

4. 进行服装规格的检验时，通常会获取一份________提供或企业与客户双方认可的尺寸允差表，这是确定服装各部位尺寸能否合格通过检验的一份标准。

A. 总经理　　B. 供应商　　C. 客户　　D. 工厂

5. A 类疵点是指出现在衣身、裤身、袖子的________，影响商品销售、消费者不易自行修复的严重缺陷。

A. 正前方或正后方　　B. 外侧或内侧　　C. 肩部或里层　　D. 边脚或衣摆

6. 车间成品必须________检查完毕，才能交给后整部。

A. 抽样　　B. 80%　　C. 90%　　D. 100%

7. 尾查是对成品进行________。

A. 抽查 5%　　B. 抽查 15%　　C. 抽查 30%　　D. 100%检验

三、简答题

1. 企业验货员与 QC 员工作内容有什么差异？

2. 简述服装质量检验主要包括的内容。

四、论述题

1. 在整个服装生产过程中，需要通过哪几个阶段的品质检验？

2. 试述服装质量控制有哪些方面的要求。

单元测试题答案

一、填空题

1. 软性服务　2. 质量检查　3. 初查　中查　尾查　4. 预放　5. 外观　6. 裁片检查　7. 10　8. 性能　寿命　安全性　9. 价格与优惠幅度　投诉处理技巧　10. 耐用程度　满意程度

二、单项选择题

1. B　2. D　3. A　4. C　5. A　6. D　7. D

三、简答题

答案略。

四、论述题

答案略。

第  单元

服装结构基础

第一节 服装结构制图概述

→ 了解服装结构常用的制图方法
→ 掌握服装结构制图常用符号与工具的使用
→ 掌握服装结构制图的顺序与基本要求

一、服装结构制图方法

服装结构制图，俗称“裁剪制图”，是根据设计的款式图样，通过分析与计算，在纸张或面料上制出服装结构的过程。

服装结构制图的方法多种多样，主要有平面裁剪和立体裁剪两大类。

1. 平面裁剪

根据量体尺寸和人体特征，运用一定的计算方法、制图法则和变化原理，绘制不同服装款式的平面分解纸样，称为平面裁剪。属于平面裁剪的方法有原型法、点数法、D式法、胸度法、黄金法、矩形法、短寸法、比例法、计算机辅助设计法等。以下为最常用的两种平面裁剪法。

（1）比例法。比例法又称公式法，是将测量体型各基本部位后得到的净尺寸，按照款式造型、服装细节特点、穿着要求和服装规格，用基本部位尺寸的一定比例加减一定数值，以求得其余相关部位的尺寸来进行结构制图的分配法。

（2）原型法。原型法是将大量人群的测量体型数据进行筛选，求得用人体基本部位和若干重要部位的比例形式来表达其余相关部位结构的基础样板。需要不同的服装款式时，只需在基础板型上通过省道变换、分割、收褶、折裥等工艺形式变换成新的结构图。根据各个区域设定的原型，非常适合该区域消费者的体型变化，工业制板也更轻松简便，但前提是原型尺码的确定必须客观合体。

2. 立体裁剪

直接将面料披覆在人体或立裁人台上，根据面料的特性，借助辅助工具在三维空间中运用边观察、边造型、边裁剪的综合手法，裁制出一定服装款式的设计法称为立体裁剪。通过立体裁剪所完成的服装，能完全达到款式的要求，甚至能产生意想不到的完美效果。

二、服装结构制图常用符号与工具

1. 服装结构制图常用符号

在进行服装结构制图时，每一种制图符号和线条都表示了某一种用途和相关的内容，是服装行业中的共同语言。

（1）常用线条。服装结构制图常用的线条包括以下几种。

1）基础线。指服装结构制图过程中使用的纵向和横向基础线条，常用细实线表示。

2）轮廓线。指构成服装部件或成衣的外部造型线条，常用粗实线表示。

3）结构线。指能引起服装造型变化的服装部件外部和内部缝合线的总称，常用粗实线表示。

此外，还有缝纫明线、对折线等。

表 8—1 所示为服装结构制图常用线条。

表 8—1　服装结构制图常用线条

形式	名称	宽度（mm）	用途
粗实线	————————	0.7～0.9	服装结构线和各部位的轮廓线
细实线	————————	0.3～0.5	服装的基础线、尺寸线、界线和引出线
粗虚线	------------	0.7～0.9	背面轮廓影示线
细虚线	------------	0.3	缝纫明线
点划线	—·——·——·—	0.9	对折线

（2）常用制图符号。服装结构制图过程中常用符号见表 8—2。

表 8—2　服装结构制图常用符号

形式	名称	说明
⇄	经向	布料的经纱方向
	顺向	褶裥、省道等折倒方向
	斜料	布料的经纱方向衣片布纹与经纱呈 45 度方向
	阴裥	裥底在下的褶裥
	明裥	裥底在上的褶裥
○ △ □	等量号	两者相等量
	等分线	将线段等比例划分
	直角	两者呈垂直状态
	重叠	两者相互重叠
	缩缝	用于布料缝合时收缩
├────┤	钮眼	两短线间距离表示钮眼大小

单元 8

续表

形式	名称	说明
⊗	纽扣	纽扣位置
	省道	将某部位余量缝去
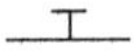	对位记号	相关衣片两侧的对位
	钻眼位置	裁剪时需钻眼的位置
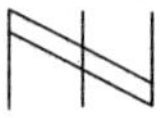	单向褶裥	顺向褶裥由高至低的折倒方向
	对合褶裥	对合褶裥由高至低的折倒方向

2. 服装结构制图常用工具

（1）尺子

1）直尺。也称格子尺，用于绘制纸样的直线和部分弯线，以及测量纸样的直线距离，如图 8—1 所示。

2）软尺。也称卷尺，用于量度人体各部位和制图中的曲线尺寸，以及面料和成衣的尺寸，如图 8—2 所示。

3）比例尺。用于绘制量度长度的工具，其刻度按长度单位缩小或放大若干倍。常见的有三棱比例尺，三个侧面上刻有六行不同比例的刻度，如图 8—3 所示。

4）多功能曲线尺。可以绘制任意弯曲的尺，外层包有软塑料，质地柔软，常用于结构图中的弧线长度、角度及曲线尺寸测量，如图 8—4 所示。

（2）划粉。用于绘制服装的结构线及做记号。划粉大都是由石粉制成有角的薄片，常见的有三角形和四角形。同时划粉还有多种颜色，以适应不同颜色的面料，如图 8—5 所示。

（3）锥子。用于生产纸样里面的袋位及省位的钻孔，如图 8—6 所示。

（4）对位器。用于生产纸样上的对位剪口，如图 8—7 所示。

（5）描线器。也称划线轮，由金属齿轮和木柄组成，将划线器沿着所要画的线滚一遍，在布的背面或唛架纸上留下印记，有利于精确缝合或裁剪，主要用于涤棉、丝绸的服装，呢绒服装一般不能使用，如图 8—8 所示。

（6）打孔器。用于生产硬纸板的穿孔位，如图 8—9 所示。

（7）人台。用于立体裁剪及试衣，如图 8—10 所示。

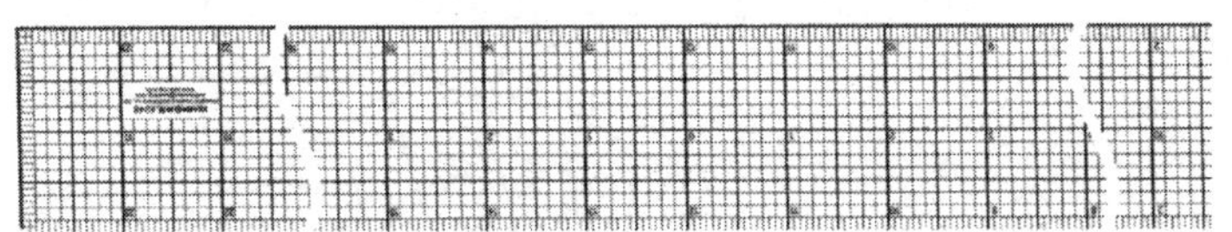

图 8—1　直尺

图 8—2　软尺

图 8—3　比例尺

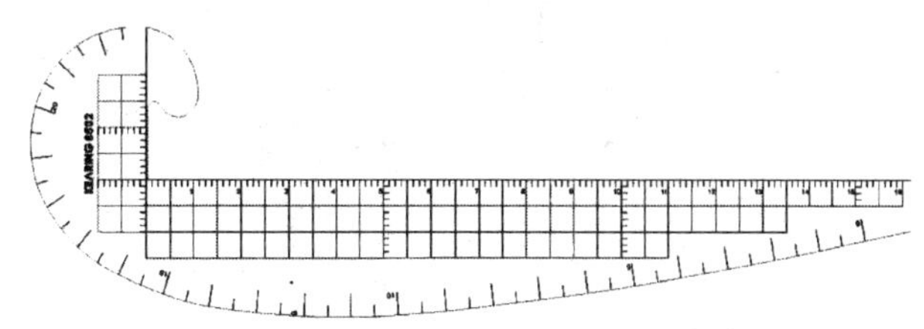

图 8—4　多功能曲线尺

图 8—5　划粉

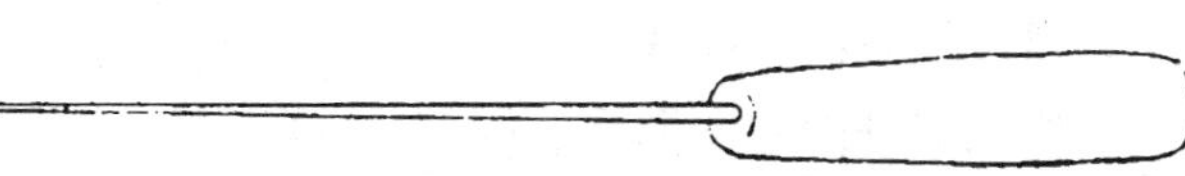

图 8—6　锥子

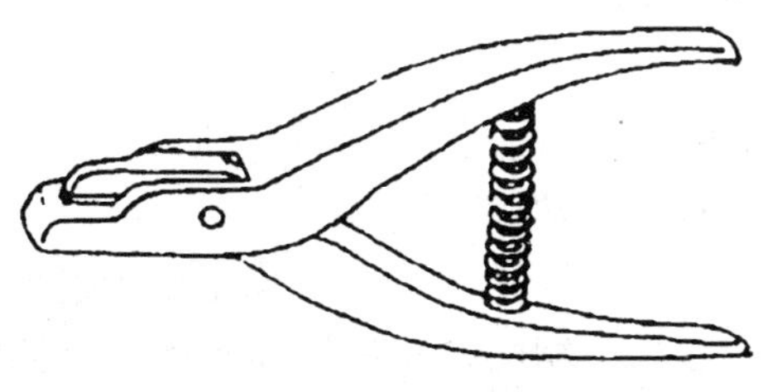

图 8—7　对位器

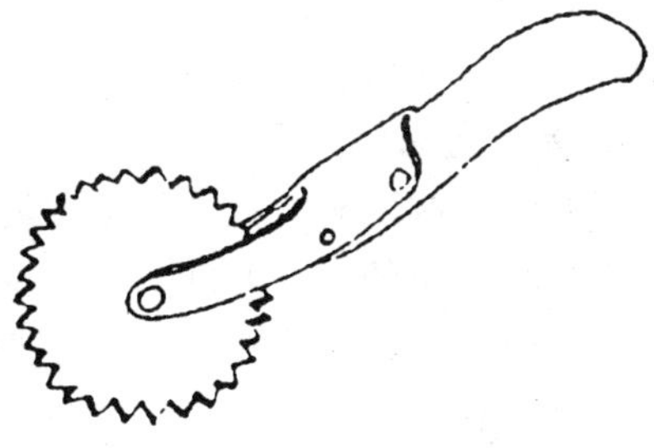

图 8—8　描线器

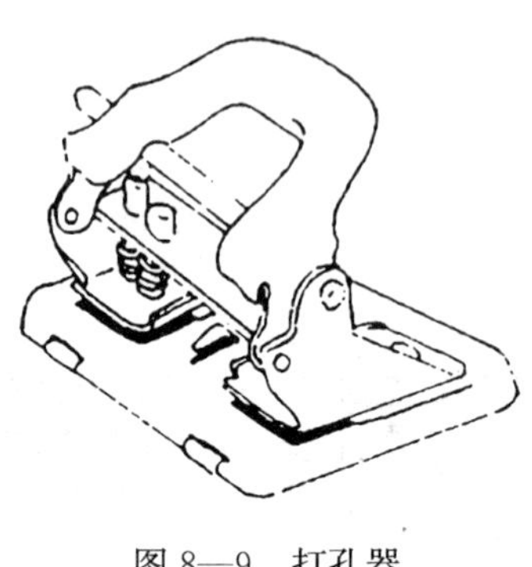
图 8—9　打孔器

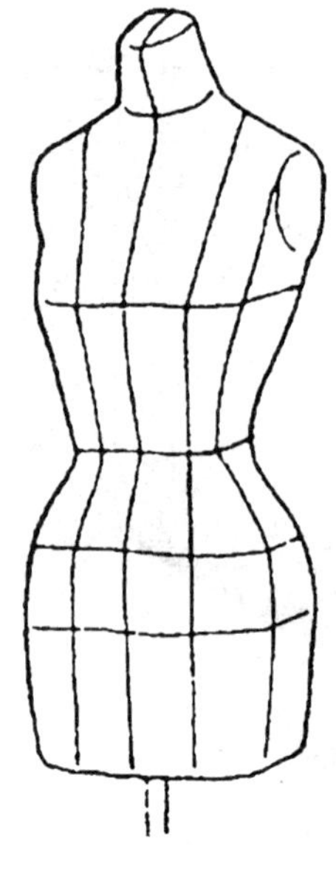
图 8—10　人台

三、服装结构制图的顺序和要求

1. 制图顺序

服装结构制图的顺序主要包括：线条的制图顺序和服装部件的制图顺序。

（1）线条的制图顺序。进行服装制图时，一般先定长度后定围度，即先竖后横，用细实线画出横竖的框架基础线，然后由上而下、由左至右进行，并在有关部位标出若干工艺点，最后用直线、曲线和光滑的弧线准确地连接，画出弧形轮廓线。

（2）服装部件的制图顺序。服装部件的制图顺序包括衣片的制图顺序、面辅料的制图顺序和上下装的制图顺序等。

衣片的制图顺序按先大片、后小片、再碎料的原则，即先绘制前片、后片、大袖、小袖，再按主、次、大、小画零部件。含里料的服装则先绘制面料、后衣衬、再衣里。绘制碎料时，先后次序没有严格要求，但注意数量一定要齐全。

2. 制图要求

服装结构制图时需注意的基本技术要求有以下几个方面。

（1）各部位的尺寸要准确、统一、优美，符合黄金分割线的审美。

（2）制图线条垂直相交时必须呈直角，曲直相交时要吻合、顺畅，曲曲相交时要圆顺。

（3）衣料的缩水量；生产工艺的回缩率；省、褶、裥的扩充量等都要预放足够的放量。

（4）经纬向、斜纹方向、条格方向、对折线、对位刀口等要在纸样上标示清楚。

（5）主料、辅料和碎料要齐全，宽窄、长短要合理。

（6）生产纸样的缝份、贴边等放量要准确，符合生产工艺的要求。

（7）图样绘制要正确、规范、清晰、美观。

(8) 制图尺寸尽量用公制（厘米），也有部分厂家用英制（英寸）。

(9) 制图的术语、符号要统一。

第二节 人体测量与服装号型

→ 了解人体体型特征

→ 掌握人体测量的方法

→ 掌握我国的服装号型标准

一、人体体型特征

人体体型能真实反映人体形态特征和各部分的结构比例，是服装结构制图的基础。了解人体体型的特点，能更好地测量人体，绘制出合体贴身、时尚优美的服装纸样。男女体型的特点与差异主要有以下几点。

1. 中国男性身高为其七个半人头高，女性身高为其七个人头高，如图 8—11 所示。

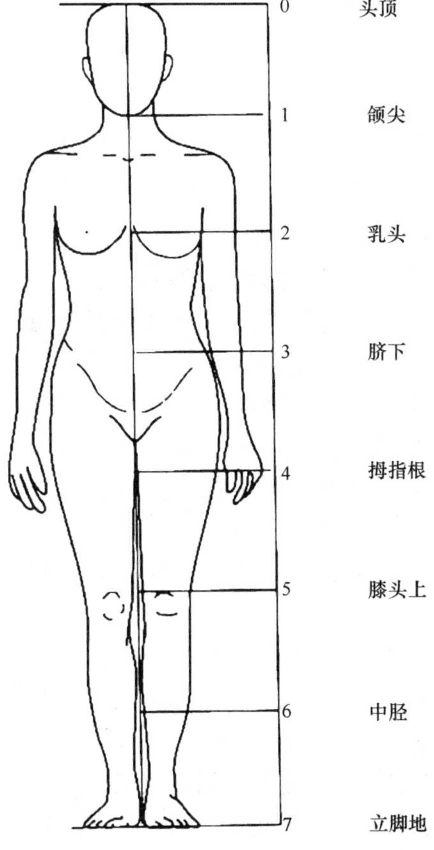

图 8—11　七个头的女性身高

2. 男性胸部宽阔平坦，凸起部位较分散。女性乳腺发达，胸部隆起，制图时需要通过省道或褶裥来形成服装的立体效果。

3. 男性胸围线比女性胸围线稍高。

4. 男性肌体发达，体型呈倒梯形，表现在肩部较宽，颈部和腰部较粗壮，臀部较小。而女性体型胸腰与腰臀的尺寸落差大，侧面体型呈“S”形，如图 8—12 所示。

5. 男性腰围线在肚脐下或与肚脐齐平，而女性腰围线比肚脐高或与肚脐平。

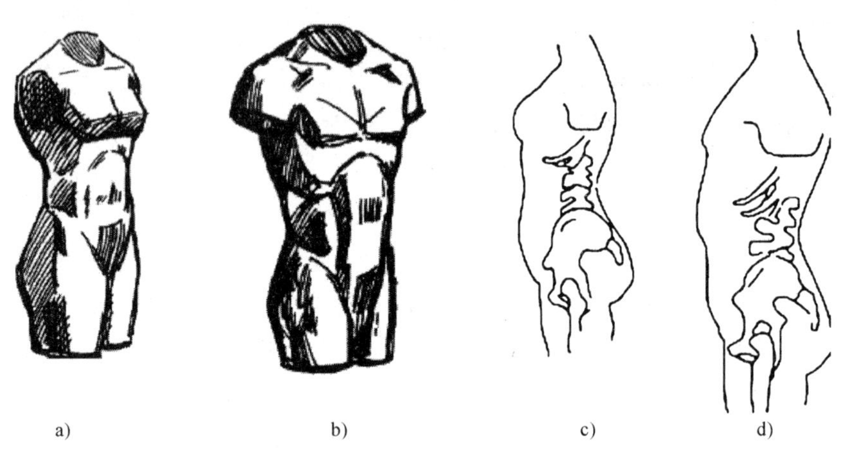

图 8—12　男女体型差异

a）女（正面）　b）男（正面）　c）女（侧面）　d）男（侧面）

二、人体测量

1. 女体测量

（1）女体围度测量方法（见图 8—13）

1）头围：齐两耳上方水平测量头部最大围长。

2）领围：测量经颈椎点，喉结下 2 cm 水平围颈部测量一周。

3）领围宽度：量度颈部左右宽度的距离。

4）颈根围：经后颈椎点、颈根外侧点及颈窝点测量颈根部一周。

5）肩宽：经颈椎点，测量左右肩峰点之间的水平弧长。

6）背宽：测量背部左右肩峰点和左右腋窝点连线的中点水平弧长。

7）乳间距：左右乳头间的水平距离。

8）胸围：经肩胛骨、腋窝和乳头，腋下水平围绕胸部最丰满处测量一周，松紧以软尺能转动为准。

9）上胸围：经前胸宽、肩胛骨、腋窝围量一周。

10）前胸宽：测量前胸左右肩峰点和左右腋窝点连线的中点水平弧长。

11）下胸围：紧贴乳房下部水平围量一周。

12）腰围：围绕腰部最细处水平测量一周，松紧以软尺能转动为准。

13）臀围：围绕臀部最丰满处水平测量一周，松紧以软尺能转动为准。

14）上臂围：上臂最粗处水平围量一周。

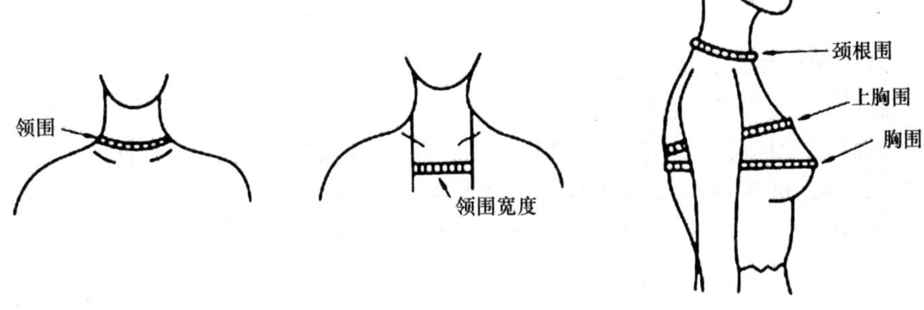

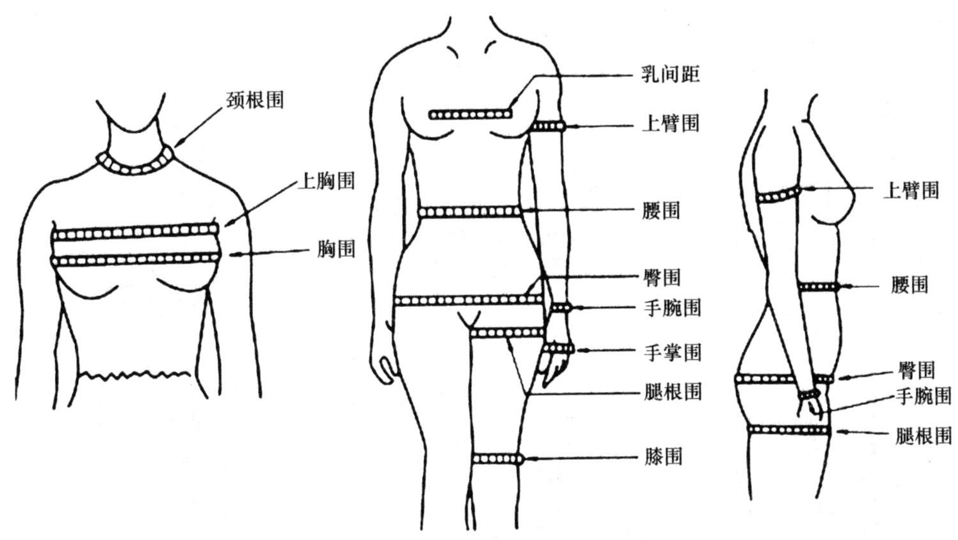

图 8—13　女体围度测量方法

15）手肘围：手伸直，手指朝前，肘部围量一周。

16）手腕围：手臂自然下垂，腕骨部位围量一周。

17）手掌围：右手伸展，四指并拢，拇指分开，掌骨最大处围量一周。

18）腿根围：大腿最高部位水平围量一周。

19）膝围：膝部围量一周，软尺与胫骨点对齐。

20）踝围：踝骨中部围量一周。

（2）女体长度测量方法（见图 8—14）

1）身高：头顶至地面的垂直距离。

2）全身长：由前颈点经胸高点，或由后颈点经臀部至地面的垂直距离。

3）衣长：前衣长由颈肩点通过胸部最高点垂直向下量至衣服所需长度，后衣长由后领圈中点向下量至衣服所需长度。

4）胸高：颈肩点量至乳峰点的距离。

5）前身长：由小肩线中点，经胸高点到腰围线的垂直距离。

6）腰节长：前腰节长由颈肩点过胸高点量至腰部最细处，后腰节长由后领圈中点量至腰部最细处。

7）肩点至后腰中点：测量肩外点至后腰中点间的直线距离。

8）侧缝长：腋下点至腰围线的距离。

9）臀高：又称腰长，是从侧腰部髋骨处量至臀围最丰满处的距离。

10）袖长：即手臂长，是肩骨外端点量至手腕处的长度。

11）袖山高：双手自然下垂，量度手臂侧面肩点至上臂围处的距离。

12）裤长：腰侧髋骨处向上 3 cm 起，向下量至踝骨下 3 cm 或按所需长度量度。

13）裙长：腰侧髋骨处向上 3 cm 起，向下量至所需长度。

14）上裆长：腰侧髋骨处向上 3 cm 起，量至被测量者正坐的凳面距离。

此外，肩点至胸点、总肩宽、背长、后身长、背宽、胸围线、高腰围线、膝围线、后肘点、腰至膝等长度量度方法如图 8—14 所示。

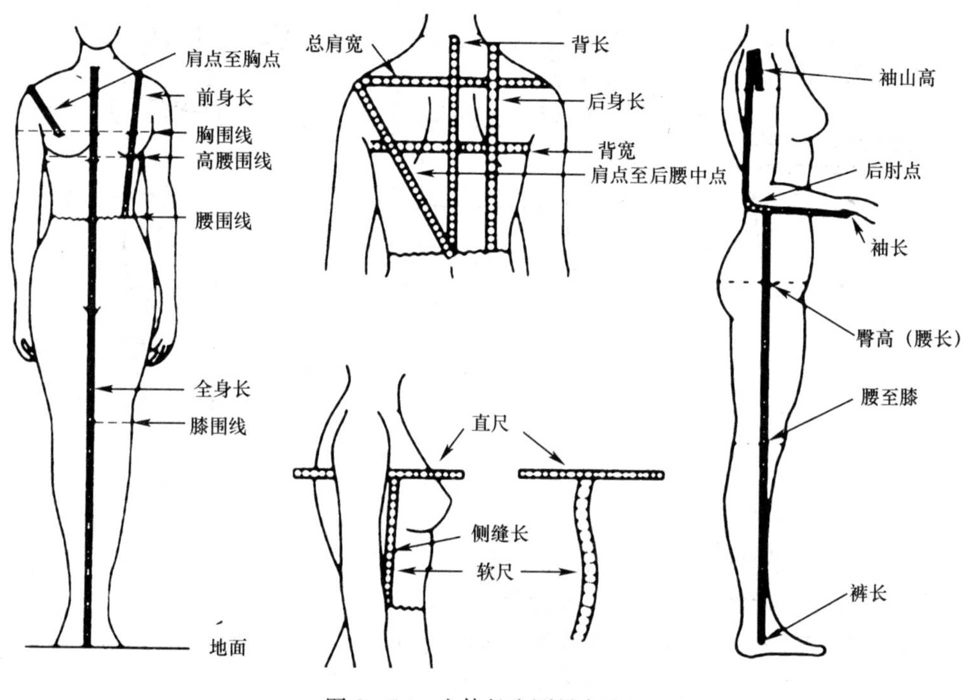

图 8—14　女体长度测量方法

2. **男体测量**

（1）围度测量：A 胸围，B 腰围，C 臀围，D 领围，E 头围，F 腿根围，G 膝围，H 踝围，I 上臂围，J 手肘围，K 手腕围，L 手掌围，M 背宽，N 肩宽。

（2）长度测量：a 身高，b 背长，c 袖窿深，d 外长，e 内长，f 连肩宽外袖长和连背宽外袖长，g 手臂长，h 上裆长。

图 8—15 所示为男体各部位测量方法，具体细节可参照女体测量法。

3. **测量注意事项**

（1）使用软尺测量人体时，不宜过紧或过松，要适度地拉紧软尺，保持软尺纵直

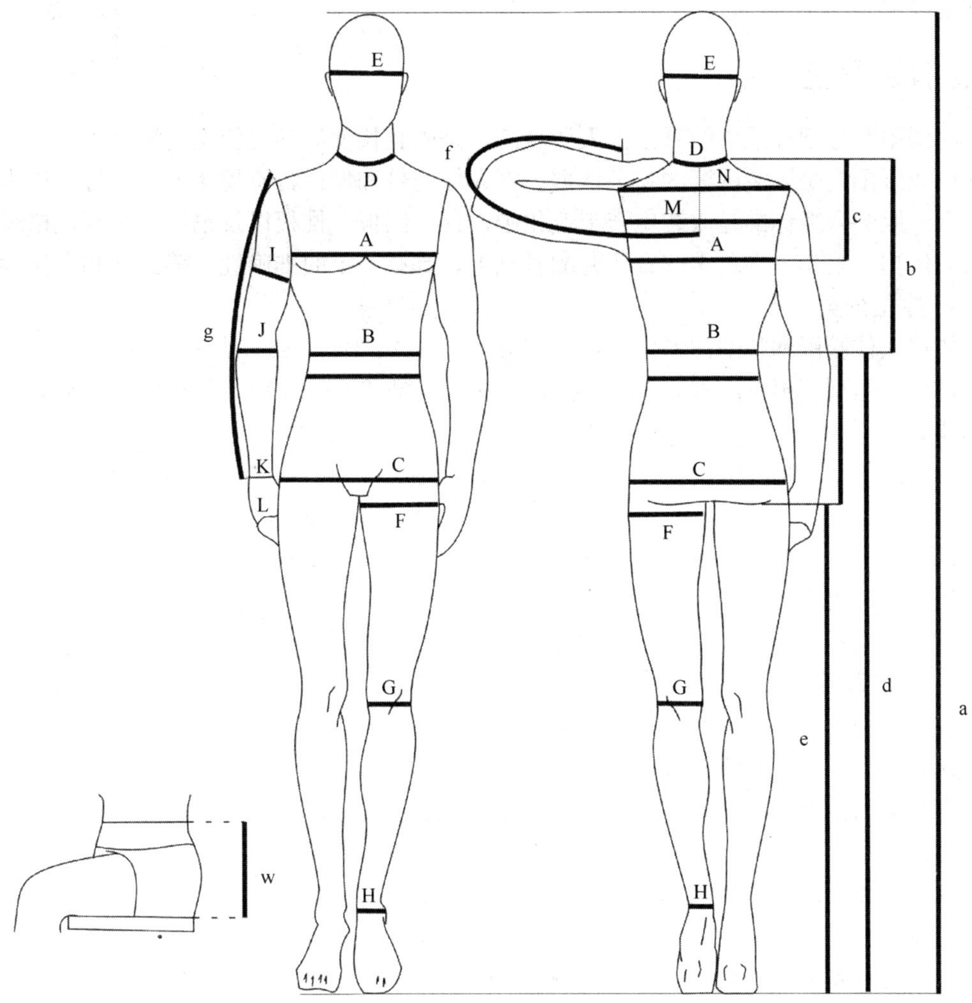

图 8—15　男体测量方法

横平。

（2）测量时，要求被测者挺胸站直，双臂下垂，姿态自然不低头。

（3）测量长度和围度主要尺寸时，除了观察、判断外，还要征求被测者意见和要求，以求合理、满意的效果。

（4）要观察被测者体型。对特殊体型（如鸡胸、驼背、大腹、凸臀、溜肩等）应加测特殊部位，并做好记录，以便制图时做相应的调整。

（5）测量围度尺寸时（如胸围、腹围、臀围、腰围等），要找准外凸的峰位或凹陷的谷位围量一周，并注意测量的软尺前后要保持水平，不能过松或过紧，以平贴和能转动为宜。在量度尺寸的基础上加放松量即为成品尺寸。

（6）测量时，一般是从前到后、由左向右、自上而下地按部位顺序进行，切勿漏测或重复。

（7）要做好各部位的尺寸测量记录。必要时附上说明或简单示意图，并注明体型特征及款式要求。

三、服装号型标准

我国服装号型标准中的号是指人体身高，是服装长度的参考依据；型是指人体的净体胸围或腰围，是服装围度的参考依据。将人体的号和型进行有规律地分档排列称为号型系列。服装号型标准是服装生产工业化中设计、制板、推板以及销售中主要规格尺寸的重要依据，是建立在科学调查研究的基础上，具有一定的准确性、普遍性和广泛性。

1. 体型分类

依据人体胸围和腰围的差值，将体型分为 Y、A、B、C 四种类型。

（1）Y 体型。男子胸腰差 22～17 cm，女子胸腰差 24～19 cm，指肩宽、胸大、腰细的体型。

（2）A 体型。男子胸腰差 16～12 cm，女子胸腰差 18～14 cm，指标准体型。

（3）B 体型。男子胸腰差 11～7 cm，女子胸腰差 13～9 cm，指微胖体型。

（4）C 体型。男子胸腰差 6～2 cm，女子胸腰差 8～4 cm，指肥胖体型。

如上衣标码为 170/88A，表示适合身高 168～172 cm、胸围 86～90 cm 的人穿着。裤子 76A，表示适合腰围 76 cm 的标准型人穿。

2. 注意事项

在实际制板过程中，使用服装号型标准要注意以下几点。

（1）合理确定中间体的号型。在所有号型系列中，中间体是人群中所占比例最大、覆盖率最大的体型，对中间体的号型确定要考虑地区人群的体型特征差异和产品销售方向的差异。

（2）增加其他部位的尺寸作为参考。服装号型仅有身高、胸围、腰围 3 个数据还不够，还需要其他部位的尺寸作为参考，此外还应参考地区、面料、款式、季节、设计风格特点、流行趋势等因素对号型的影响。

（3）号型系列的应用。一般男式衬衫标码表示领围长；针织品、棉织品如羊毛衫、汗衫、秋裤等，上衣标码表示胸围，裤类标码表示裤长或腰围；夹克衫、休闲衫类多标“S、M、L、XL、XXL”字样，分别表示“小、中、大、加大、特大”码；西服标码一般为两组数字，前者表示衣长，后者表示胸围。

童装号型只由身高和胸围组成，无体型分类代号。如童装号型标码为“140—60”，即该童装适合身高 140 cm 左右，胸围约 60 cm 的儿童。服装号型详见表 8—3 至表 8—6。

表 8—3　女装号型（外衣、裙装、恤衫、上装、套装等）　cm

中国	160～165 / 84～86	165～170 / 88～90	167～172 / 92～96	168～173 / 98～102	170～176 / 106～110
国际	XS	S	M	L	XL
美国	2	4-6	8-10	12-14	16-18
欧洲	34	34-36	38-40	42	44

表 8—4　男装号型（外衣、恤衫、套装等）　cm

中国	165／88～90	170／96～98	175／108～110	180／118～122	185／126～130
国际	S	M	L	XL	XXL

表 8—5　男装号型（衬衫类）　cm

中国	36～37	38～39	40～42	43～44	45～47
国际	S	M	L	XL	XXL
领围	36～37	38～39	40～42	43～44	45～47

表 8—6　男装号型（裤装）　cm

号型	30	31	32	33	34
腰围	76	78.5	81	83.5	86

第三节　服装结构设计

→ 了解半身裙、女装衬衫的类型与制图规格
→ 掌握半身裙、女装衬衫基本纸样制图
→ 掌握半身裙、女装衬衫的生产纸样制图
→ 掌握半身裙、女装衬衫纸样校对及其变化款式生产纸样制图

一、半身裙结构设计

1. 半身裙定义

半身裙是指条形面料围卷在腰间遮住下半身的服饰。古埃及时期称其为“腰布”。

2. 半身裙的分类

（1）根据不同的长度分为：拖地长裙、及地长裙、过膝长裙、及膝中裙、短裙、超短裙。

（2）根据裙腰的高低分为：高腰裙、低腰裙等，如图 8—16 所示。

（3）根据裙片的纵向切割数量可以分为：一片裙、二片裙、三片裙、四片裙、八片裙、多片裙。

（4）根据裙子的外形可以分为：直裙和斜裙。各种形状的裙子如图 8—17 所示。

1）直裙。又叫直筒裙，呈矩形外形轮廓，是腰部、臀部紧贴身子并直线延伸到下摆的贴身合体的紧身窄脚裙，西装裙是最常见的直裙款式，因其裙摆较窄，为方便步行，通常会在裙摆处加设开衩或裥褶。

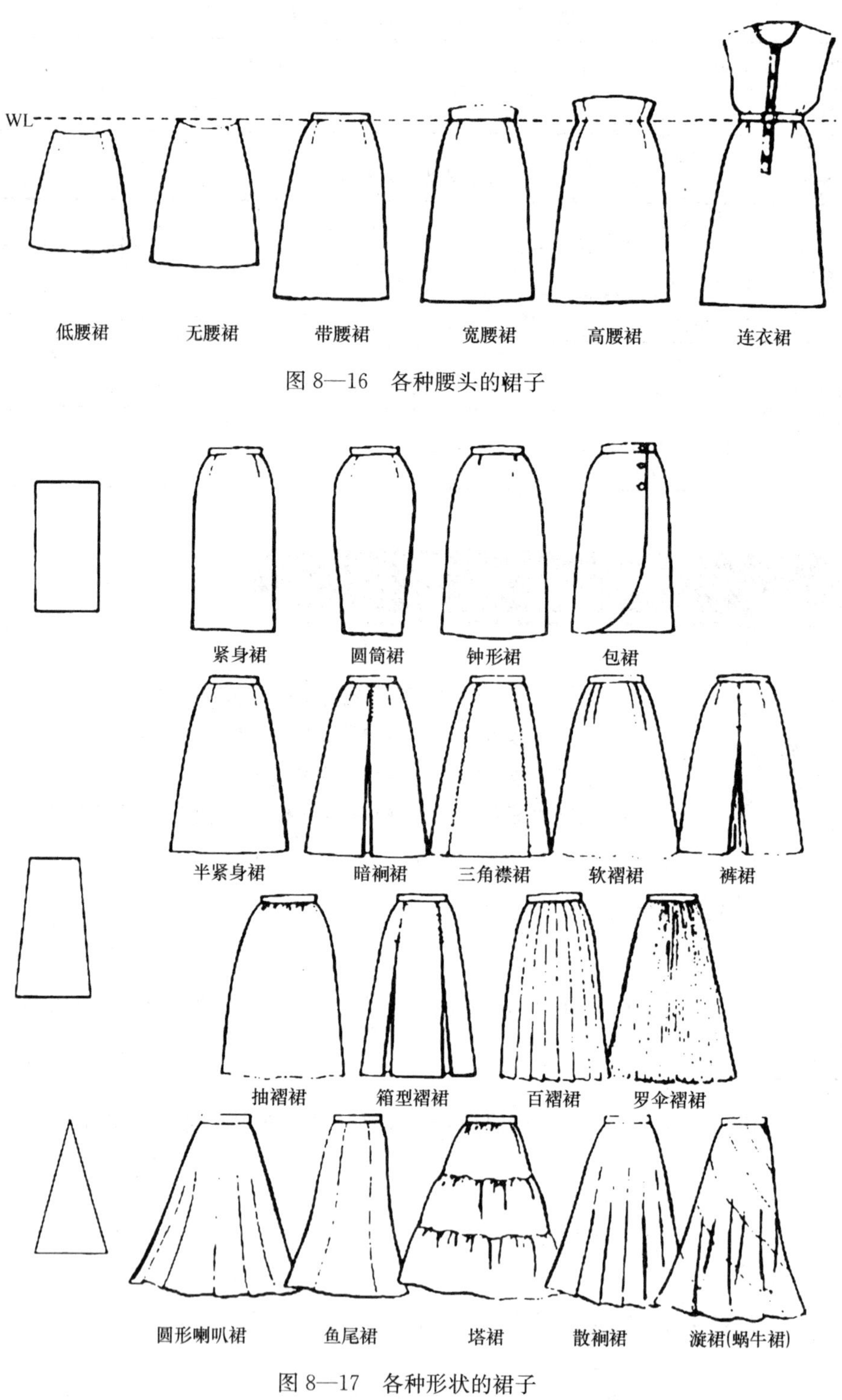

图 8—16 各种腰头的裙子

图 8—17 各种形状的裙子

2）斜裙。呈梯形或三角形的外形轮廓，下摆宽大，裙片的腰线和裙摆的宽度比差别较大，裙身的斜丝绺面积较大。斜裙分有 A 字裙和圆台裙两种，下摆围度较小且外

形呈"A"字的斜裙称为A字裙，下摆围度较大且外形像圆台形状的斜裙称为圆台裙。

3. 半身裙基本纸样制图

（1）制图规格。选用160/66号型，即腰围（W）68 cm，臀围（H）96 cm，裙长（L）60 cm。

（2）制图方法与要求

1）人体的腰部、臀部、腹部构成了半身裙基本结构的主要因素。

2）人体的腰围和臀围的差量构成了半身裙结构的省道。

3）前后省道的位置应在腹凸及臀凸的峰点等有效部位，并偏向于侧腰处。

4）裙身的省道可转换成活褶裥、缩碎褶、缝道等。

图8—18所示为半身裙前片和后片的基本纸样。

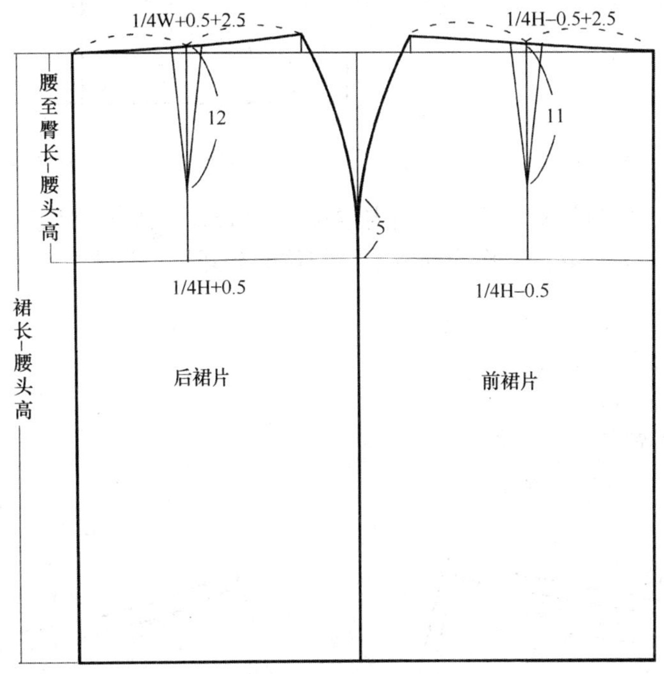

图8—18　半身裙前片与后片的基本纸样（单位：cm）

4. 半身裙生产纸样制图

以下以缩褶短裙为例，介绍半身裙的生产纸样制图。

（1）缩褶短裙款式特征：低腰，无里，宽摆，裙腰贴体，接驳抽褶裙片，呈莲蓬状，侧缝设拉链开口，如图8—19所示。

（2）缩褶短裙成品规格要求见表8—7。

表8—7　缩褶短裙成品规格　cm

部位	裙长	腰围	臀围	下摆围	裙腰高
尺寸	40	68	114	120	10

（3）缩褶短裙生产纸样制图：图8—20所示为原型法制作的缩褶短裙前片与后片基本纸样。

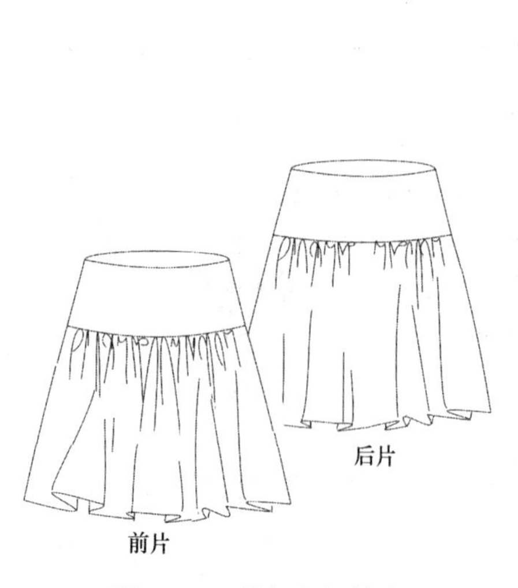

图 8—19　缩褶短裙款式

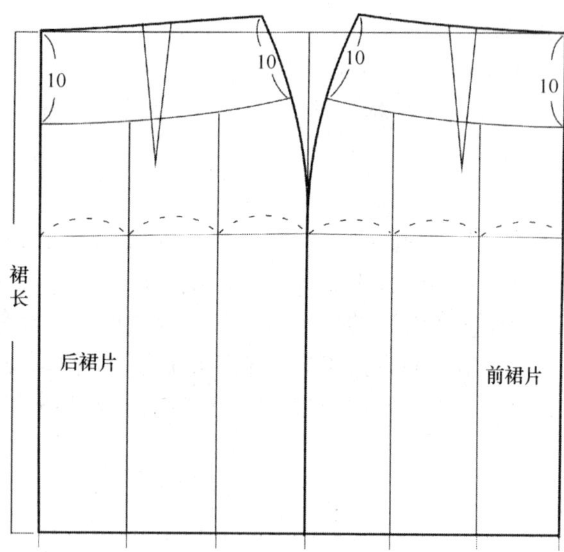

图 8—20　缩褶短裙前片与后片基本纸样（单位：cm）

首先复制前、后裙片基本纸样，确定裙长为 40 cm；然后在腰线取长度为 10 cm 的裙身；将臀围线分为三等份，作为加放抽褶部位的剪开线。具体要求如图 8—21 所示。

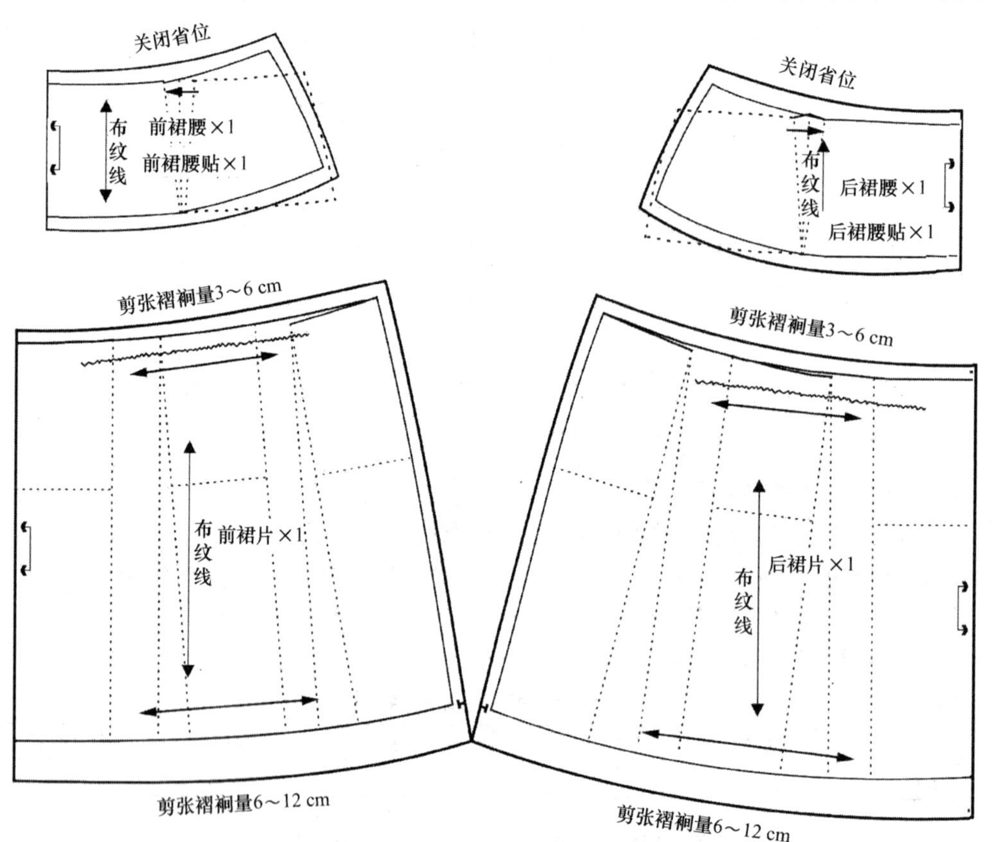

图 8—21　缩褶短裙生产纸样

复制裙腰，关闭前、后腰省后，修顺腰线及下围切驳线；然后分别复制前裙腰贴和后裙腰贴，贴高 12 cm。剪张裙片，褶裥量如图 8—21 所示，修顺裙脚下摆线和上部接驳线。

对折线无需加缝份，裙腰与裙片所有侧缝均加放 1.5 cm 缝份，裙脚下摆加放 3.5 cm缝份，其余各边加放 1 cm 缝份。标示纸样上所有资料，包括布纹线、刀口记号、对折线、衣片裁剪数量等。

5. 半身裙纸样校对与修改

（1）检查纸样数量是否完整：总数 6 片，包括前裙腰 1 片，后裙腰 1 片，前裙腰贴 1 片，后裙腰贴 1 片，前裙片 1 片，后裙片 1 片。

（2）检查纸样上的尺寸是否精确：依据缩褶短裙成品规格要求（见表 8—7），用软尺测量前、后腰头弧线长总和的 2 倍应为腰围 68 cm；测量前、后臀围宽（腰线下 18 cm）总和的 2 倍应为臀围 114 cm；裙脚处测量前、后裙摆弧线长总和的 2 倍应为下摆围 120 cm；测量前、后裙腰高应为 10 cm，全裙长应为 40 cm。

（3）检查各纸样间相连部位的衔接是否圆顺：重叠前、后裙腰的侧缝线，检查腰线和下摆线是否连接圆顺；检查前、后裙腰的侧缝线长度是否相等；检查前、后裙片的侧缝线长度是否相等。

（4）检查纸样上的缝份是否准确：裙腰与裙片的侧缝线缝份均为 1.5 cm，下摆缝份应为 3.5 cm，其余缝份均为 1 cm。

（5）检查纸样上的对位点是否准确：后裙片的中线缝份要求有记号，前、后裙片下摆缝份要求有对位点。

（6）检查纸样上的资料是否标示明确：对折线、布纹线、衣片裁剪数量、刀口记号等。

6. 半身裙变化款式纸样实例

半身裙款式多样，下面介绍褶裥裙的生产纸样制图。

（1）褶裥裙款式特征：图 8—22 所示为及膝褶裥裙，前片左右侧各有两个较大的内工字褶，上腰处缉缝明线固定，后中部开拉链。

（2）褶裥裙生产纸样制图：如图 8—23 所示，利用半身裙基本纸样（见图 8—18），按褶裥裙款式要求进行制图。

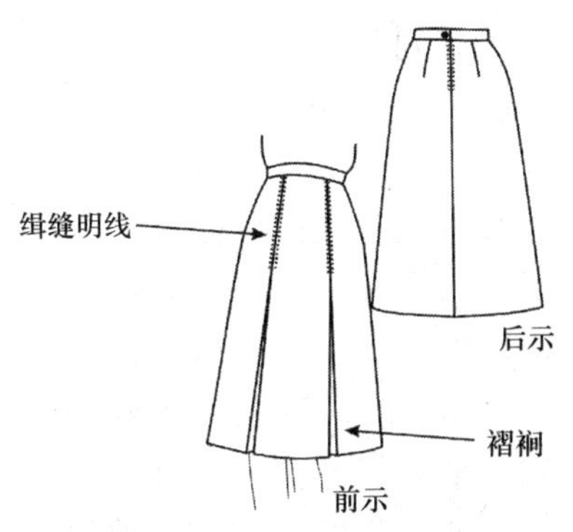

图 8—22　及膝褶裥裙

复制前裙片，裙长自定；侧缝线下摆处向外加宽 2.5 cm，以便行走；沿腰省中线剪开，平行增加褶裥量 8 cm（褶裥宽 2 cm）。前中对折线无需加缝份，下摆加 3 cm 缝份，其余各边均加 1 cm 缝份。画上缝份、褶裥等记号。

复制后裙片，裙长自定；侧缝线的下摆处向外加宽 2.5 cm；后中线加 1.5 cm 缝份，下摆加 3 cm 缝份，其余各边均加 1 cm 缝份。画上缝份、省道等记号。

裙腰：画出长度为（腰围 68＋2.5）cm，宽度为 3 cm 的长方形结构，对折复印完全后，周边均加 1 cm 缝份。

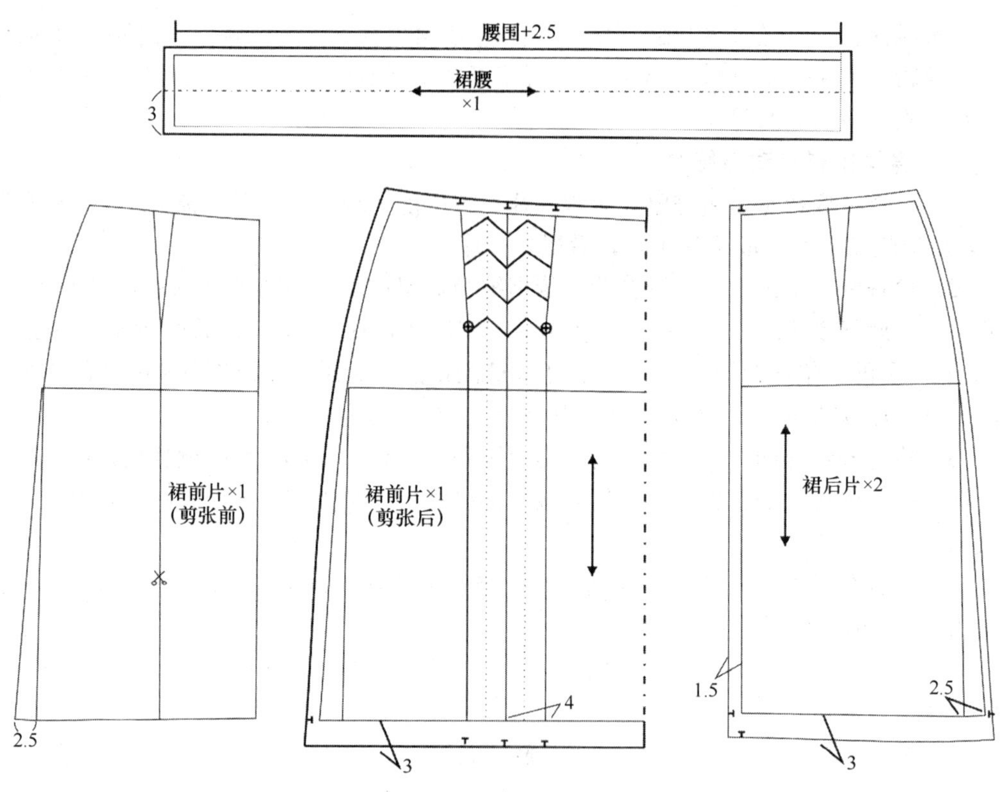

图 8—23　褶裥裙的生产纸样（单位：cm）

二、女装衬衫结构设计

1. 女装衬衫的类型

女装衬衫按不同的合体程度，可分为紧身型、合体型和松身型三种。其胸围的放松量通常为 8～10 cm（紧身型）、10～16 cm（合体型）或 16～24 cm（松身型）。

2. 女装衬衫款式特征

图 8—24 所示为一款收腰的合体型短袖女装衬衫，胸围放松量为 10 cm，前、后衣片各收两个腰省，平筒门襟含六粒扣，圆角平领，袖头收四个褶裥，袖口收一个小工字褶并滚边，环折衣摆并缉明线。

图 8—24　女装衬衫款式图

3. 女装衬衫成品规格要求

女装衬衫成品规格要求见表 8—8，说明：袖窿深是从后颈点直线测量至袖窿底。

表 8—8　女装衬衫成品规格　cm

部位	肩宽	胸围	腰围	领围	下摆围	腰节长	后衣长	袖窿深	前胸宽	后背宽	袖长	袖口围
尺寸	41	92	84	38	94	38.5	56	23	36	37	25	28

4. 女装衬衫基本纸样制图

（1）前衣片与后衣片基本纸样。图 8—25 是用比例法制图的女装衬衫前衣片与后衣片基本纸样。

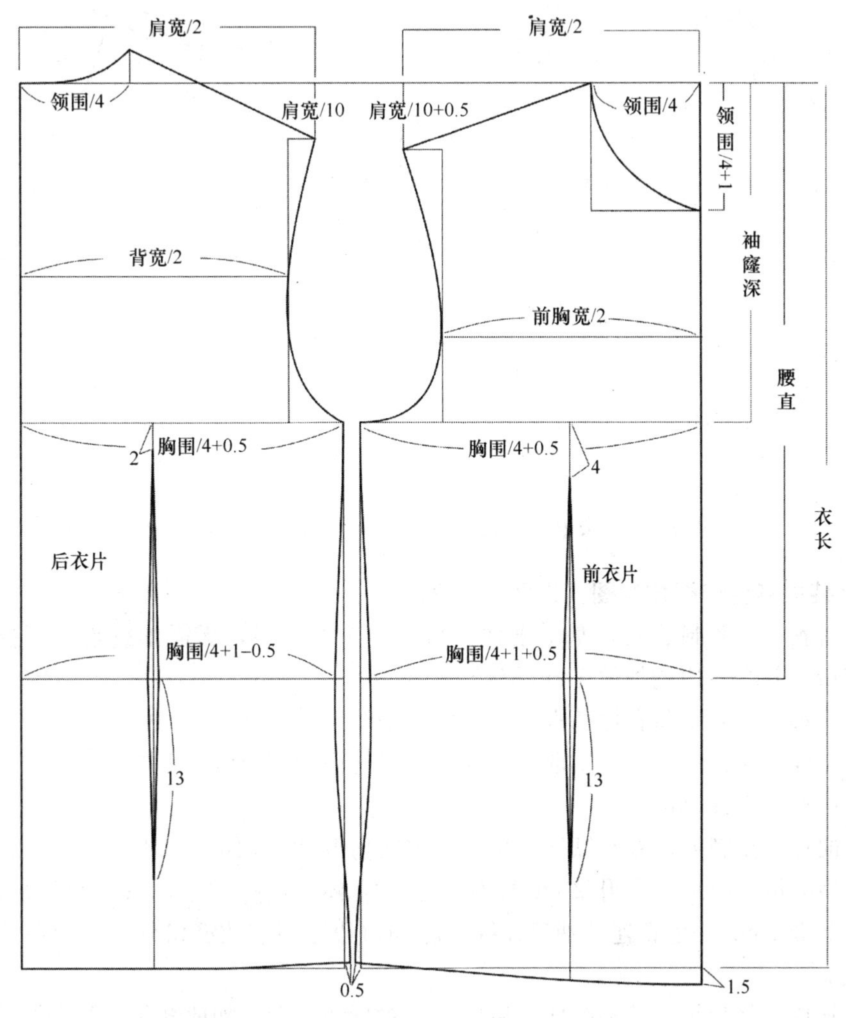

图 8—25　女装衬衫前衣片与后衣片基本纸样（单位：cm）

（2）袖片和领片基本纸样（见图 8—26）

1）袖片。先在前衣片与后衣片上测量出袖窿围尺寸为 42.5 cm，然后用公式法绘制出袖片。

2）领片。先复制前衣片，然后将前衣片的肩颈点与后片的肩颈点重合，前、后衣片的肩外点重叠 2 cm，最后绘出新的领窝线和领外围款式线。

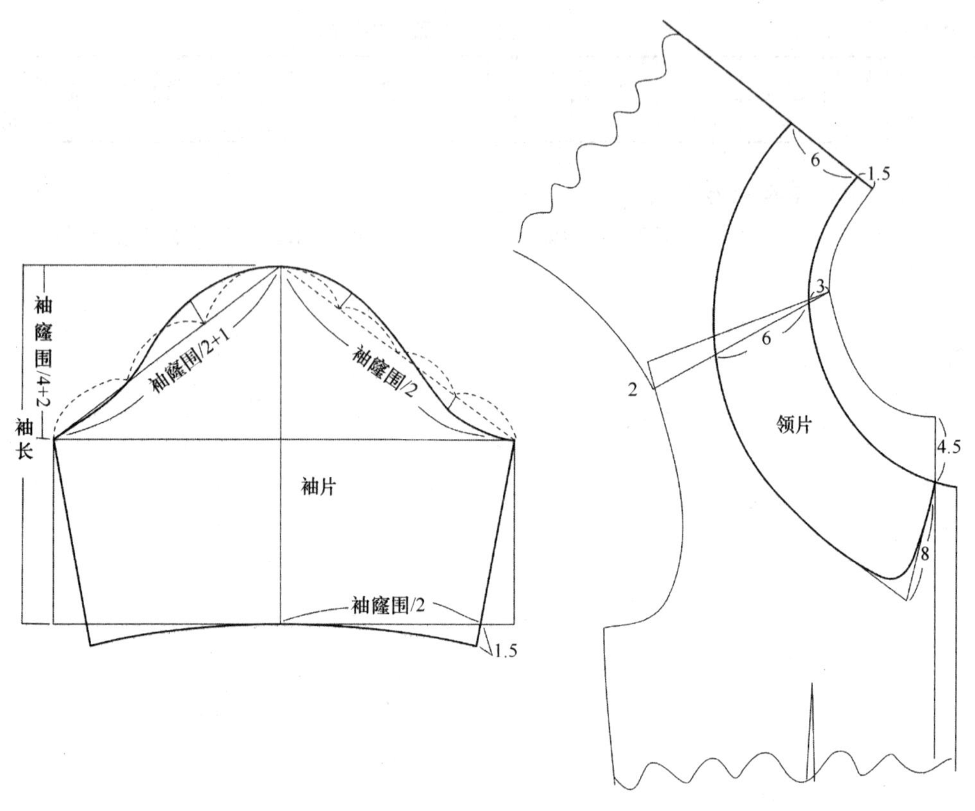

图 8—26　女装衬衫袖片、领片基本纸样（单位：cm）

5. 女装衬衫生产纸样制图（见图 8—27）

（1）后衣片。复制后衣片基本纸样，后中线为对折线，无需加缝份，下摆线加放 3 cm的缝份，其余各边均加放 1 cm 缝份。

（2）前衣片。复制前衣片基本纸样，由前中线延伸 5 cm（其中 1.5 cm 为搭门）确定挂面的宽度，对折前中线复制前领窝线，画出挂面顶部形状，下摆线加放 3 cm 缝份，其余各边均加放 1 cm 缝份。

（3）袖片。复制袖片基本纸样原型，袖中线剪开 4 cm 作为袖头的褶裥放松量，袖口为工字型活褶，由顶点上升 2 cm 作为褶裥的立体抛出拱起量，重新修顺袖山弧线，袖口中线下降 1 cm 并重新连顺袖口弧线。除袖口边缘不加放缝份外，其余各边均加放 1 cm 缝份。

（4）领片。复制领片基本纸样，后中线为对折线，无需加放缝份，其余各边均加放 1 cm 缝份作为底层衣领。面层衣领由底层衣领的领外边线再加放 0.2 cm 缝份，并慢慢圆顺至前领边线。

6. 女装衬衫纸样校对与修改

(1) 检查纸样数量是否完整：总数 11 片，包括前衣片 2 片，后衣片 1 片，袖片 2 片，底领 1 片，面领 1 片，绱领捆条 1 片，袖口捆条 2 片，衣领粘合衬 1 片。

(2) 检查纸样上的尺寸是否精确：依据女装衬衫成品规格要求（见表 8—8），用软尺测量前、后衣片胸围线总和的 2 倍应为胸围 92 cm；测量前、后衣片腰围线总和的 2 倍应为腰围 84 cm；下摆处测量前、后衣摆弧线长总和的 2 倍应为下摆围 94 cm；测量后片颈背点至下摆边应为后衣长 56 cm；测量后片颈背点至胸围线应为袖窿深 23 cm；测量前胸宽（左、右前肩点至袖底点间的距离）应为 36 cm；测量后背宽（左、右后肩点至袖底点间的距离）应为 37 cm；测量袖口围应为 28 cm；由于该款衬衫变款需要，衣领制图时挖低了领窝线，故成品领围会比 38 cm 大。

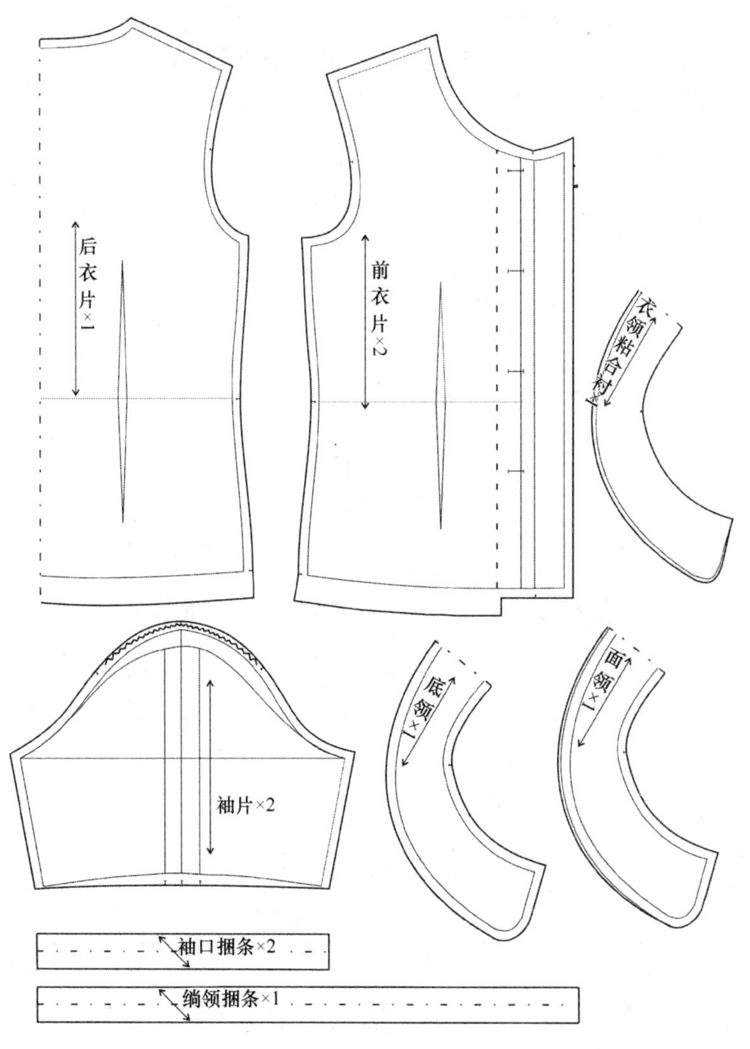

图 8—27　女装衬衫生产纸样

(3) 检查各纸样间相连部位的衔接是否圆顺：张开前中线和后中线，检查领窝线和下摆围线是否圆顺；重合前、后衣片的侧缝线，检查前、后侧缝长度是否相等、袖窿底弧线是否圆顺、下摆的衔接处是否圆顺；前、后衣片的肩线重合后，检查前、后肩线长度是否相等，前、后领窝线及袖窿弧线是否圆顺；检查前、后衣片袖窿弧长与袖片的袖山弧长是否符合要求（袖山弧长包含 4 cm 褶量，以及长于袖窿弧 2 cm 的容位抛松量）；检查衣领的领脚线与前、后衣片的领窝线长度是否相等。

（4）检查纸样上的缝份是否准确：前、后衣片下摆缝份 3 cm，袖口边无缝份（滚边工艺法），其余各边均为 1 cm 缝份。

（5）检查纸样上的对位点是否准确：前、后衣片的侧缝腰线对位点要求相等，前、后衣片下摆的缝份要求有对位点；前衣片搭门线的领窝处和下摆处要求有对位记号；袖口褶裥要求有记号，袖头收褶处要求有记号，并要与衫身袖窿弧线的记号相吻合；领底和领面的领内口线在肩颈点处要求有记号。

（6）检查纸样上的资料是否标示明确：对折线、布纹线、衣片裁剪数量、刀口记号等。

7. 女装衬衫变化款式纸样实例

女装衬衫款式多样，下面介绍长袖女装衬衫的生产纸样制图。

（1）长袖女装衬衫款式特征。图 8—28 所示为合体型长袖女装衬衫，胸围放松量为 14 cm，前后无省，侧缝稍有收腰，平筒开襟含 6 粒扣，两片式衬衫领，袖口缩褶呈灯笼状。

图 8—28　长袖女装衬衫

（2）长袖女装衬衫成品规格要求。长袖女装衬衫成品规格要求详见表 8—9。

表 8—9　长袖女装衬衫成品规格　cm

部位	肩宽	胸围	腰节长	前衣长	袖长	袖口围	袖头高	领面高	领座高
尺寸	42	96	40	58	55	20	6	4.5	2

（3）长袖女装衬衫生产纸样制图。如图 8—29 所示，此图运用数字化技术与比例法相结合的方法制成。

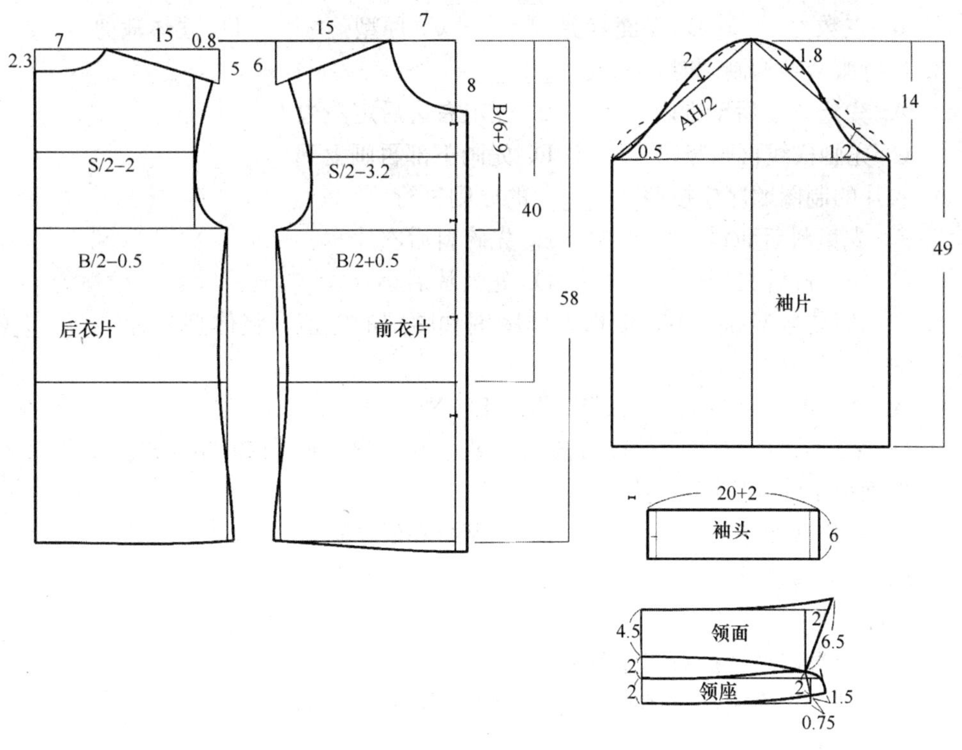

图 8—29　长袖女装衬衫基本纸样（单位：cm）

单元测试题

一、填空题（请将正确的答案填在横线空白处）

1. 服装结构制图的方法多种多样，主要有________和________两大类。

2. 常见的平面裁剪法有__________、__________、__________、__________、__________、__________、__________、__________和__________等。

3. 服装结构制图的顺序主要包括________的制图顺序和________的制图顺序。

4. 服装部件的制图顺序包括________的制图顺序、________的制图顺序和________的制图顺序等内容。

5. 人体体型特征中，男性身高为其________人头高，体型呈现________形；女性身高为其________人头高，侧面体型呈“________”形。

6. 男性的胸围线比女性胸围线稍________，男性的腰围线在肚脐________或与肚脐齐平，而女性腰围线比肚脐________或与肚脐平。

7. 我国服装号型标准中的号是指人体________，型是指人体的________或________。

二、单项选择题（下列每题的选项中，只有 1 个是正确的，请将正确答案的代号填在横线空白处）

1. 服装结构制图法中，公式法属于________法。

A. 点数　　B. 平面裁剪　　C. 原型　　D. 立体裁剪

2. 进行服装结构制图时，一般________。

A. 先定长度后定围度　　B. 先定右边后定左边

C. 先画横线再画竖线　　D. 先画下部再画上部

3. 衣片的制图顺序应按照________的原则进行。

A. 先里料后面料　　B. 先碎料后衣片

C. 先衣衬后衣身　　D. 先大片后小片

4. 我国服装号型标准中，依据人体胸围和腰围的差值，将体型分为________四种类型。

A. A、B、C、D　　B. S、M、L、XL

C. Y、A、B、C　　D. 160/84～86、165/88～90、170/96～98、175/108～110

5. 根据裙子的外形可以分为________。

A. 长裙和短裙　　B. 高腰裙和低腰裙

C. 直裙和斜裙　　D. A 字裙和圆台裙

三、简答题

1. 简述半身裙纸样校对与修改的内容。

2. 以一件上衣为例，简述服装结构制图的顺序。

四、绘图题

1. 绘制出半身裙的基本纸样。

2. 绘制出女装衬衫前衣片与后衣片的基本纸样。

单元测试题答案

一、填空题

1. 平面裁剪　立体裁剪　　2. 比例法　原型法　点数法　D 式法　胸度法　黄金法　矩形法　短寸法　计算机辅助设计法　　3. 线条　服装部件　　4. 衣片　面辅料　上下装　　5. 七个半　倒梯　七个　S　　6. 高　下　高　　7. 身高　胸围　腰围

二、选择题

1. B　　2. A　　3. D　　4. C　　5. C

三、简答题

答案略。

四、绘图题

答案略。

第9单元

服装缝制工艺

第一节　半身裙的缝制工艺

→ 掌握半身裙的缝制工艺流程
→ 掌握半身裙的品质和规格检验

下面以一款缩褶短裙为例，介绍半身裙的缝制工艺。

一、款式介绍

1. 款式说明

如图 9—1 所示，这是一款低腰无里的缩褶短裙，裙腰贴体，接驳抽褶裙片，呈莲蓬状，右侧缝设拉链开口。

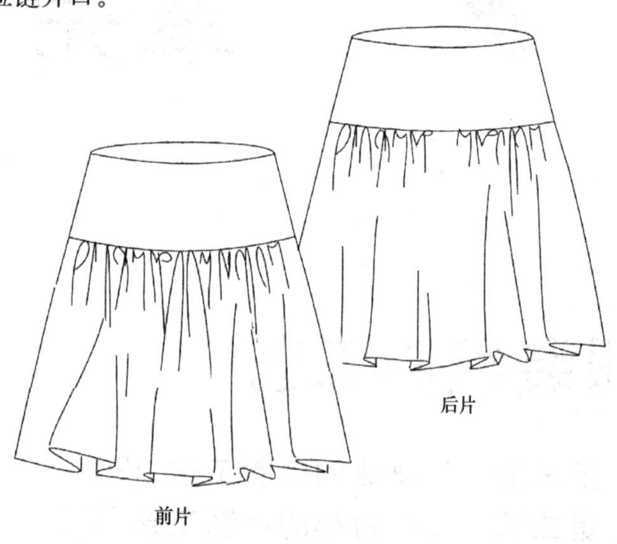

图 9—1　缩褶短裙款式

2. 生产纸样裁片介绍

生产纸样裁片总数为 6 片，包括前裙片 1 片，后裙片 1 片，前裙腰 1 片，后裙腰 1 片，前裙腰贴 1 片，后裙腰贴 1 片，如图 9—2 所示。

二、缝制工艺流程

1. 排料方法

缩褶短裙的排料方法如图 9—3 所示。

2. 用料预算

门幅：90 cm；用料：裙长×2＋裙腰宽×2＋10 cm。

门幅：114 cm；用料：裙长×2＋5 cm。

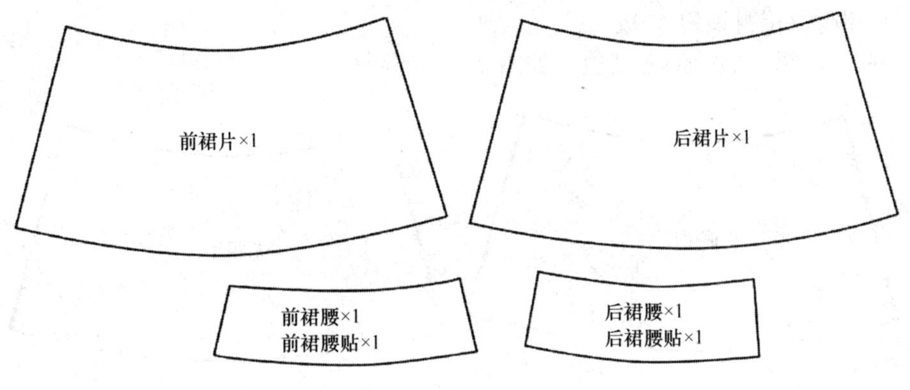

图 9—2　缩褶短裙的生产纸样裁片

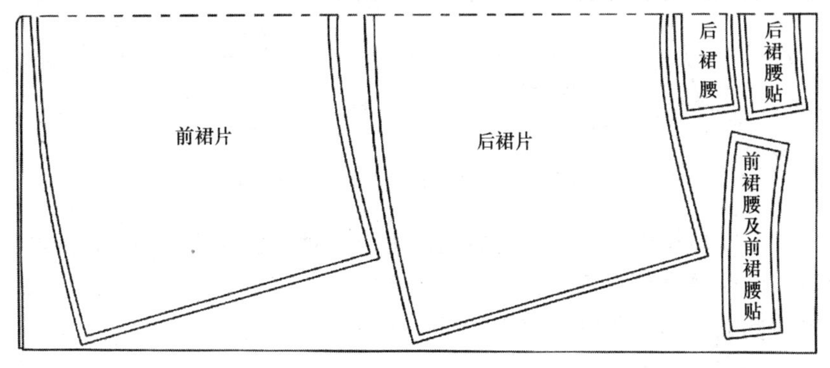

图 9—3　缩褶短裙排料图

3. 缝制流程

缩褶短裙的缝制流程如下：

裙腰粘衬→裙腰及裙身锁边→缝合前、后裙片侧缝→劈烫侧缝→前、后裙片腰线抽褶→缝合裙腰及裙腰贴的左侧缝→绱裙腰→翻烫裙腰→右侧缝绱拉链→绱裙腰贴→熨烫裙腰线→缲缝裙腰贴的开口部位→卷缉裙脚底摆→整烫。

4. 缝制工艺与要求

下面按照缝制流程，介绍缩褶短裙各工序的缝制工艺与要求。

（1）裙腰粘衬。为了使裙腰更加平服挺括，必须在面层裙腰的底部粘衬，如图 9—4 所示，最好使用有纺粘合衬。注意粘接要牢固，部件要烫端正、烫平服。

图 9—4　裙腰粘衬

注：工厂常使用粘衬机粘衬。

（2）裙腰及裙身锁边

1）前、后裙片的两侧缝锁边，如图 9—5 所示。

图 9—5　前、后裙片两侧缝锁边

2）前、后裙腰贴的底边锁边，如图 9—6 所示。

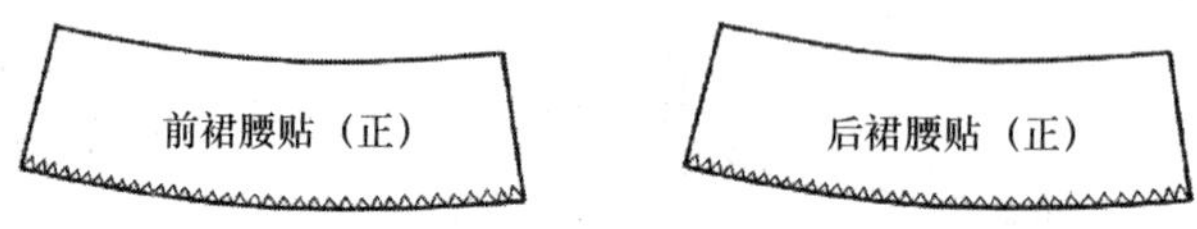

图 9—6　前后裙腰贴的底边锁边

（3）缝合前、后裙片侧缝。前、后裙片正面相对，缝合两边侧缝，如图 9—7 所示。注意右侧缝缝至拉链开口止点止，留作拉链开口用。

（4）劈烫侧缝。用熨斗劈烫裙片侧缝，如图 9—8 所示。

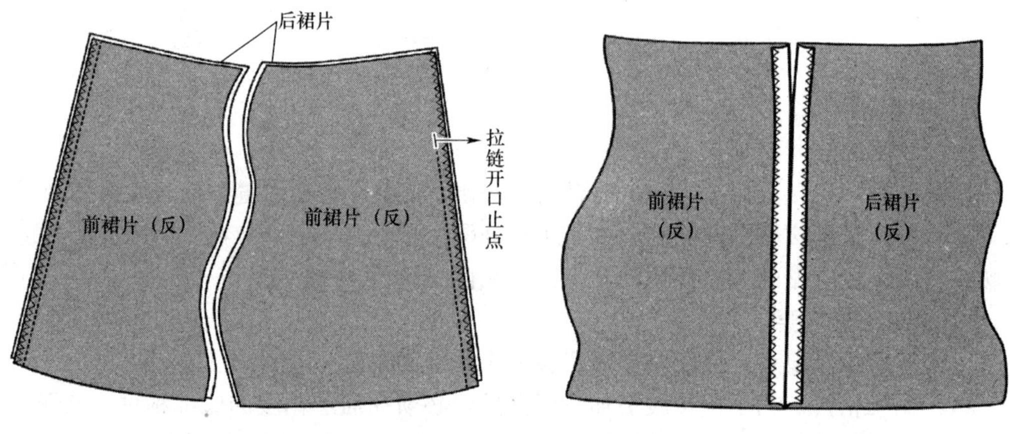

图 9—7　缝合前后裙片侧缝　　图 9—8　劈烫侧缝

（5）前、后裙片腰线抽褶。用抽褶压脚抽碎褶，如图 9—9 所示。在裙片的腰线处缉两道缩缝缝迹，如图 9—10 所示，两道线迹间隔 0.5 cm，注意碎褶要缩抽均匀。

注：有条件的工厂可使用前后送布牙差动输送布料的特种抽褶设备。

（6）缝合裙腰及裙腰贴的左侧缝。前、后裙腰正面相对，缝合左侧缝（1 cm 缝份），如图 9—11 所示；前、后裙腰贴正面相对，缝合左侧缝（1 cm 缝份），如图 9—12 所示。

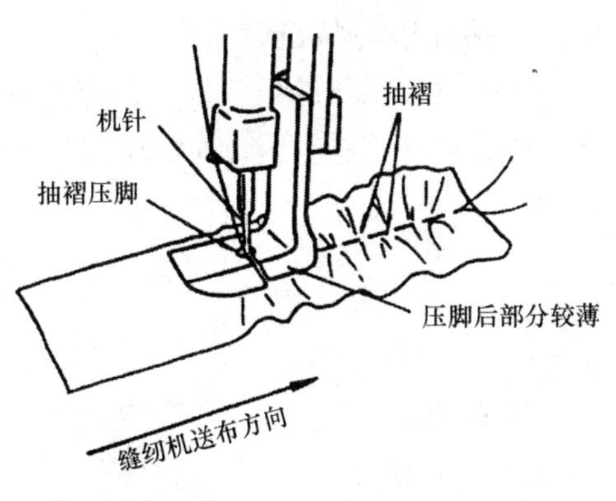

图 9—9　用抽褶压脚缩抽褶

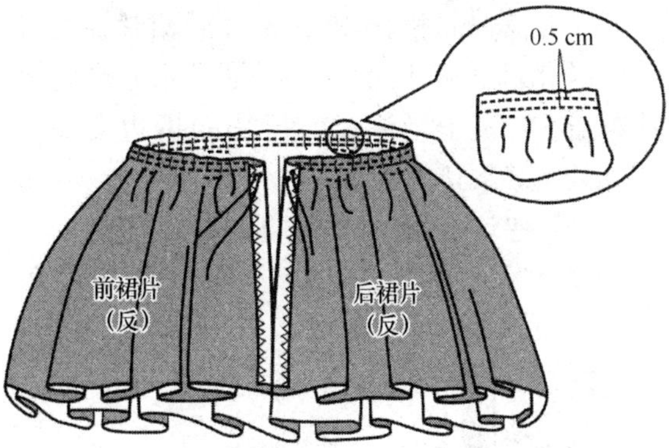

图 9—10　在裙片腰线处缉缝缩缝线迹

（7）绱裙腰。将裙腰与抽好碎褶的裙身腰线正面相对，沿着腰线缝合（1 cm 缝份），如图 9—13 所示。注意裙腰的侧缝缝口与裙身的侧缝缝口要对正，缝份要均匀，线迹要顺直。

（8）翻烫裙腰。将裙腰向上翻起，并熨烫帖服，如图 9—14 所示。注意熨烫时不要将抽好的碎褶压烫平整，以免褶裥缺少生动感。

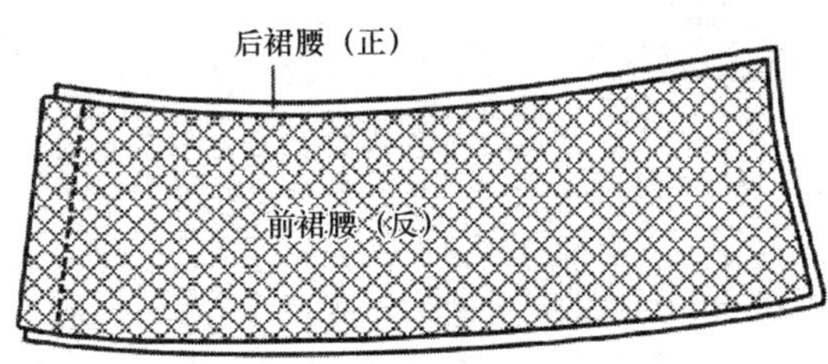

图 9—11　缝合裙腰

图 9—12　缝合裙腰贴

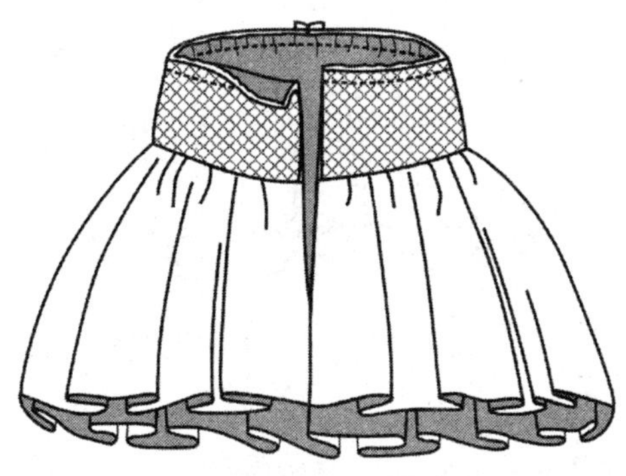

图 9—13　绱裙腰

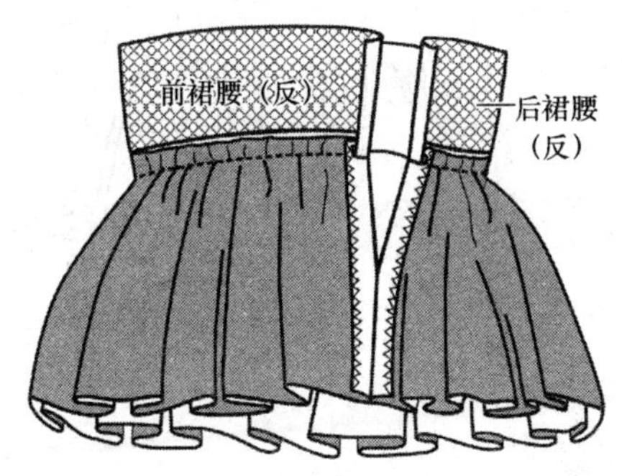

图 9—14　翻烫裙腰

（9）右侧缝绱拉链。先将后裙片及后裙腰开口处的缝边与拉链缝合（1.5 cm 缝份），如图 9—15 所示。注意尽量靠近拉链牙 0.1 cm 处缉缝后裙片的折边线。再将前裙片覆盖在拉链上，注意前裙片的折边要盖过后裙片 0.2 cm，然后在距前裙片的折边 1 cm处缉缝线迹，如图 9—16 所示。

注：建议使用高低牙签压脚绱拉链。

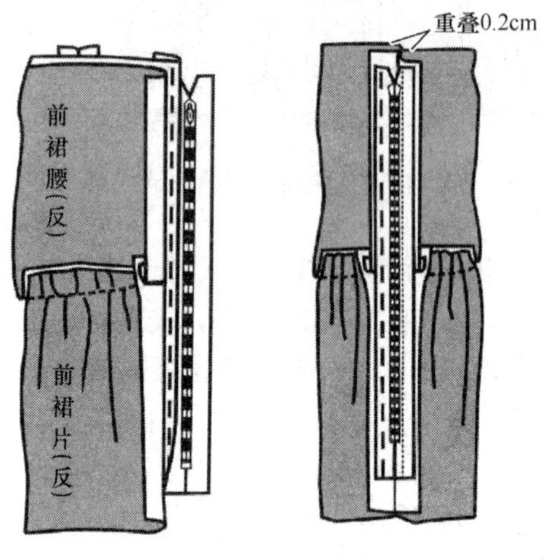

图 9—15　后裙片开口绱拉链

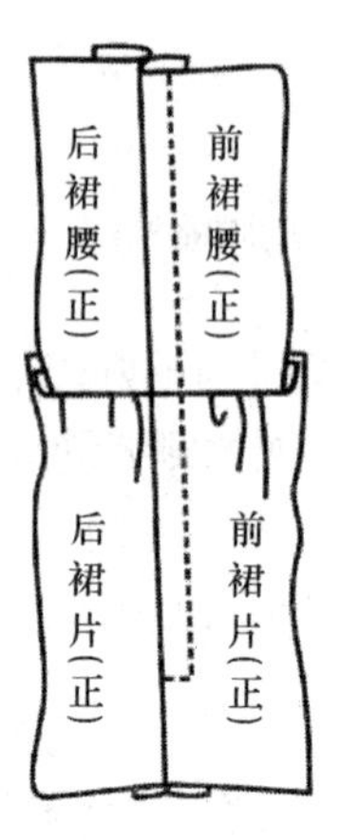

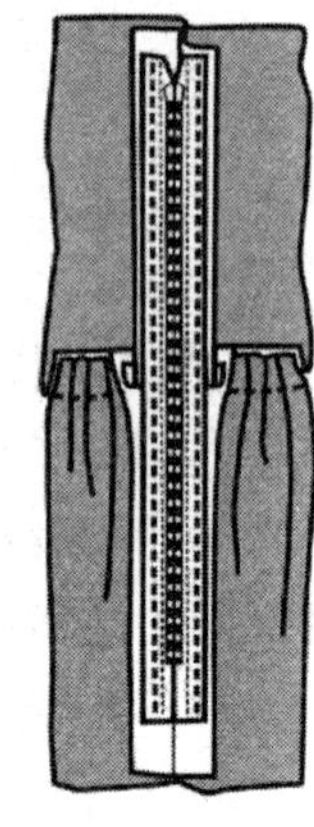

图 9—16　前裙片开口绱拉链

（10）绱裙腰贴。如图 9—17 所示，将裙腰贴与裙腰正面相对，腰线缝边叠齐并缝合（1 cm 缝份）。注意靠近拉链开口处的裙腰贴要放出 1.5 cm 的缝份。

（11）熨烫裙腰线。将裙腰贴向上翻烫，如图 9—18 所示，在裙腰的贴边处缉缝暗边线，并扣烫裙腰贴开口处的缝份，如图 9—19 所示。

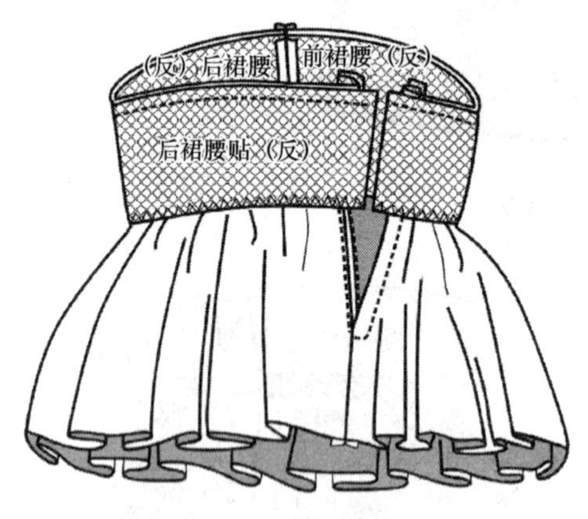

图 9—17　绱裙腰贴

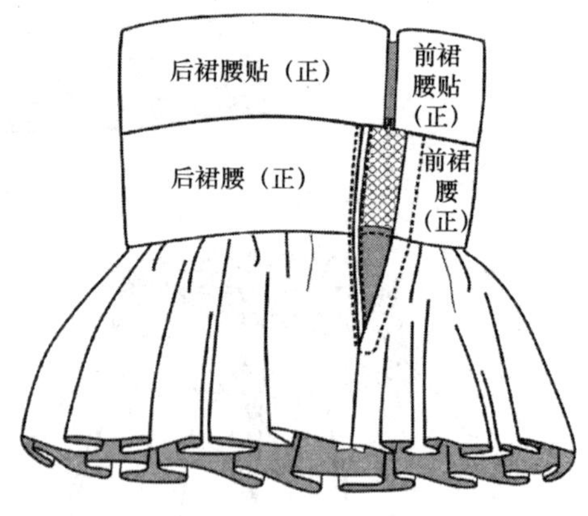

图 9—18　翻烫裙腰贴

（12）缲缝裙腰贴的开口部位。先将裙腰贴向下折烫，在裙腰贴的折边位离拉链牙0.2 cm处用手针缲缝，将裙腰贴开口的折边位固定在拉链布上，如图 9—20 所示。注意缲缝好后的裙腰贴要平服，不能影响拉链滑头的上下滑动。

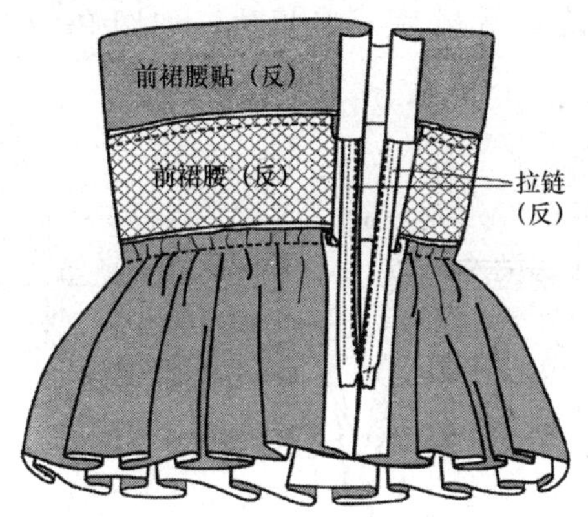

图 9—19　缉缝暗边线并扣烫裙腰贴

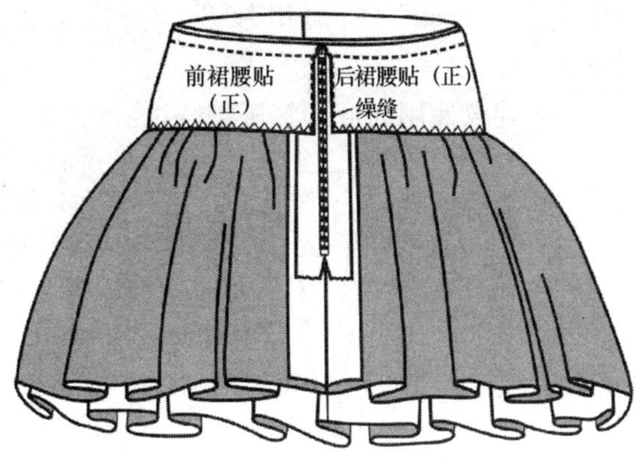

图 9—20　缲缝裙腰贴的开口部位

另一种绱拉链方法如下。

步骤一，先将裙腰贴与拉链缝合，如图 9—21 所示，注意裙腰贴的正面与拉链的底部相对缝合。接着翻烫裙腰贴，如图 9—22 所示。

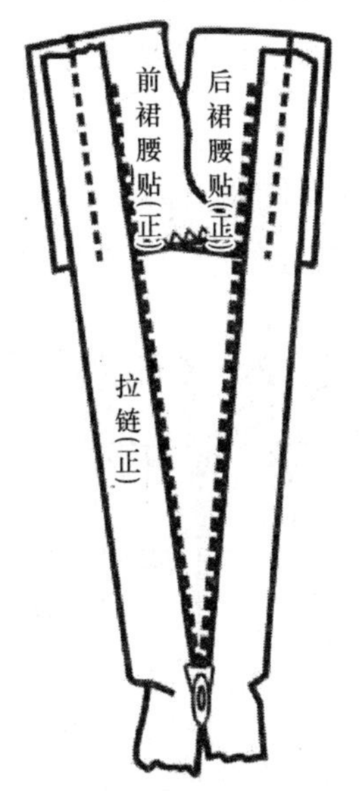

图 9—21　绱拉链于裙腰贴

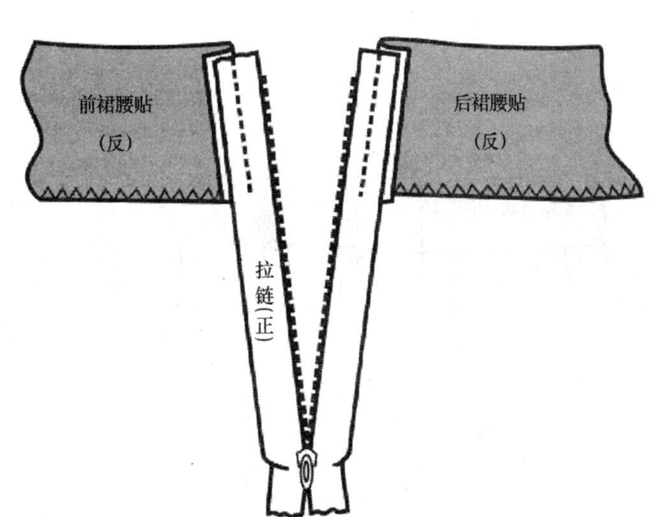

图 9—22　翻烫裙腰贴

步骤二，将含裙腰的裙片与裙腰贴的腰线缝份正面相对叠齐，裙片开口处的缝份包裹着拉链，如图 9—23 所示，沿着上腰线缝合。注意前裙片包裹拉链与前裙腰贴时，前裙片的折边应距离拉链牙 0.3 cm，后裙片的折边则应紧贴着拉链牙包裹后裙腰贴，如图 9—24 所示。

步骤三，将裙腰贴翻入裙片的底面，熨烫前、后裙片开口处的折边，前裙片开口折边覆盖后裙片开口折边 0.2～0.3 cm，如图 9—25 所示。再沿后裙片开口折边缉边线，将后裙片与拉链布缝合，如图 9—26 所示。注意缉缝至开口底端处时将后裙片缝份推出 0.1 cm，使前裙片开口折边覆盖拉链及后裙片开口折边，如图 9—27 所示。

注：建议使用高低牙签压脚绱拉链。

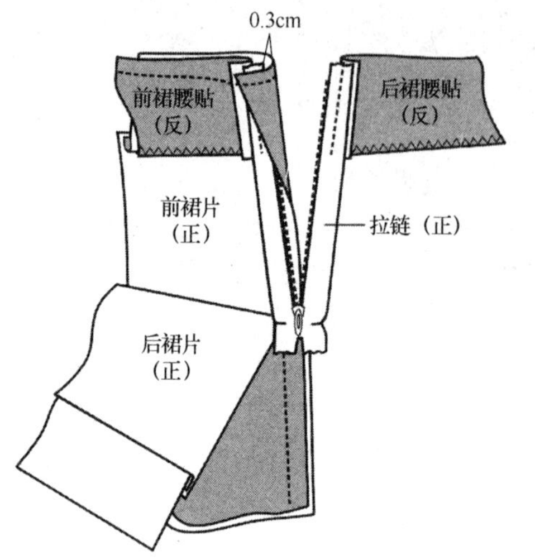

图 9—23　绱前裙腰贴

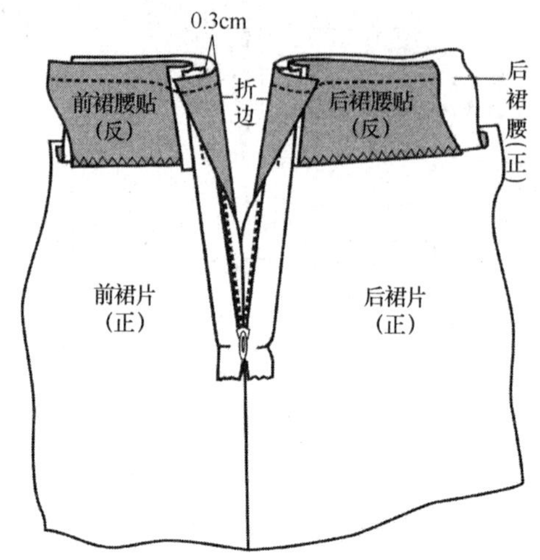

图 9—24　绱后裙腰贴

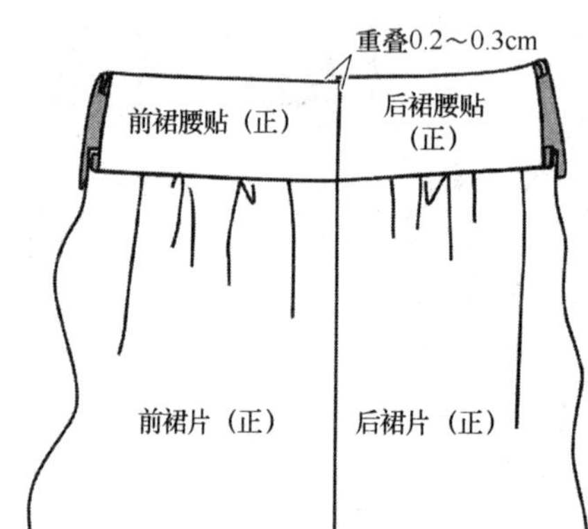

图 9—25　折烫开口折边

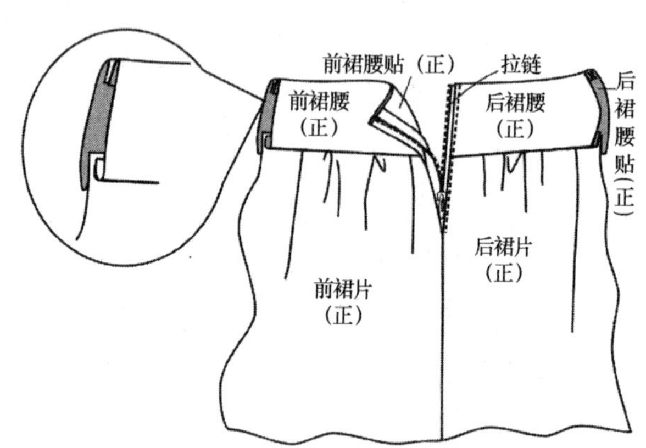

图 9—26　后裙片与拉链布缝合

步骤四，将拉链拉合后在距离前裙片开口折边 1 cm 处缉缝线，将前裙片与拉链布缝合，如图 9—28 所示。

（13）卷缉裙脚底摆。将裙脚毛边朝底部覆折 1 cm 后，再环折 2.5 cm，沿着里层折边缉一道距内折边 0.1 cm 的边线，如图 9—29 所示。

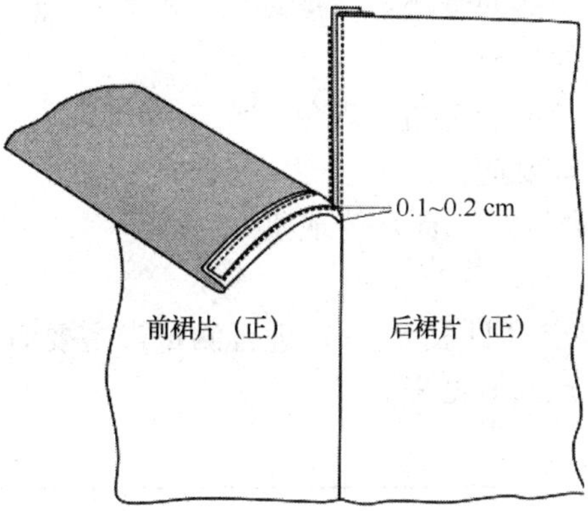

图 9—27　前裙片开口折边覆盖后裙片开口折边 0.1～0.2 cm

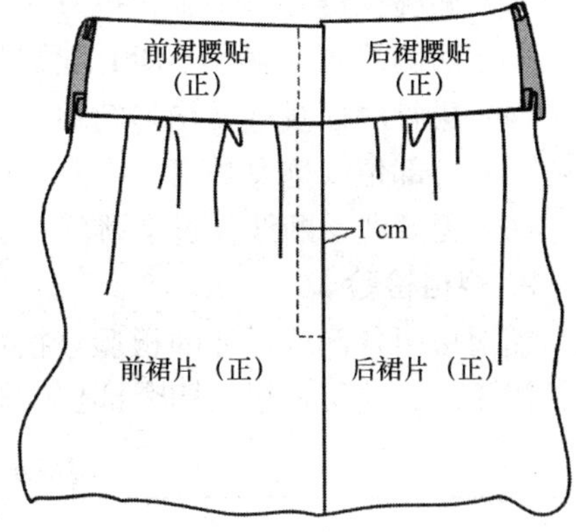

图 9—28　前裙片与拉链布缝合

注：工厂常使用卷边拉筒辅件进行操作。

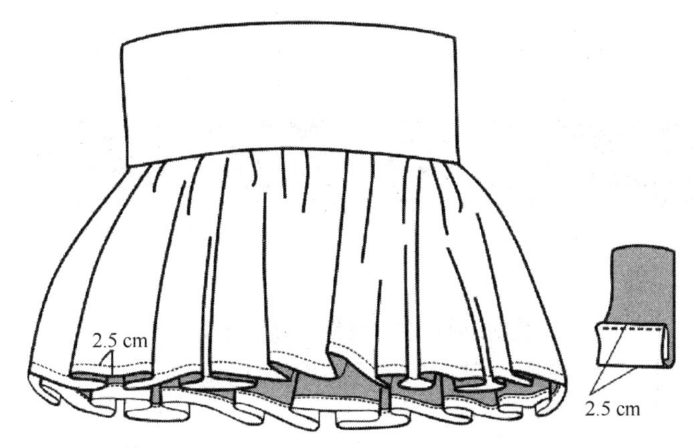

图 9—29　卷缉裙脚底摆

（14）整烫。服装整烫的一般顺序：先里层后正面，先小后大，先上后下，先部件后衣身。

缩褶短裙的整烫顺序：烫裙腰→烫拉链开口→烫两侧缝→烫裙片→烫裙脚底摆。

缩褶短裙的整烫工艺要求：应先烫里再烫面；缝边要劈烫平服，不起涌，两侧缝要烫平服；拉链开口要烫平服；裙腰要烫平服，碎褶要均匀、生动自然，注意不要把碎褶压烫平整，要有生动感；裙脚底摆要烫平顺，不能有扭纹的现象。

三、品质与规格检验

1. 品质检验

（1）裙腰及裙腰贴无皱折、无起泡。裙腰开口处前后高低一致，无链形。

（2）侧缝拉链开口平服，拉链牙不外露，绱拉链的线迹要宽度均匀、顺直。

（3）两侧缝要平服，不能有起皱及缝口爬行的现象。

（4）裙脚底摆线迹要均匀圆顺，折边要平服，不能有扭纹现象。

（5）各部位线迹要顺直、平服，线迹张力松紧要适中。

（6）无开线、断线及过多跳线（20 cm 内只允许跳 1 针）等现象。

2. 规格检验

缩褶短裙各部位尺寸的检验，按成品规格要求（见表 8—7）进行测量，主要有腰围、裙腰高、臀围、裙长四个部位。规格检验及允差值见表 9—1。

表 9—1　　缩褶短裙规格检验

序号	部位名称	测量方法	极限偏差（cm）
1	腰围	闭合拉链后直线量度（全围计算）	±0.5
2	裙腰高	绱好裙腰后的高度	±0.5
3	臀围	放平裙子，水平量度臀围线（全围计算）	±1.0
4	裙长	由腰线位直线量度至裙摆底边	±1.0

第二节　女装衬衫的缝制工艺

→ 掌握女装衬衫的缝制工艺流程

→ 掌握女装衬衫的品质和规格检验

一、款式介绍

1. 款式说明

如图 9—30 所示，这是一款收腰的短袖女装衬衫，前、后衣片各收两个腰省，平筒门襟含六粒扣，圆角平领，袖头收四个褶裥，袖口收一个小工字褶并滚边处理，环折衣摆并缉明线。

2. 生产纸样裁片介绍

生产纸样裁片总数为 11 片，包括前衣片 2 片，后衣片 1 片，袖片 2 片，底领 1 片，面领 1 片，绱领捆条 1 片，袖口捆条 2 片，衣领粘合衬 1 片，如图 9—31 所示。

二、缝制工艺流程

1. 排料方法

女装衬衫的排料方法如图 9—32 所示。

图 9—30　女装衬衫款式

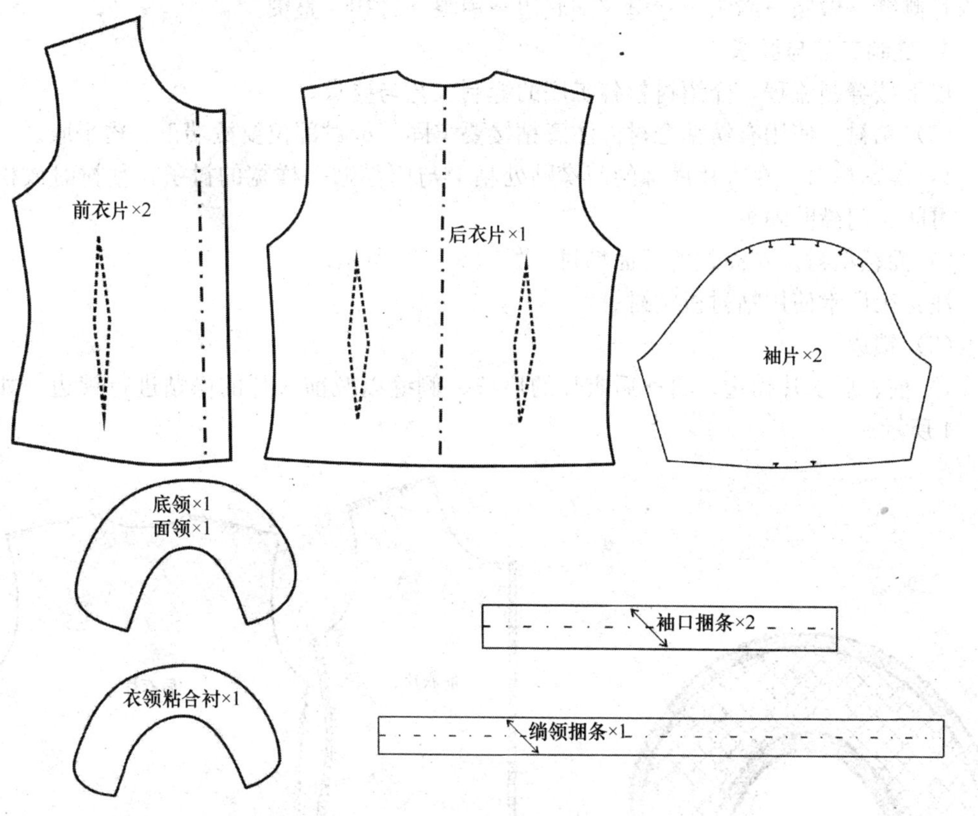

图 9—31　女装衬衫的裁片

单元 9

2. 用料预算

门幅：114 cm；用料：衣长＋袖长＋30 cm。

3. 缝制流程

女装衬衫的缝制流程如下：

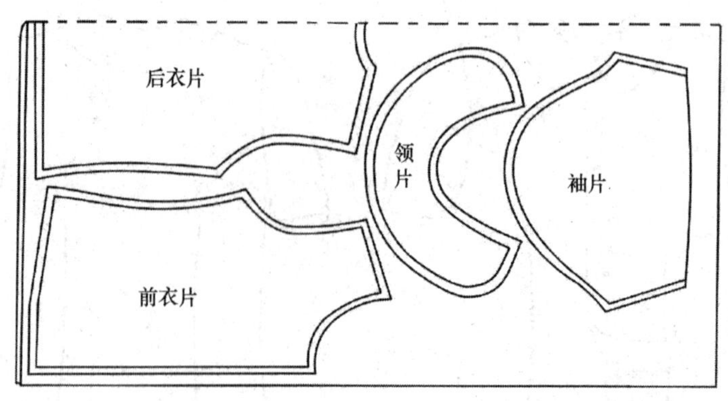

图 9—32　女装衬衫排料图

粘衬→锁边→缉缝前、后衣片腰省→熨烫腰省→合肩缝→做袖→绱袖→缝合袖底缝与衣片侧缝→做领→绱领→卷缉衣摆底边→锁眼→钉扣→整烫。

4. 缝制工艺与要求

以下按缝制流程，介绍衬衫各工序的缝制工艺与要求。

（1）粘衬。使用有纺粘合衬。注意粘接要牢固，烫衬部位要烫端正、烫平服。

1）襟贴粘衬。在衣片底部的门襟贴处粘上与门襟贴一样宽的衬条，粘衬时放松衬条，可防止门襟贴缩短。

2）面领粘衬。在面领的反面粘衬，如图 9—33 所示。

注：工厂常使用粘衬机粘衬。

（2）锁边

1）前、后衣片锁边。将前后衣片的肩缝、侧缝以及前衣片的襟贴进行锁边，如图 9—34 所示。

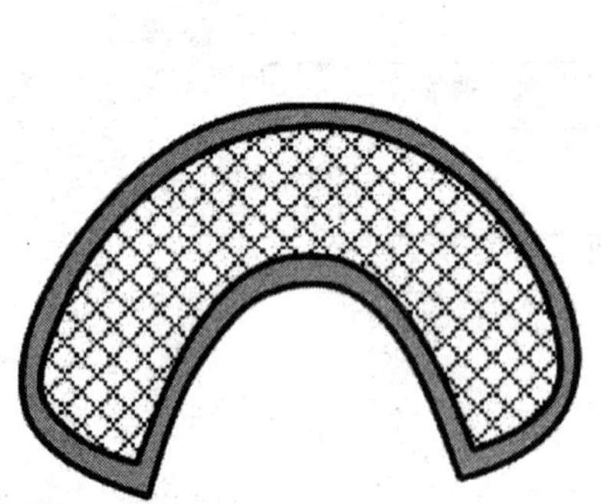

图 9—33　面领粘衬

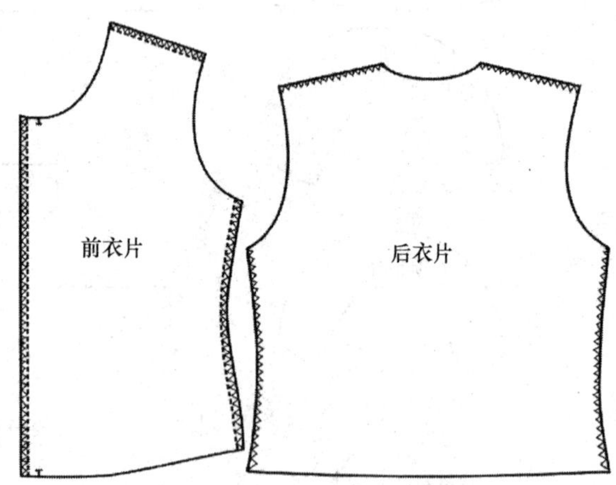

图 9—34　前后衣片锁边

2）袖片锁边。将袖片的袖山顶和袖侧缝进行锁边，如图 9—35 所示。

注意前衣片的襟贴锁边要顺直，袖山要圆顺。

（3）缉缝前、后衣片腰省。将衣片正面对正面在腰省处折叠，按省线的宽度缉缝前、后衣片的腰省，将两省尖处的线尾打结，以防线迹脱散。注意完成后的省尖位要圆顺、平整，如图 9—36 所示。

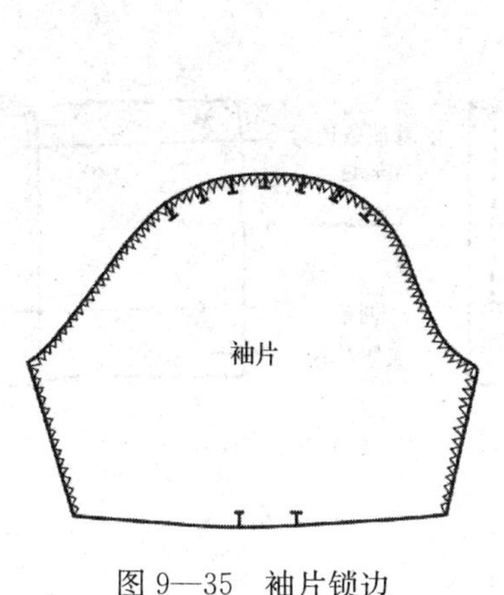

图 9—35　袖片锁边

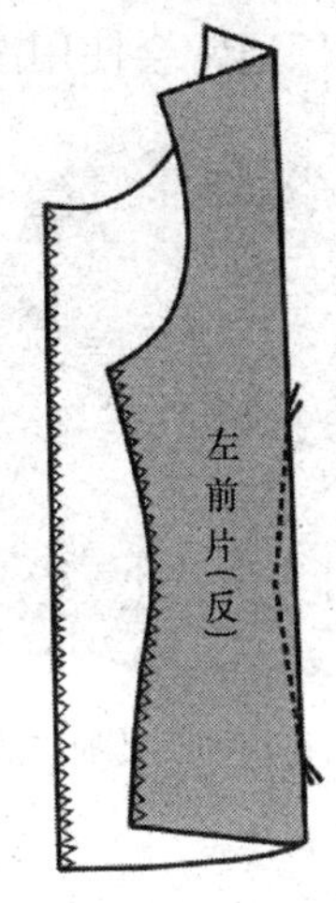

图 9—36　缉缝前、后衣片腰省

（4）熨烫腰省。将前衣片左、右腰省倒向前中，后衣片左、右腰省倒向后中进行劈烫。注意一定要将腰省紧贴线迹折烫服帖，如图 9—37 所示。

（5）合肩缝。将前、后衣片的肩缝正面对正面叠齐，缉缝 1 cm 的缝份，如图 9—38 所示。注意肩缝不可拉伸，缝完后肩缝要平整，领口处和袖窿两端的缝边要平齐。

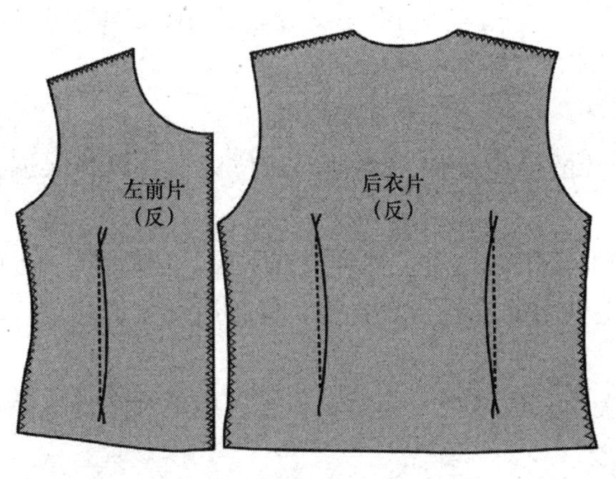

图 9—37　熨烫衣片腰省

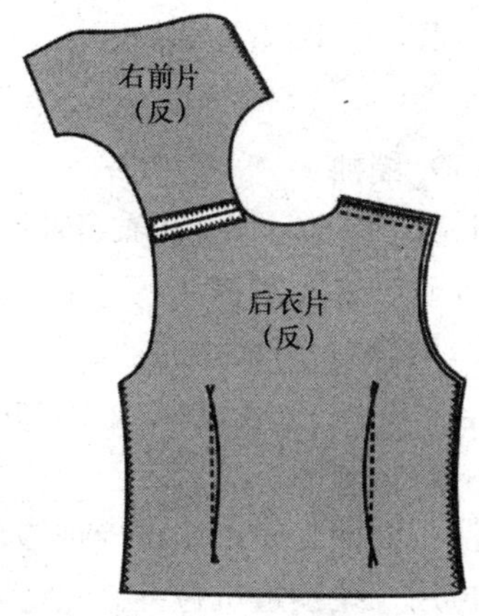

图 9—38　缉合肩缝

（6）做袖

1）折缝袖头与袖口的褶裥。按照褶裥刀口记号的要求，将袖头与袖口的褶裥反向对称折叠并缉线固定，如图 9—39 所示。

2）袖口滚边。滚边有两种方法，第一种是缃盖法（也称双线法），先将捆条缉在袖口，再将捆条翻至另一面，包折袖口毛边并压上明线，如图 9—40 所示；第二种是烫夹法（也称单线法），先折烫捆条，然后用捆条直接包夹袖口底边并压上明线，如图 9—41 所示。绱盖法与烫夹法的缝型结构如图 9—42 所示。

注：工厂通常会使用滚边拉筒法进行滚边。

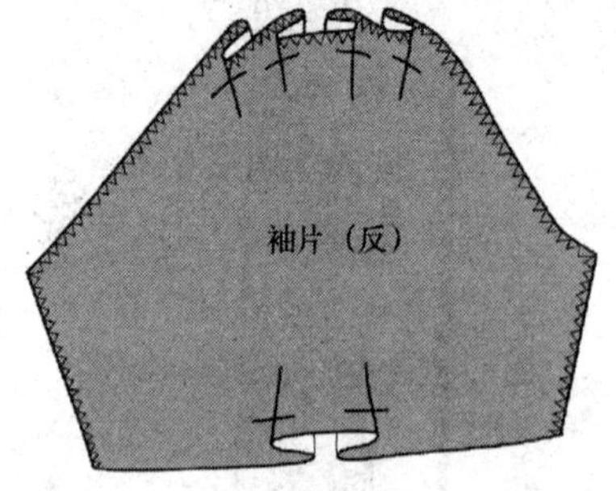

图 9—39　折缝袖头及袖口的褶裥

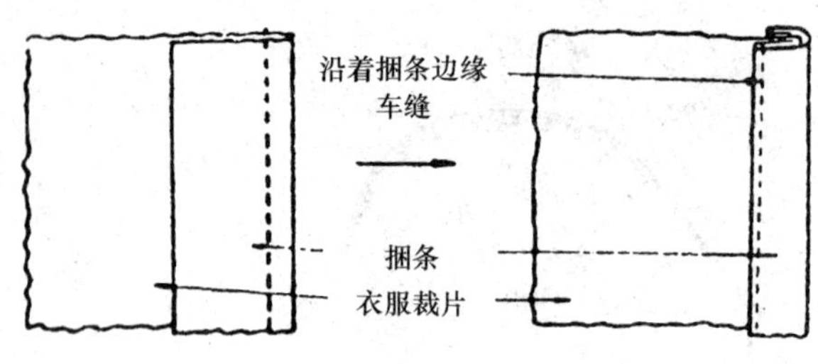

图 9—40　绱盖法滚边

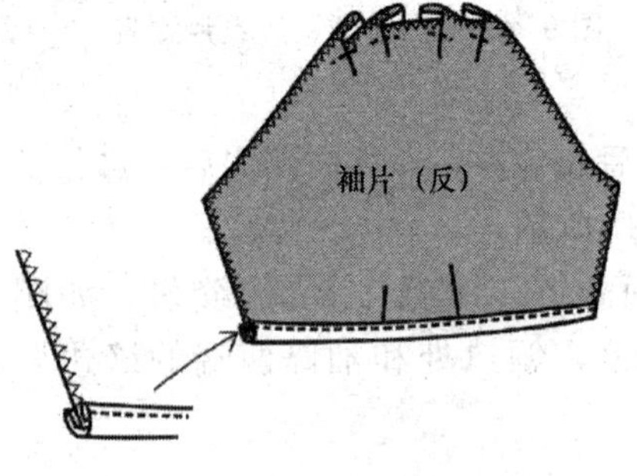

图 9—41　烫夹法滚边

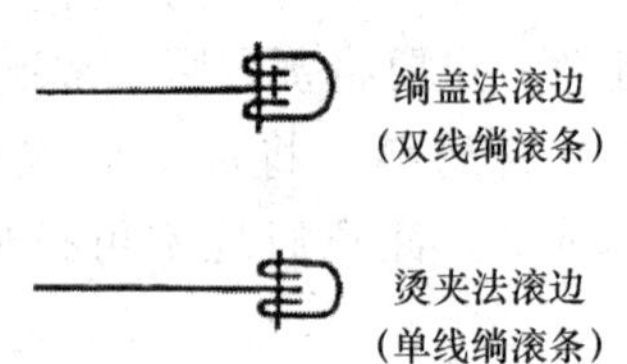

图 9—42　绱盖法与烫夹法的缝型结构图

（7）绱袖

1）定绱袖记号。在衣身袖窿和袖片的袖山处确定绱袖的对位记号，以确保绱袖时位置准确，左右对称。

2）绱袖。将袖片的袖山与衣片的袖窿正面相对，袖片放在下层，然后以 1 cm 的缝份缉合，如图 9—43 所示。绱袖时要把袖山的吃量分布合理，保持所用缝份均匀，缝迹宽窄一致、圆顺。

注：绱袖工序可用五线锁边机一次性完成缝合与锁边，也可以用单针平缝机绱袖片后，再用三线锁边机包缝。

（8）缝合袖底缝与衣片侧缝

1）缝合袖底缝与衣片侧缝。将前、后衣片正面相对，叠齐袖底缝与衣片侧缝毛边并缉合 1 cm 的缝份，如图 9—44 所示。注意袖底缝边要叠齐对准，缝份要均匀，袖口边及衣摆底边的毛边均要对齐，不可出现长短脚的现象。

2）劈烫开缝。将衣长侧缝及袖底缝的缝份劈烫开，如图 9—45 所示，并用线迹固定袖口处的袖底缝缝份。

注：此工序可直接用五线锁边机一次性完成缝合与锁边，也可用单针平缝机缝合衣片侧缝及袖底缝后，再用三线锁边机包缝。

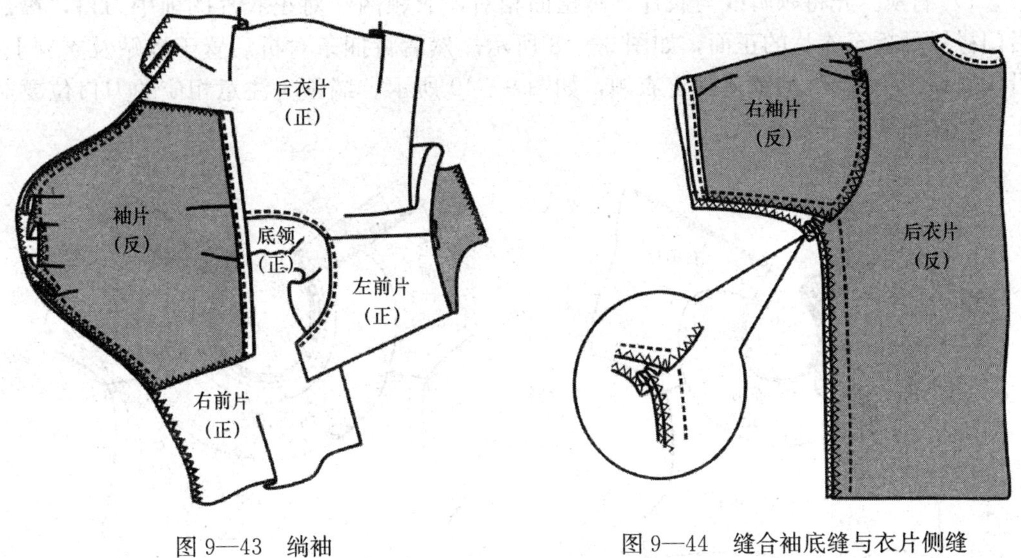

图 9—43　绱袖　　　　图 9—44　缝合袖底缝与衣片侧缝

(9) 做领

1) 缉领。将粘有衬的面领与底领正面相对，沿领外边线缉合 1 cm 缝份，如图 9—46 所示。缝合时需拉紧底领，放松面领，使领角部位有向里窝卷之势。

2) 修剪缝份。将领外边线的缝份剪剩 0.4 cm。

注：建议在平缝机上安装切刀，使缉领与修剪缝份两道工序能同时完成。

3) 翻烫衣领。将衣领翻出正面，两边领角要对称、圆顺。然后将底领朝上，从两领角向里推烫平贴，底领要内错不倒吐，如图 9—47 所示。

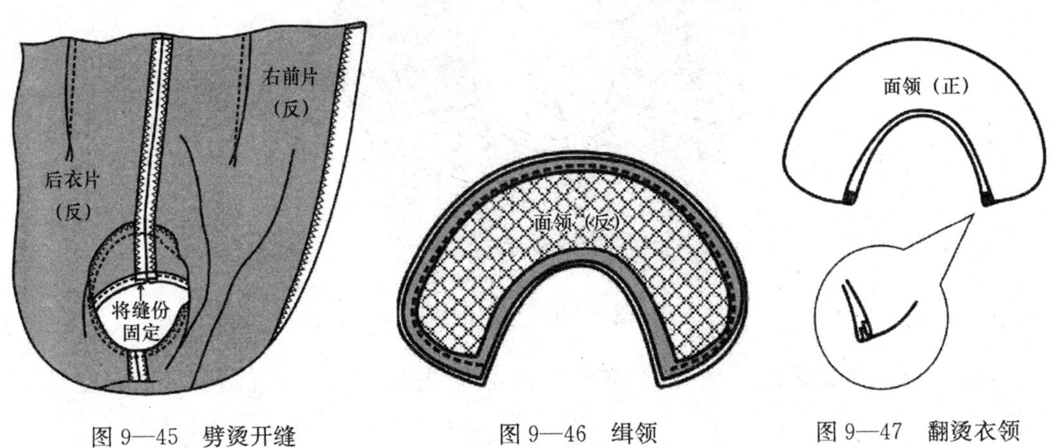

图 9—45　劈烫开缝　　　　图 9—46　缉领　　　　图 9—47　翻烫衣领

4) 修领脚线。将领脚线缝份修剪 0.6 cm，便于绱领工序的操作。

5) 点绱领记号。为了保证绱领后衣领端正、对称，必须在领脚线后中点、两肩点打上记号，以便衣领与衣片的领围对正位置。

（10）绱领

1）绱领。先将领脚线与衣片领窝正面相对，衣领两端对正衣片的前中刀口，襟贴沿门襟线翻折至衣片的正面，如图 9—48 所示。然后将捆条对折后置于襟贴及衣领上，沿领脚线缉 0.6 cm 的线迹固定衣领，如图 9—49 所示。绱领时注意相应的刀口位要对正，确保衣领左右对称。

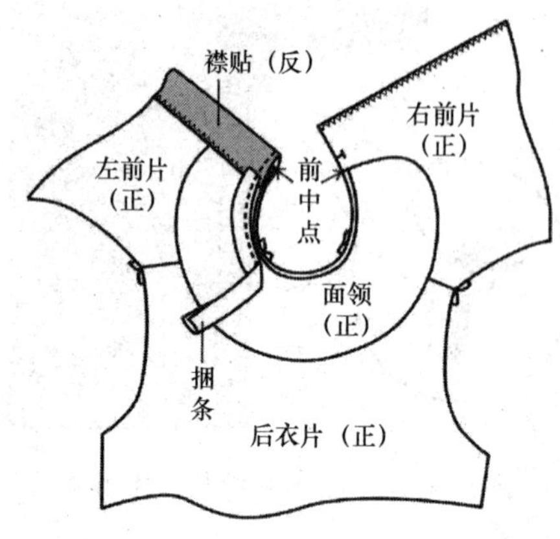

图 9—48　衣领对正前中刀口

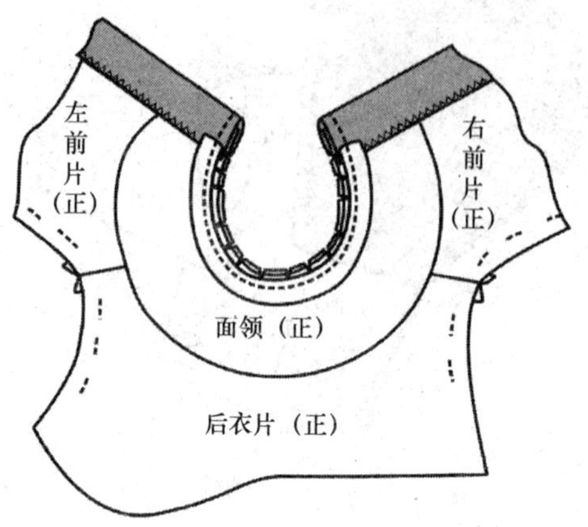

图 9—49　捆条置于襟贴上并缉线固定

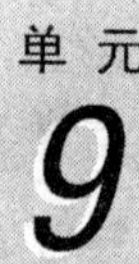

2）压封捆条。将捆条翻至衣片的底层并包封领窝毛边，整理平整，从襟贴两端 1 cm处起开始重针，在捆条的折边处压 0.1 cm 的边线，如图 9—50 所示。注意压线后的捆条要保持平服、不扭纹，边线要均匀、顺直。

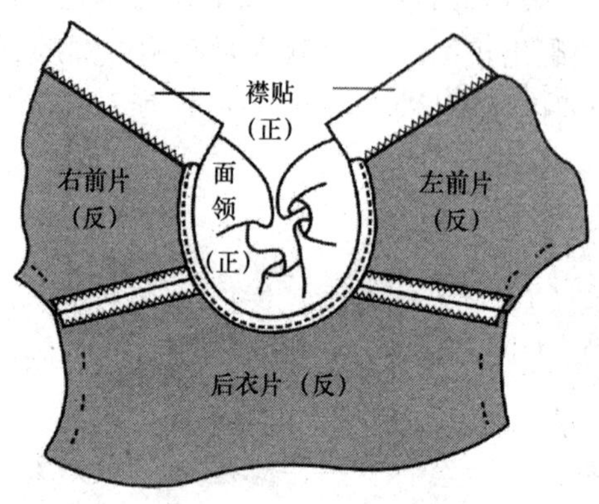

图 9—50　压封捆条

（11）卷缉衣摆底边。缉缝下摆底边前必须先检查左、右门襟线的长度是否一致。

1）缉襟贴底边。先将襟贴沿折边折向衣片正面，然后将襟贴底边沿着下摆边的缝份宽（3.5 cm）缉线固定，如图 9—51 所示。

2）修剪襟贴毛边。将襟贴下摆底边的毛边修剩 1 cm，如图 9—52 所示。

3）卷缉衣摆底边。将襟贴翻至衣片正面，双折并缉缝衣摆底边，缉线宽度要求2.5 cm，如图 9—53、图 9—54 所示。注意折边宽度要均匀，压线缉缝后衣摆要平服、不起链形扭纹。如果用卷边拉筒辅助缝合效果更佳。

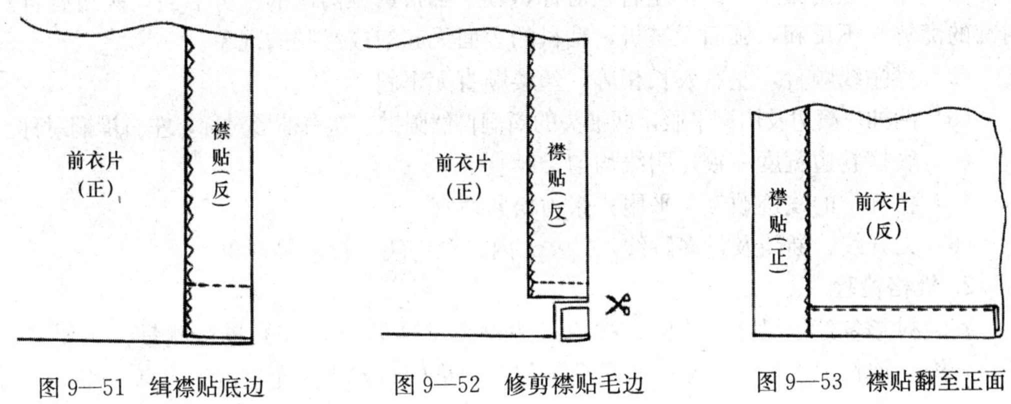

图 9—51　缉襟贴底边　　图 9—52　修剪襟贴毛边　　图 9—53　襟贴翻至正面

(12) 锁眼。门襟领口下 1 cm 开扣眼一个，门襟底边上 10 cm 开扣眼一个，上下两扣眼间平均开四个扣眼，如图 9—55 所示。扣眼的大小通常比纽扣直径大 0.2 cm。

注：工厂常在锁眼机上安装锁眼尺辅助操作，省去锁眼划位的工序。

(13) 钉扣。在里襟定出与扣眼相对应的纽扣位，然后钉上纽扣，如图 9—55 所示。

注：工厂常在钉扣机上安装钉扣尺辅助操作，省去钉扣划位的工序。

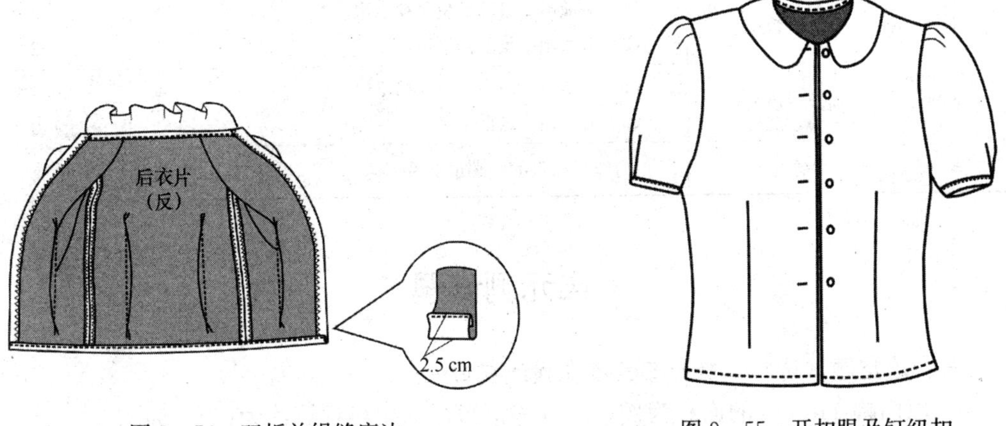

图 9—54　双折并缉缝底边　　图 9—55　开扣眼及钉纽扣

(14) 整烫。女装衬衫的整烫顺序：烫领子→烫袖口→烫袖身→烫侧缝→烫衣摆→烫襟贴→烫后身→扣合纽扣→烫衣身。

女装衬衫的整烫工艺要求：绱领捆条要烫平服，底、面领不起涌，领面要平服；袖口褶裥要烫平整、顺直，袖头褶裥应用蒸气焗烫，使褶裥自然拱起、有动感；衣摆缝要烫平顺，不能有扭纹现象，衣摆缝要拉直，前后身要烫平服。

三、品质与规格检验

1. 品质检验

（1）左右领角弧度一致，左右领对称，领子翻折后领窝内的坐势恰当，领角有自然内窝的窝势，不反翘，领面无皱折，粘衬的表面无起泡或渗胶的现象。

（2）襟贴线顺直，左右衣长相等，丝缕顺直无歪斜。

（3）两袖口滚边及褶裥平服，两袖头的褶裥自然圆拱，左右袖形对称，左右褶裥对称。

（4）底摆卷边宽度一致，明线均匀、顺直。

（5）各部位的线迹顺直、平服，张力松紧适宜。

（6）无开线、断线及过多跳线（20 cm 内只允许跳 1 针）等现象。

2. 规格检验

女装衬衫各部位尺寸的检测，按成品规格要求（见表 8—8）进行测量，主要有领子、胸围、袖长、衣长、肩宽五个重要部位。规格检验方法及允差值见表 9—2。

表 9—2　　女装衬衫规格检验

序号	部位名称	测量方法	极限偏差（cm）
1	领子	领子摊平，由扣中点量至扣眼中点	±0.5
2	衣长	（1）由后领中量至底边 （2）由衣肩最高点量至前身底边	±1.0
3	胸围	扣好纽扣，前后身摊平，在袖底缝十字口处横量（周围计算）	±2.0
4	袖长（长袖）	（1）由袖山头最高处量至袖口边 （2）由后领中量至袖口边	±0.8 ±1.2
5	袖长（短袖）	（1）由袖山头最高处量至袖口边 （2）由后领中量至袖口边	±0.4 ±1.0
6	肩宽	由肩缝最高点的一端量至另一端	±0.8

单元 9

单元测试题

一、填空题（请将正确的答案填在横线空白处）

1. 以门幅 114 cm 的面料为例，一件缩褶短裙的用料预算约为________。

2. 缩褶短裙裙腰粘衬是为了使裙腰更加________。

3. 女装衬衫熨烫腰省时，前衣片左、右腰省应倒向________熨烫，后衣片左、右腰省倒向________熨烫。

4. 女装衬衫袖口滚边的方法有________和________两种。

5. 女装衬衫的门襟贴粘衬时，适当放松衬条，可防止门襟贴________。

6. 为了保证绱领后衣领端正、对称，必须在领脚线的________和两肩点打上记号，以便衣领与衣片的领围对正位置。

7. 女装衬衫绢领时，必须拉紧底领，放松面领，使领角部位有________之势。

8. 女装衬衫绢领时，建议在平缝机上安装________，使绢领与修剪缝份两道工序能同时完成。

二、单项选择题（下列每题的选项中，只有1个是正确的，请将正确答案的代号填在横线空白处）

1. 缩褶短裙抽碎褶时，有条件的工厂可使用________抽褶设备。

A. 单针平缝机　　B. 手针

C. 高低压脚　　D. 前后送布牙差动输送布料的特种

2. 绱普通拉链时，建议使用________压脚绱拉链。

A. 平脚　　B. 高低牙签　　C. 缩褶　　D. 卷边

3. 缩褶短裙卷绢裙脚底摆时，如果使用________辅助缝合效果会更佳。

A. 滚边拉筒　　B. 嵌绳拉筒　　C. 卷边拉筒　　D. 缩褶

4. 女装衬衫的袖口滚边工序，在工厂通常会使用________法完成。

A. 滚边拉筒　　B. 嵌绳拉筒　　C. 卷边拉筒　　D. 缩褶

5. 女装衬衫的绱袖、缝合袖底缝和衣片侧缝等工序，在工厂里通常会使用________一次性完成缝合与锁边。

A. 单针平缝机　　B. 三线锁边机　　C. 四线锁边机　　D. 五线锁边机

6. 锁眼时，工厂常在锁眼机上安装________辅助操作，省去锁眼划位的工序。

A. 点位笔　　B. 拉筒附件　　C. 锁眼尺　　D. 切刀

7. 扣眼的大小通常比纽扣直径大________。

A. 0.1 cm　　B. 0.2 cm　　C. 0.3 cm　　D. 0.4 cm

8. 熨烫女装衬衫袖头褶裥时用蒸气________，可使褶裥自然拱起、有动感。

A. 焖烫　　B. 焗烫　　C. 蹲烫　　D. 压烫

三、简答题

1. 简述缩褶短裙的缝制工艺流程。
2. 简述女装衬衫的缝制工艺流程。
3. 简述服装整烫的一般顺序。
4. 简述缩褶短裙的整烫顺序。
5. 简述女装衬衫整烫的工艺要求。
6. 简述缩褶短裙的品质检验要点。

四、论述题

1. 用图文说明女装衬衫袖口滚边的工艺方法。
2. 用图文说明用捆条绱衣领的工艺方法。

单元测试题答案

一、填空题

1. 裙长×2+5 cm　　2. 平服挺括　　3. 前中　后中　　4. 烫夹法　绱盖法

5. 缩短　6. 后中点　7. 向里窝卷　8. 切刀

二、单项选择题

1. D　2. B　3. C　4. A　5. D　6. C　7. B　8. B

三、简答题

答案略。

四、论述题

答案略。

初级服装缝纫工理论知识考核模拟试卷样例（一）

一、单项选择题（下列每题的选项中，只有1个是正确的，请将正确答案的代号填在横线空白处；每题1分，共50分）

1. ________是社会主义职业道德所倡导的首要规范。

A. 爱岗敬业　　B. 诚实守信　　C. 办事公道　　D. 服务群众

2. 对于每一个企业而言，安全就是效益，事故就是________。

A. 浪费　　B. 生命　　C. 亏损　　D. 绊脚石

3. 诚实守信是为人处世的________，是职场人员在社会生活中安身立命的根本。

A. 基本要求　　B. 道德标准　　C. 基本准则　　D. 最高标准

4. 触电是指人体触及带电体后，电流对人体造成的伤害。它分为________两种。

A. 电击和灼伤　　B. 电伤和电烙伤　　C. 电击和电烙伤　　D. 电击和电伤

5. 因为生命第一重要，所以________是企业的第一评价标准。

A. 生产效率　　B. 企业效益　　C. 突发事故　　D. 安全

6. 再生纤维素纤维有粘胶纤维、________等。

A. 聚酯纤维　　B. 合成纤维　　C. 铜氨纤维　　D. 聚酰胺纤维

7. 在所有纤维中，________的吸湿能力最好，且放湿速率很快。

A. 棉纤维　　B. 苎麻纤维　　C. 涤纶纤维　　D. 腈纶纤维

8. 有机玻璃纽属于________。

A. 尼龙纽　　B. 热塑性纽扣　　C. 醋酸纽　　D. 丙烯酸酯纽

9. 蕾丝属于________。

A. 纬编针织物　　B. 梭织物　　C. 经编针织物　　D. 非织物

10. 氯漂符号一般用________图案表示，指水洗前、水洗过程中或水洗后，在水溶液中怎样使用氯漂白剂以提高洁白度及去除污渍。

A. 正圆形　　B. 方形　　C. 洗涤槽形　　D. 等边三角形

11. 当车缝中的线迹未能准确到达预定位置时，可用手转动________来完成不足的线迹。

A. 皮带　　B. 压脚　　C. 手轮　　D. 机针

12. 如果面线的张力太大，平缝线迹中的底面线交织点会出现在缝料的________，此时应逆时针方向转动面线张力调节器以减小面线张力。

A. 上层　　B. 底层　　C. 中间　　D. 三者均有

13. ________也称包缝机，能防止缝料脱散及缝合物料。

A. 锁边机　　B. 钉扣机　　C. 平缝机　　D. 扣眼机

14. 纤薄物料可选用纤细的________机针，不易损坏缝料。

A. 细球形　B. 三角形　C. 细圆形　D. 横茅尖

15. 如果平缝机形成的线迹太密，应调节________。

A. 压脚压力调节器　B. 梭芯绕线装置

C. 面线张力调节器　D. 线迹密度调节器

16. 线迹密度是指在规定长度内线迹的________。

A. 宽度　B. 高度　C. 长度　D. 数量

17. 对于活动大、易爆裂的部位，如裤裆、裤内侧缝、内袖缝等需要加强牢固度的部位，通常会选用________缝型。

A. 平缝　B. 分压缝　C. 扣压缝　D. 单折边缝

18. 在制衣业上常用于单片衣料锁边的线迹是________。

A. 301 线迹　B. 401 线迹　C. 504 线迹　D. 101 线迹

19. 包缝线迹又称为________线迹，能有效防止毛边脱散。

A. 绷缝线迹　B. 平缝线迹　C. 链式线迹　D. 锁边线迹

20. 与制衣业相关的行业中，生产包装用纸袋、纸箱、薄绵纸、唛架纸等包装材料的行业是________。

A. 纺织业　B. 五金业　C. 印刷业　D. 纸品业

21. 来去缝片平缝坚固，适用于________面料的接缝。

A. 厚重　B. 中等厚重　C. 轻薄透明　D. 所有

22. 服装检验计量内容包括尺寸、重量、缩水率等________检验。

A. 品质　B. 度量　C. 数量统计　D. 工艺外观

23. 将面料裁剪成需要的裁片，然后锁边并缝合成的服装称为________。

A. 裁剪成型产品　B. 全成型产品　C. 圆机产品　D. 横机产品

24. 由梭子牵引着纬纱在经纱之间穿行织制而成的面料缝制的服装称为________服装。

A. 针织　B. 梭织　C. 非织　D. 刺绣

25. 构造性工艺直接决定衣服的外形与合体度，如果拆除构造性工艺，会直接影响成衣的________。

A. 装饰效果　B. 整体结构　C. 生产成本　D. 工艺制作难度

26. 缩皱通常具有伸缩性，所以缩皱制成的服装通常为________。

A. 小码　B. 中码　C. 大码　D. 均码

27. 机械抽褶法分为特种压脚法和________法两种。

A. 点压输送　B. 针牙输送　C. 拖轮输送　D. 差动输送

28. 面料再造工艺的减型法是对现有面料进行________等工艺处理，形成错落有致、亦实亦虚的怀旧效果。

A. 镂空、烧花、抽丝、剪切　B. 烧花、磨砂、盘绣、绒绣

C. 刺绣、绗缝、粘贴、热压　D. 订珠片、贴花、铆钉缀饰

29. 缝制缩皱时通常用________做底线，形成细小均匀的褶皱。

A. 丝线　B. 橡筋线　C. 绣花线　D. 涤棉线

30. 手工抽褶法分为________两种方法。
A. 手工抽褶法和机械抽褶法　　B. 单线抽褶法和双线抽褶法
C. 线迹抽褶法和管绳抽褶法　　D. 单绳抽褶法和双绳抽褶法

31. 圆荷叶边通常是由________布条制成，适用于领线等部位。
A. 长形　　B. 方形　　C. 菱形　　D. 圆环形

32. 常见的海岛棉有________和________等。
A. 细绒棉　埃及长绒棉　　B. 长绒棉　草棉
C. 埃及长绒棉　新疆长绒棉　　D. 草棉　新疆长绒棉

33. 天然彩棉是不含化学染料成分的绿色环保产品，有“________”之称。
A. 环保纤维　　B. 人造肌肤　　C. 亲体纤维　　D. 第二肌肤

34. 洗涤丝质服装时，加少量________可使丝织物更柔软滑润，更有光泽感。
A. 食盐　　B. 白醋　　C. 白酒　　D. 洗涤液

35. 当车缝过程中出现面线太松时，可调节________。
A. 面线张力调节器　　B. 线迹疏密调节器
C. 梭芯绕线装置　　D. 梭套上的小螺钉

36. 中查通常每个颜色检查________件以上，并要求齐码检查。
A. 1　　B. 2　　C. 5　　D. 10

37. 尾查是当成品完成熨烫、包装并有________的产品已经装箱结束后所展开的尾期检验。
A. 40%以上　　B. 50%以上　　C. 60%以上　　D. 80%以上

38. 里布为针织布料时，要预放________的缩水率。
A. 0.5 cm　　B. 2 cm　　C. 5 cm　　D. 8 cm

39. A类疵点是指出现在衣身、裤身、袖子的________，影响商品销售、消费者不易自行修复的严重缺陷。
A. 正前方或正后方　　B. 外侧或内侧
C. 肩部或里层　　D. 边脚或衣摆

40. 服装品质是满足顾客对服装的质量要求所应达到的各项指标，包括________。
A. 有形的外观效果与无形的软性服务
B. 有形的产品质量与无形的管理水平
C. 有形的产品质量与无形的软性服务
D. 有形的外观效果与无形的管理水平

41. 服装结构制图法中，比例法属于________法。
A. 点数　　B. 平面裁剪　　C. 原型　　D. 立体裁剪

42. 进行服装结构制图时，一般________。
A. 先定长度后定围度　　B. 先定右边后定左边
C. 先画横线再画竖线　　D. 先画下部再画上部

43. 男性的胸围线比女性胸围线________。
A. 一样高　　B. 稍低　　C. 稍高　　D. 视不同的体型而定

试卷

44. 根据人体体型特征，女性身高为其________人头高，侧面体型呈“S”形。

A. 六个　B. 七个　C. 八个　D. 九个

45. 根据人体体型特征，女性腰围线在________或与肚脐平。

A. 肚脐上　B. 肚脐下　C. 髋骨上　D. 髋骨下

46. 女装衬衫熨烫腰省时，前衣片左、右腰省应倒向________熨烫。

A. 前中　B. 后中　C. 衣摆　D. 领窝线

47. 缩褶短裙抽碎褶时，有条件的工厂可使用________抽褶设备。

A. 单针平缝机　B. 手针

C. 高低压脚　D. 前后送布牙差动输送布料的特种

48. 女装衬衫的袖口滚边工序，在工厂通常会使用________法完成。

A. 滚边拉筒　B. 嵌绳拉筒　C. 卷边拉筒　D. 缩褶

49. 锁眼时，工厂常在锁眼机上安装________辅助操作，省去锁眼划位的工序。

A. 点位笔　B. 拉筒附件　C. 锁眼尺　D. 切刀

50. 女装衬衫绱领时，建议在平缝机上安装________，使绱领与修剪缝份两道工序能同时完成。

A. 吹风装置　B. 自动剪线装置　C. 切刀　D. 节能台灯

二、多项选择题（下列每题的选项中，至少有两项是正确的，请将正确答案的代号填在横线空白处；每题1分，共30分）

1. 下列面料属于经编针织物的有________。

A. 网眼布　B. 汗布　C. 蕾丝

D. 珠地布　E. 罗文布

2. 钩眼扣分为________。

A. 手缝钩棒扣　B. 传统钩眼扣　C. 钩眼扣带

D. 缠绳钩眼扣　E. 机钉钩棒扣

3. 培养职业道德的方法有________。

A. 正确认识职业道德的价值　B. 树立正确的职业理想

C. 培养对职业的真挚感情　D. 培养职业的兴趣爱好和锻炼持久的意志力

E. 形成良好的职业行为和习惯

4. 下列属于不安全行为的有________。

A. 冒险进入危险场所　B. 攀坐不安全位置

C. 操纵旋转设备时没戴手套等安全装束　D. 在受限空间戴呼吸器

E. 进入施工工地时佩戴安全帽

5. 针号是机针针杆直径的代码，最常用的针号系统名称有________。

A. 十进制　B. Nm 制　C. 号制　D. 英制　E. 公制

6. 塑胶压脚适合缝制容易起皱和吸附压脚的面料，如________等面料。

A. 牛仔料　B. 涂层料　C. 皮革料

D. 胶纸感强的化纤料　E. 薄纱料

7. 针尖种类繁多，按其所缝制的物料种类可分为________。

A. 面料用针尖　　B. 圆形针尖　　C. 球形针尖
D. 皮革用针尖　　E. 三角形针尖

8. 单层荷叶边的外边缘首先需要做________等毛边整理。

A. 抽褶　　B. 双折边缝
C. 加贴　　D. 锁密珠

9. 如果需要整理布边，应选择能有效防止毛边脱散的________。

A. 链式线迹　　B. 人字形线迹　　C. 锁边线迹
D. 平缝线迹　　E. 包缝线迹

10. 服装生产的经营系统由________等基本要素组成。

A. 人（职员）　　B. 机（设备）　　C. 料（物料）
D. 法（方法）　　E. 环（环境）

11. 按照不同的款式类型，服装可分为________等生产方式。

A. 固定款式　　B. 量体裁衣　　C. 时款成衣
D. 半固定款式　　E. 高档时装

12. 针织织物根据不同的编织方法，可以分为________。

A. 裁剪成型产品　　B. 半成型产品　　C. 圆机产品
D. 全成型产品　　E. 横机产品

13. 缩皱主要有________几种形式。

A. 条褶缩皱　　B. 抽褶缩皱　　C. 橡筋缩皱
D. 打揽缩皱　　E. 方形缩皱

14. 根据不同的再造工艺手法，面料再造工艺可以分为________。

A. 基型法　　B. 增型法　　C. 减型法　　D. 立体法　　E. 综合法

15. 褶皱的种类主要有________。

A. 荷叶边　　B. 缩皱　　C. 绗缝　　D. 抽褶　　E. 打揽

16. 根据服装品质检验标准中疵点的严重程度和出现的部位，通常将服装疵点分为A类与B类。其中________属于B类疵点。

A. 左右衣片有色差　　B. 钉扣不牢　　C. 粘合衬脱胶
D. 整烫折叠不良　　E. 线迹不顺直

17. 魔术贴一般应用于需要容易开合的服装开口部位，特别适合应用于________等服饰中。

A. 消防员　　B. 野外作战　　C. 老年人
D. 伤残人士　　E. 婴幼儿

18. 服装品质检验中的计数内容，包括________等数量统计检验。

A. 不合格数　　B. 破洞数　　C. 色差数　　D. 报废数　　E. 返修数

19. 制衣业中，常用的锁边机有________。

A. 一线锁边机　　B. 二线锁边机　　C. 三线锁边机
D. 四线锁边机　　E. 五线锁边机

20. 品质控制包含的两层意思是________。

A. 质量检查　　B. 采取措施　　C. 反馈信息
D. 品质保证　　E. 反馈信息并采取措施

21. 无形的软性服务包括________等内容。
A. 售前/售后服务　　B. 价格与优惠幅度　　C. 交货准时率
D. 产品推介方式　　E. 满意度调查与投诉处理技巧

22. 品质是衡量产品________的标尺。
A. 耐用程度　　B. 满意程度　　C. 使用意图程度
D. 安全程度　　E. 护理程度

23. 常见面料用针尖有________。
A. 尖形针尖　　B. 细圆形针尖　　C. 细球形针尖
D. 中等球形针尖　　E. 粗重球形针尖

24. 使用原型法进行服装结构制图，需要不同于基础板型的服装款式时，只需在基础板型上通过________等工艺形式变换成新的结构图。
A. 修改框架线　　B. 省道变换　　C. 分割
D. 收褶　　E. 折裥

25. 服装部件的制图顺序包括________等内容。
A. 衣片的制图顺序　　B. 面料的制图顺序　　C. 线条的制图顺序
D. 上下装的制图顺序　　E. 辅料的制图顺序

26. 服装结构制图的方法多种多样，主要有________两大类。
A. 原型裁剪法　　B. 计算机辅助设计法　　C. 平面裁剪
D. 比例裁剪法　　E. 立体裁剪

27. 衣片的制图顺序应按照________的原则进行结构制图。
A. 先大片后小片　　B. 先碎料后大片　　C. 先主后次
D. 先面料再里料　　E. 先衬料再面料

28. 缩褶短裙裙腰粘衬是为了使裙腰更加________。
A. 柔软　　B. 平服　　C. 挺括　　D. 富有弹性

29. 为了保证绱领后衣领端正、对称，必须在领脚线的________打上记号，以便衣领与衣片的领围对正位置。
A. 后中点　　B. 左肩点　　C. 右肩点　　D. 前中点　　E. 领嘴

30. 根据裙子的外形可以分为________。
A. 长裙　　B. 短裙　　C. 直裙　　D. 斜裙　　E. 圆台裙

三、判断题（下列判断正确的请在括号内打“√”，错误的请在括号内打“×”；每题1分，共20分）

1. 桑蚕丝的坚牢度、吸湿性、耐热性、耐光性、耐酸性、耐碱性、耐化学药品等性能比柞蚕丝好。（　）

2. 锦纶俗称尼龙，是世界上出现的第一种化学纤维。（　）

3. 隐形拉链特别适合用于中等偏厚面料的成衣中。（　）

4. 诚实守信是要求在工作中买卖公道，不以劣充优；不谋取私利；不偏袒私心，

试卷

照章办事。 (　　)

5. 形成良好的职业行为和习惯是培养职业道德的好方法。 (　　)

6. 锁边线迹能包裹布边，防止布边脱散。 (　　)

7. 制衣生产行业的特点是资本密集型的技艺结合半手工生产模式。 (　　)

8. 缩皱是通过缩缝一行线迹形成独特的皱褶表面。 (　　)

9. 在服装质量检验的工艺要求中，里布为针织布料时，要预放 5 cm 的缩水率。 (　　)

10. 制衣业中常用的剪刀有布剪、缝纫剪、线剪、牙剪等。 (　　)

11. 人字形线迹常用于暗缝成衣下摆边脚、驳头等纳缝工序。 (　　)

12. 在缝制过程中，用于调节线迹密度的机件是面线张力调节器。 (　　)

13. 互扣结构的线迹扁平牢固，不易脱散，弹性较强，常用于各类服装的缝合。 (　　)

14. 进行服装规格检验时，通常会获取一份客户提供或企业与客户双方认可的尺寸允差表，这是确定服装各部位尺寸能否合格通过检验的一份标准。 (　　)

15. 服装结构制图是根据设计的款式图样，通过分析与计算，在纸张或面料上制出服装结构的过程。 (　　)

16. 纤薄物料可选用针尖呈尖形的纤细机针，不易损坏缝料。 (　　)

17. 送布牙一般逆着送布方向倾斜运动，以确保物料能顺利移动，避免送布牙回转时使缝料后退。 (　　)

18. 以门幅 114 cm 的面料为例，一件缩褶短裙的用料预算约为裙长×2+5 cm。 (　　)

19. 合体型女装衬衫胸围的放松量通常为 8～10 cm。 (　　)

20. 熨烫缩褶短裙时，注意不要将抽好的碎褶压烫平整，以免褶裥缺少生动感。 (　　)

初级服装缝纫工理论知识考核模拟试卷样例（一）答案

一、单项选择题

1. A	2. A	3. C	4. D	5. D	6. C
7. B	8. B	9. C	10. D	11. C	12. A
13. A	14. C	15. D	16. D	17. B	18. C
19. D	20. D	21. C	22. B	23. A	24. B
25. B	26. D	27. D	28. A	29. B	30. C
31. D	32. C	33. D	34. B	35. A	36. D
37. D	38. B	39. A	40. C	41. B	42. A
43. C	44. B	45. A	46. A	47. D	48. A
49. C	50. C				

二、多项选择题

1. AC	2. BCD	3. ABCDE	4. ABC	5. ABCDE	6. BCDE
7. AD	8. BD	9. CE	10. ABCDE	11. ACDE	12. CE
13. ACE	14. ABCE	15. ABDE	16. BDE	17. ABCDE	18. ABCDE
19. CDE	20. AE	21. ABCDE	22. ABC	23. BCDE	24. BCDE
25. ABDE	26. CE	27. ACD	28. BC	29. ABC	30. CD

三、判断题

1. ×	2. √	3. ×	4. ×	5. √	6. √	7. ×
8. ×	9. ×	10. √	11. ×	12. ×	13. ×	14. √
15. √	16. ×	17. ×	18. √	19. ×	20. √	

试卷

初级服装缝纫工理论知识考核模拟试卷样例（二）

一、单项选择题（下列每题的选项中，只有1个是正确的，请将正确答案的代号填在横线空白处；每题1分，共50分）

1. 诚实守信是________的基石，企业若不能诚实守信，经营则难以持久。

A. 企业管理　　B. 人力资源　　C. 企业经营　　D. 企业文化

2. 我国安全生产的方针是________。

A. 预防第一，安全为主，防范管理　　B. 安全第一，预防为主，综合治理

C. 安全第一，综合治理，防范管理　　D. 预防第一，安全为主，综合治理

3. 要养成良好职业道德素养，从业者应努力将职业道德中的他律转化为________。

A. 道德管理　　B. 道德自律　　C. 法制管理　　D. 管理监督

4. 锁扣眼时，在扣眼底部________，可使扣眼更加坚固。

A. 加固缝线　　B. 打套结　　C. 垫层底料　　D. 加大线迹密度

5. 通过大量安全事故剖析，安全事故的发生都取决于________四个基本要素。

A. 人、设备、方法与管理　　B. 人、设备、环境与管理

C. 设备、环境、产品与制度　　D. 人、环境、方法与管理

6. 棉纤维最常见的品种有细绒棉和________。

A. 长绒棉　　B. 粗绒棉　　C. 草棉　　D. 彩棉

7. 基本化学成分与棉纤维相同，性能与棉纤维接近的纤维是________。

A. 涤纶　　B. 腈纶　　C. 维纶　　D. 粘胶纤维

8. 1 cm直径的孔纽，其型号为：10 mm÷________。

A. 0.63　　B. 0.65　　C. 0.635　　D. 0.653

9. 针织物中常见的汗布、罗纹布、棉毛布、珠地布属于________组织织物。

A. 经编　　B. 纬编　　C. 平纹　　D. 缎纹

10. 干洗符号通常用________图案，表示应怎样使用有机溶剂洗涤纺织品的过程，包括除污、冲洗、脱水和干燥。

A. 圆形　　B. 方形　　C. 洗涤槽形　　D. 等边三角形

11. 车缝前，必须检查并调节缝线的张力，以便形成张力平衡的平缝线迹，即面线和底线的交织点位于两层缝料的________。

A. 上层　　B. 底层　　C. 中间　　D. 三者均可

12. 当车缝过程中出现底线太松时，可调节________。

A. 面线张力调节器　　B. 线迹密度调节器

C. 梭芯绕线装置　　D. 梭套上的张力螺钉

13. 用于卷折宽摆裙、纱类上衣等直线形下摆折边的压脚称为________。

A. 牙签压脚　　B. 卷边压脚　　C. 单边压脚　　D. 隐形压脚

14. 具有高穿透力，最适宜缝制坚硬粗厚的皮革，但是对缝料质量的损害也最大的针尖是________针尖。

A. 横茅　　B. 圆形　　C. 三角　　D. 捻尖

15. 牙剪又称为________，将布边修剪成花边状，既可以暂时防止毛边脱散，又能起装饰作用，适用于不便锁边处理的中厚料成衣及制作布板。

A. 布剪　　B. 花边剪　　C. 线剪　　D. 缝纫剪

16. 自绕是源自同一出处的一条缝线自行环绕成线圈状的基本线迹结构，线迹富有弹性，但容易脱散，常用于米袋、水泥袋等________的缝合。

A. 永久固定　　B. 临时封口　　C. 编织成型　　D. 装饰图案

17. 主要用于西服的驳头衬、领衬等部位的固定，使该部位呈现出自然弯曲状的手缝线迹是________线迹。

A. 217 拱针　　B. 218 打线钉　　C. 219 纳针　　D. 220 锁扣眼

18. 通常用于轻薄透明衣料制作的女恤、连衣裙、内衣等成衣的侧缝、袖底缝、肩缝、袋笃等部位的缝型是________。

A. 来去缝　　B. 内包缝　　C. 运反缝　　D. 卷包缝

19. 互扣结构线迹的扣结点应位于面料纵切面的________。

A. 表层　　B. 底层　　C. 中央　　D. 三者均有

20. 服装产品检验进入尾查阶段时，要求对成品进行________。

A. 5%抽查　　B. 15%抽查　　C. 30%抽查　　D. 100%检验

21. 半成型产品首先通过横机操作，将纱线直接织成片状衣片，然后用缝盘机将衣片进行缝盘组合即可，无须裁剪，通常用于________。

A. 毛针织产品　　B. 棉针织产品　　C. 梭织产品　　D. 非织产品

22. 从不同的款式类型而言，根据某个特定的活动而特别设计和量体裁衣制成，款式独一无二，制作过程漫长，成本昂贵的服装称为________。

A. 定制成衣　　B. 时款成衣　　C. 高档时装　　D. 晚礼服

23. 针织服装按照不同的生产组织方式，可分为________。

A. 量体裁衣和成衣生产　　B. 纬编和经编

C. 圆机产品和横机产品　　D. 全成型产品、半成型产品和裁剪成型产品

24. 1 英寸等于________。

A. 2 cm　　B. 2.5 cm　　C. 2.54 cm　　D. 3 cm

25. 按照不同的制作类型，服装可分为________两种生产方式。

A. 成件起与时款成衣　　B. 成件起与成衣生产

C. 量体裁衣与成衣生产　　D. 量体裁衣与晚礼服

26. 面料再造工艺的基型法主要有________和钩编两种。

A. 皱饰　　B. 绗绣　　C. 抽丝　　D. 镂空

27. 面料再造的立体工艺包括________。

A. 编结、织绣、滚边、省道　　B. 绗缝、绣花、印花、扎染、蜡染

C. 手绘、洗水、镶拼、镂空　　D. 钉珠、缠绳、立体绣花、缀饰

28. 常见的活褶主要有：排褶、工字褶、________等。

A. 条褶　　B. 牙签褶　　C. 风琴褶　　D. 抽褶

29. 根据服装的实用性与装饰性功能，面料再造工艺主要分为________和综合性工艺。

A. 平面法、立体法　　B. 构造性工艺、装饰性工艺

C. 缀饰工艺、绣花工艺　　D. 增型法、减型法

30. 用于抽褶的特种压脚的后半部比前半部薄________，较薄的部分与送布牙之间形成空隙，使面料积聚于压脚的后半部而形成小褶裥。

A. 0.1 cm　　B. 0.5 cm　　C. 1 cm　　D. 1.5 cm

31. 双层荷叶边的外边缘需要做________整理。

A. 抽褶　　B. 环口　　C. 运反　　D. 锁密珠

32. 线迹密度为3～3.5个线迹/厘米的缝纫线迹，适合用于________等面料。

A. 缎子、府绸　　B. 帐篷帆布、厚牛仔布

C. 蝉翼纱、网眼织物　　D. 天鹅绒、粗花呢

33. 由于单折边缝缝合完毕的底线会外露，所以底线要求________。

A. 美观不起珠　　B. 均匀

C. 密度适中　　D. 起线耳

34. 为使服装的缝边更加贴身舒适，________会使用0.3～0.5 cm的小缝份。

A. 毛绒西服类高档服饰　　B. 大褛、西裤等经典服装

C. 泳衣、内衣等紧身服装　　D. 肥胖体型者的服饰

35. 表面有细绒毛的面料不适宜________。

A. 压明线　　B. 锁边　　C. 折缝　　D. 平缝

36. 中查是在生产线上抽取________的半成品或成品进行的中期检验。

A. 5%　　B. 10%　　C. 15%　　D. 20%

37. 熨烫袖头褶裥时用蒸气________，可使褶裥自然拱起、有动感。

A. 焖烫　　B. 焗烫　　C. 蹲烫　　D. 压烫

38. 进行服装规格的检验时，通常会获取一份________提供或企业与客户双方认可的尺寸允差表，这是确定服装各部位尺寸能否合格通过检验的一份标准。

A. 总经理　　B. 供应商　　C. 客户　　D. 工厂

39. 手工抽褶法分为________和________两种。

A. 特种压脚法　差动输送法　　B. 线迹抽褶法　管绳抽褶法

C. 单线抽褶法　双线抽褶法　　D. 单绳抽褶法　双绳抽褶法

40. 车间成品必须________检查完毕，才能交给后整部。

A. 抽样　　B. 80%　　C. 90%　　D. 100%

41. 我国服装号型标准中，依据人体胸围和腰围的差值，将体型分为________四种类型。

A. A、B、C、D　　B. S、M、L、XL

试卷

C. Y、A、B、C　　D. 160/84～86、165/88～90、170/96～98、175/108～110

42. 计算机辅助设计裁剪法，属于________法。

A. 平面裁剪　　B. 立体裁剪　　C. 比例裁剪　　D. 原型裁剪

43. 根据人体体型特征，男性的腰围线在________或与肚脐齐平。

A. 肚脐上　　B. 肚脐下　　C. 髋骨上　　D. 髋骨下

44. 人体体型特征中，男性身高为其________人头高，体型呈倒梯形。

A. 七个　　B. 七个半　　C. 八个　　D. 八个半

45. 西装裙是最常见的________裙款，因其裙摆较窄，为方便步行，通常会在裙摆处加设开衩或裥褶。

A. 直裙　　B. 斜裙　　C. 圆台裙　　D. A 字裙

46. 女装衬衫绱领时，必须拉紧底领，放松面领，使领角部位有________之势。

A. 向外窝卷　　B. 向里窝卷　　C. 蓬起　　D. 平服

47. 女装衬衫的门襟贴粘衬时，适当放松衬条，可防止门襟贴________。

A. 起皱　　B. 拉长　　C. 缩短　　D. 起泡

48. 绱普通拉链时，建议使用________压脚绱拉链。

A. 平脚　　B. 高低牙签　　C. 缩褶　　D. 卷边

49. 缩褶短裙卷缉裙脚底摆时，如果使用________辅助缝合效果会更佳。

A. 滚边拉筒　　B. 嵌绳拉筒　　C. 卷边拉筒　　D. 缩褶

50. 扣眼的大小通常比纽扣直径大________。

A. 0.1 cm　　B. 0.2 cm　　C. 0.3 cm　　D. 0.4 cm

二、多项选择题（下列每题的选项中，至少有两项是正确的，请将正确答案的代号填在横线空白处；每题 1 分，共 30 分）

1. 职业道德的基本内容包括________。

A. 爱岗敬业　　B. 诚实守信　　C. 办事公道
D. 服务群众　　E. 奉献社会

2. 安全防护设施指在工作期间安装必要的设施，以达到安全防护的目的，通常要做到________。

A. 有操作必有规程　　B. 有洞必有盖　　C. 有台必有栏
D. 有轮必有罩　　E. 有轴必有套

3. 常见的热塑性纽扣有________。

A. 尼龙纽扣　　B. 有机玻璃纽扣　　C. 醋酸纽扣
D. 丙烯酸酯纽扣　　E. 孔纽

4. 里料按不同的服装工艺，可分为________。

A. 活络式里料　　B. 固定式里料　　C. 半里
D. 全夹里　　E. 防水涂层里料

5. 构成面料的合成纤维可分为________。

A. 天然纤维　　B. 再生纤维素纤维　　C. 粘胶纤维
D. 化学纤维　　E. 混纺纤维

6. 针号是机针针杆直径的代码，以百分之一毫米为单位量度针杆直径的针号系统是________。

A. 公制　　B. 英制　　C. 号制
D. Nm 制　　E. 十进制

7. 在生产经营活动中，操作者要做到________。

A. 不伤害自己　　B. 不伤害他人　　C. 不被他人伤害
D. 不损害企业效益　　E. 不侵害社会利益

8. 线迹的基本结构主要包括________。

A. 自绕　　B. 互绕　　C. 自扣
D. 互扣　　E. 互扣互绕

9. 根据魔术贴固定在服装上的工艺方法，可分为________。

A. 钩合式魔术贴　　B. 车缝式魔术贴　　C. 烫合式魔术贴
D. 扣合式魔术贴　　E. 粘合式魔术贴

10. 按照不同的成型方式，服装可分为________等生产方式。

A. 裁剪成型产品　　B. 半成型产品　　C. 圆机产品
D. 全成型产品　　E. 横机产品

11. 服装产品的检验类型主要包括________。

A. 抽查　　B. 初查　　C. 中查　　D. 尾查　　E. 出货检验

12. 服装产业链主要分为________及其余相关产业。

A. 纺织业　　B. 服装贸易业　　C. 印刷业
D. 服装零售业　　E. 制衣业

13. 直荷叶边是由长形布条抽褶而成，主要分为________。

A. 无头荷叶边　　B. 平头荷叶边　　C. 圆荷叶边
D. 露头荷叶边　　E. 双头荷叶边

14. 根据应用在服装上的外观效果，缝道可以分为________。

A. 平缝　　B. 暗线缝　　C. 修边缝　　D. 明线缝　　E. 包缝

15. 服装品质检验的计量内容包括________等度量检验。

A. 尺寸　　B. 重量　　C. 色差数　　D. 缩水率　　E. 报废率

16. 面料再造的立体工艺包括________等。

A. 钉珠　　B. 缠绳　　C. 立体绣花　　D. 缀饰　　E. 褶裥

17. 制衣业中常用的剪刀有________等。

A. 布剪　　B. 缝纫剪　　C. 牙剪　　D. 手工剪　　E. 线剪

18. 拆线器专门用于拆除密度大的线迹，如________等。

A. 倒缝线迹　　B. 临时假缝　　C. 平缝线迹
D. 锁边线迹　　E. 扣眼线

19. 有形的产品质量包括________等内容。

A. 性能　　B. 舒适性　　C. 寿命　　D. 安全性　　E. 外观

20. 服装的质量检验包括对产品的________等总体效果的品质检查。

A. 外观　B. 工艺　C. 色泽　D. 服务　E. 手感

21. 初查包括________等内容。

A. 半成品检查　B. 面辅料检验　C. 纸样检查

D. 裁片抽查　E. 成品检查

22. 如果选用的机针不当，会导致________等许多问题。

A. 针尖钝损　B. 熔断缝线及缝料　C. 针热

D. 断针　E. 跳线

23. 常用的皮革用针尖有________等。

A. 横茅尖　B. 直茅尖　C. 三角尖　D. 反捻尖　E. 正方尖

24. 常见的平面裁剪法有________等。

A. 比例法　B. 立体法　C. 原型法

D. 点数法　E. 计算机辅助设计法

25. 服装结构制图的顺序主要包括________两大类。

A. 衣片的制图顺序　B. 面辅料的制图顺序　C. 线条的制图顺序

D. 上下装的制图顺序　E. 服装部件的制图顺序

26. 我国服装号型标准中的号是指人体身高，型是指人体的________。

A. 胸宽　B. 脚围　C. 胸围　D. 腰围　E. 背长

27. 女装衬衫袖口滚边的方法有________等。

A. 滚边拉筒　B. 包缝法　C. 卷折法　D. 烫夹法　E. 缲盖法

28. 女装衬衫按不同的合体程度，分为________。

A. 肥大型　B. 松身型　C. 合体型　D. 紧身型　E. 窄小型

29. 401 线迹的结构是由________的形式构成的。

A. 自绕　B. 互绕　C. 互扣　D. 自扣　E. 不相交错

30. 服装品质检验主要包括服装的________两大方面的内容。

A. 规格检验　B. 质量检验　C. 数量检验　D. 外观检验　E. 产品检验

三、判断题（下列判断正确的请在括号内打“√”，错误的请在括号内打“×”；每题 1 分，共 20 分）

1. 电器线路导致火灾时，可用砂土、二氧化碳或四氯化碳等不导电灭火介质，忌用泡沫和水进行灭火。（　）

2. 腈纶是聚乙烯醇缩醛纤维的商品名称，其性能近棉花，有“合成棉花”之称，是现有合成纤维中吸湿性最大的品种。（　）

3. 金属纽扣常用于牛仔服、皮革服装及专门标志的职业服装。（　）

4. 纯棉织物耐酸、不耐碱。（　）

5. 要养成良好的职业道德素养，从业者应努力将职业道德中的他律转化为自身道德自律。（　）

6. 送布牙常见的规格有粗牙、中牙和细牙，一般轻薄面料宜用粗牙。（　）

7. 服装起源于人类对御寒、美体、遮羞等概念的认识。（　）

8. 面料再造是指根据设计需要，对成品面料进行首次工艺处理，使之产生新的艺

术效果的工艺手法。（　）

9. 在服装质量检验的工艺要求中，两端的帽绳、腰绳、下摆绳在充分拉开后，两端外露部分应为 20 cm 或以上。（　）

10. 褶皱法是通过挤、压、聚、拧等方法，将面料再定型的工艺方法。（　）

11. 互扣结构的线迹常用于米袋、面粉袋、水泥袋等临时封口的缝合。（　）

12. 平缝线迹结构简单，平薄牢固，弹性大，但换底线耗时长。（　）

13. B 类疵点是指出现在衣身、裤身、袖子的外侧或内侧、肩部、边脚、里层、袋布等部位，程度比 A 类疵点严重的成衣缺陷。（　）

14. 包装前必须做最后检查，查看所有辅料有无缺漏，衣服有无布疵、色差、污渍、断线、跳线、珠路不良、针眼及倒针不牢等问题。（　）

15. 原型法是将大量人群的测量体型数据进行筛选，求得用人体基本部位和若干重要部位的比例形式来表达其余相关部位结构的生产样板。（　）

16. 高低压脚主要用于装缝拉链和缝合狭窄的缝隙部位。（　）

17. 压脚右边划有刻度，可用作车缝宽度指引。（　）

18. 女性乳腺发达，胸部隆起，制图时需要通过省道或褶裥来形成服装的立体效果。（　）

19. 女装衬衫熨烫腰省时，后衣片左、右腰省倒向前中熨烫。（　）

20. 女装衬衫的绱袖、缝合袖底缝和衣片侧缝等工序，在工厂里通常会使用三线锁边机一次性完成缝合与锁边。（　）

初级服装缝纫工理论知识考核模拟试卷样例（二）答案

一、单项选择题

1. D　2. B　3. B　4. C　5. B　6. A
7. D　8. C　9. B　10. A　11. C　12. D
13. B　14. C　15. B　16. B　17. C　18. A
19. C　20. D　21. A　22. C　23. B　24. C
25. C　26. A　27. D　28. C　29. B　30. A
31. C　32. B　33. A　34. C　35. A　36. B
37. B　38. C　39. B　40. D　41. C　42. A
43. B　44. B　45. A　46. B　47. C　48. B
49. C　50. B

二、多项选择题

1. ABCDE　2. BCDE　3. ABCD　4. AB　5. BD　6. ADE
7. ABC　8. ABD　9. BCE　10. ABD　11. BCDE　12. ABDE
13. BDE　14. BCD　15. ABD　16. ABCDE　17. ABCE　18. ACDE
19. ABCDE　20. ABCE　21. BCD　22. ABCDE　23. ABCDE　24. ACDE
25. CE　26. CD　27. ADE　28. BCD　29. BC　30. AB

三、判断题

1. √　2. ×　3. √　4. ×　5. √　6. ×　7. ×
8. ×　9. ×　10. √　11. ×　12. ×　13. ×　14. √
15. ×　16. ×　17. ×　18. √　19. ×　20. ×

试卷

初级服装缝纫工操作技能考核模拟试卷样例

第 1 题　缝制一件女装衬衫。(80 分)

要求：衬衫必须有衣领及衣袖（长袖或短袖皆可），前、后衣片各有两个腰省，折边缉缝衣摆底边。

第 2 题　绘制服装款式图。(5 分)

第 3 题　配出主要部件纸样。(8 分)

第 4 题　写出此款衬衫的缝制工艺流程。(7 分)

初级服装缝纫工操作技能考核模拟试卷样例答案

第 1 题　缝制一件女装衬衫（具体见评分标准）。

第 2 题　绘制服装款式图（以短袖女装衬衫为例）。

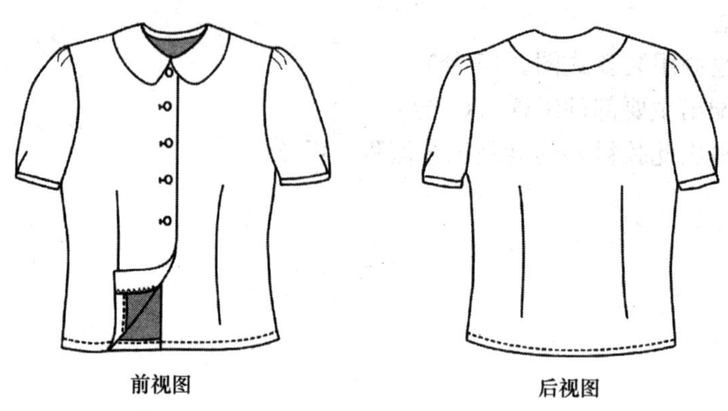

第 3 题　配出主要部件纸样。

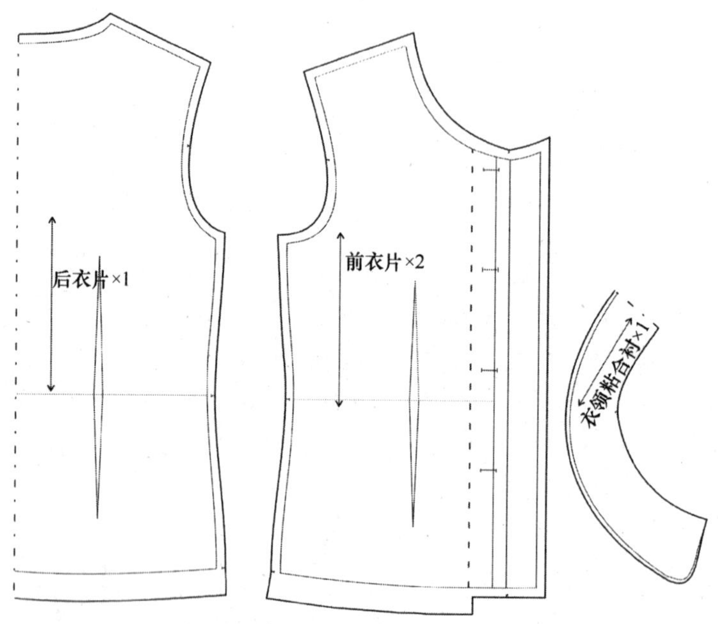

试卷

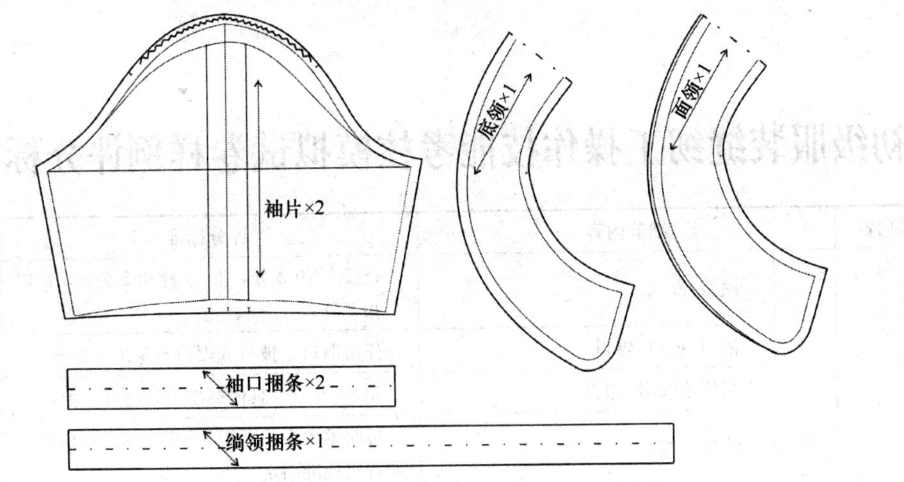

第 4 题　女装衬衫的缝制工艺流程。

粘衬→锁边→缉缝前、后衣片腰省→熨烫腰省→合肩缝→做袖→绱袖→缝合袖底缝与衣片侧缝→做领→绱领→卷缉衣摆底边→锁眼→钉扣→整烫。

初级服装缝纫工操作技能考核模拟试卷样例评分标准

考试内容	细节内容		评分标准	扣分
女装衬衫实践操作（80分）。见实践考试样品	一般缝纫疵点	跳线/断线	1～2针扣2分，3～5针扣5分，5针以上扣8分	
		散口/披口/爆口	任何散口、披口或爆口现象均扣8分	
		缉线不圆滑/顺直	扣3～8分（具体标准由教师自己衡量）	
		线迹密度	每厘米少于4针扣3～6分（一般根据产品特定标准而定）	
		线步起珠	面起珠扣15分，底起珠扣10分	
		缝道起皱	每一处扣5分	
		污渍	扣5～10分（具体标准由教师自己衡量）	
		线头未清	扣5分	
		缉线溜针/线步落坑	每一处扣5分	
		驳线	每一处扣2分	
	衣领	左右领角不对称	扣6分	
		左右领口不对称或不平服	扣8分	
		领子歪斜（领口不正）	扣8分	
		衣领外边的底领片外吐	扣3分	
	衣袖	袖头褶位不正确或不对称	扣5分	
		袖子没绱正（偏袖）	扣8分	
		袖口褶位不正确或不对称	扣5分	
		袖口滚边宽窄不均匀	扣6分	
	成品外观	左右门襟长短不一	扣8分	
		衣摆底边缉线不均匀	扣5分	
		袖底十字缝口没对正	扣5分	
		扣眼、纽扣位置不符要求	扣5～10分（具体标准由教师自己衡量）	
		整烫工艺不良	扣5～10分（具体标准由教师自己衡量）	
	尺寸	胸围、腰围、肩宽、背宽、衣长等	超过±1 cm，扣5～10分（具体标准由教师自己衡量）	
		领围、衣领宽窄	超过±0.5 cm，扣5～10分（具体标准由教师自己衡量）	

续表

考试内容	细节内容	评分标准	扣分
综合能力考试	绘制服装款式图（5分）	结构比例合理，线条流畅、清晰。优5分，一般3分，差1分	
	配出主要部件纸样（8分）	纸样正确，线条流畅。优8分，一般5分，差3分	
	工艺流程（7分）	工艺流程正确、合理。优7分，一般5分，差2分